Die Wirkungsweise der
Rektifizier- und Destillier-
Apparate

mit Hilfe einfacher mathematischer Betrachtungen

dargestellt von

E. Hausbrand
Kgl. Baurat

Dritte, völlig neu bearbeitete und sehr vermehrte Auflage

Mit 25 Figuren im Text und auf 16 Tafeln

Springer-Verlag Berlin Heidelberg GmbH
1916

ISBN 978-3-662-37727-7   ISBN 978-3-662-38544-9 (eBook)
DOI 10.1007/978-3-662-38544-9

Alle Rechte, insbesondere das der
Übersetzung in fremde Sprachen, vorbehalten.

Vorwort zur dritten Auflage.

Diese Auflage ist eine vollständige Umarbeitung des Buches, obgleich fast alle Darlegungen der früheren Auflagen auch jetzt ihr Ansehen behalten. Aber fernere Beschäftigung mit den in jenen behandelten Gegenständen hat doch manche früher noch etwas dunkle Punkte erhellt, manche bis dahin unbekannte Beziehungen und Zusammenhänge aufgedeckt und so weit geführt, daß es gelang, Gleichungen für die Berechnung der Destillierapparate aufzustellen, deren leichte Herleitung, angenehm symmetrische Form und durchsichtige Einfachheit kaum etwas zu wünschen übrig läßt. Mit ihrer Hilfe können nun die Hauptabmessungen aller Apparate zur Trennung von zwei ineinander vollkommen löslichen Flüssigkeiten durch wiederholte Verdampfung gefunden werden. Freilich ist zur nützlichen Verwendung dieser Gleichungen den Erbauern von Destillierapparaten in jedem Falle die Kenntnis der physikalischen Eigenschaften der zu trennenden Stoffe erforderlich. Hier sind wohl noch einige Lücken auszufüllen, denn weder die Verdampfungswärme von Mischdämpfen, noch der Zusammenhang zwischen der Zusammensetzung des Flüssigkeitsgemisches und der des aus ihm entstandenen Dampfes sind für alle Fälle bekannt. Nur einzelne dieser unumgänglich erforderlichen Unterlagen können errechnet werden, für die weitaus meisten ist der Konstrukteur auf die in der Literatur zerstreut veröffentlichten Resultate der Versuche einzelner Forscher angewiesen, die erwünschte Aufklärung brachten. Allein bis jetzt sind solche noch nicht für sehr viele Flüssigkeitsmischungen vorhanden: Eine Anzahl der dem Verfasser erreichbaren sind in den nachfolgenden Blättern zu finden.

Die latente Wärme des aus Flüssigkeitsmischungen entstandenen Dampfes ist unseres Wissens nicht von gar vielen Forschern untersucht worden, und nicht alle sind zu den gleichen Resultaten gekommen. In neuerer Zeit scheint die Ansicht Geltung zu gewinnen, daß die latente Wärme von Dampfgemischen, deren Teile aufeinander nicht einwirken, gleich sei der Summe der latenten Wärme der Komponenten. Dieser Auffassung haben wir uns im folgenden angeschlossen.

Die benutzten Angaben über die Zusammensetzung des Dampfes aus Flüssigkeitsgemischen stammen sowohl aus der Literatur als auch

aus Privatnachrichten wohlgesinnter Freunde, denen ich auch hier für
diese danke.

Nachdem im ersten Teil des Buches die Theorie (wenn sie so genannt
werden darf) der Destillierapparate entwickelt worden, folgt im zweiten
ihre Anwendung auf die Berechnung der Apparate, die zur Trennung
einer Anzahl von Mischungen dienen sollen, mit all den Angaben, Resultaten, Tabellen und Zeichnungen, die zur vollkommenen Verdeutlichung
fast aller Umstände erwünscht scheinen. Es ist bei dieser Darlegung
als Ziel erstrebt, dem Leser volle und leicht erreichbare Aufklärung zu
gewähren. Die Zahl der durchgerechneten Mischungen wird hierzu
hoffentlich genügen. Ein Mehr hätte den Umfang des Buches wohl zu
sehr vergrößert.

Daß auch von Flüssigkeiten absorbierte Gase sich wie aus jenen
entwickelte Dämpfe verhalten können, zeigt das Beispiel von Ammoniak
und Wasser.

Im allgemeinen sind nur die Apparate zur Trennung von zwei
Stoffen behandelt, weil sie die am häufigsten geforderten sind, weil die
theoretisch-physikalischen Unterlagen für mehr als zwei Stoffe zumeist
noch fehlen und weil die praktische Trennung vieler gemischter Stoffe
sich oft als auch eine solche von nur zweien herausstellt. Soviel als an-
gängig schien, ist auch über diese Apparate mitgeteilt.

Bei der Vielfältigkeit der Eigenschaften der behandelten Stoffe,
die sich auf Mischungsverhältnisse, spezifische und latente Wärme,
Temperatur, Spannung, Wärmeleitung etc. beziehen, würde eine volle
Berücksichtigung aller dieser, auch innerhalb der Apparate wechselnden
Umstände zu unendlichen Komplikationen und völliger Unübersicht-
lichkeit führen. Deshalb sind gewisse Vereinfachungen, über die berichtet wird, als erwünscht, ja erforderlich zugelassen worden, was auch
deshalb erlaubt schien, weil ihre Wirkungen auf die gewonnenen Resultate
wohl so gering sind, daß sie für den praktischen Gebrauch, der immer
im Auge behalten ist, keinen störenden Einfluß üben.

Soweit wir wissen, ist bis dahin ein Verfahren zur wirklichen Berechnung der für viele Industrien so wichtigen Destillierapparate noch
in keiner Sprache veröffentlicht worden. Vieljährige Beschäftigung
mit dem Thema und die außergewöhnlich reiche Gelegenheit zum Studium
und zum Sammeln von Erfahrungen im Konstruktionsbureau und der
Werkstatt der Firma Heckmann, Berlin haben es dem Verfasser ermöglicht, seine Betrachtungen zu abschließenden Ergebnissen zu führen.
Er bleibt diesen Quellen der Erkenntnis immer dankbar.

Berlin, im Dezember 1915.

Der Verfasser.

Inhaltsverzeichnis.

Zweiter Teil.

Tabelle Nr.   Dritter Teil (Tabellen).

Erster Teil.

1. Einleitung.

Die Trennung von Flüssigkeitsgemischen durch wiederholte Verdampfung wird in der Industrie im großen Umfange ausgeführt und die für diese Zwecke erforderlichen Apparate bilden einen erheblichen, oft den wichtigsten Teil manches chemischen Betriebes.

Obgleich die Kenntnis der Vorgänge in diesen Apparaten sowohl für diejenigen, welche solche Apparate betreiben, als auch für die Ingenieure, die sie bauen wollen, von Wichtigkeit ist, so ist doch unseres Wissens noch keine andere einigermaßen vollständige Darstellung aller in ihnen wirkenden Ursachen und deren Folgen erschienen. Dies kann zum Teil daher rühren, daß die zu betrachtenden Vorgänge in den Apparaten auf den ersten Blick komplizierter erscheinen, als sie es in Wirklichkeit sind, zum Teil daher, daß die physikalischen Konstanten für eingehende rechnende Erörterungen nur für sehr wenige praktisch wichtige Stoffe bekannt sind und in der Literatur zerstreut waren. Erst in neuerer Zeit sind sie für einige Mischungen mit erfreulicher Sicherheit festgestellt worden.

Freilich gut benutzbare Formeln, mit deren Hilfe die Zusammensetzung der Dämpfe, die aus siedenden Flüssigkeitsgemischen von bestimmter Zusammensetzung aufsteigen, berechnet werden kann, sind noch nicht gefunden. Wir sind in dieser Beziehung wohl noch auf die Resultate von Versuchen der Forscher angewiesen, deren für eine Anzahl von Flüssigkeitsgemischen sehr schöne bekannt geworden sind und es ist wohl zu erwarten, daß nach und nach fast alle Wünsche in dieser Hinsicht werden erfüllt werden.

Auch die Frage nach der Verdampfungswärme von Dampfgemischen ist lange Zeit hindurch unbeantwortet geblieben und hat erst in neuester Zeit, nach mancherlei verschiedenen Erklärungen [1], durch exakte Versuche, wenigstens für Dämpfe aus Stoffen, die aufeinander nicht chemisch

---

[1] Gustav Witt, Archiv f. Mathem., Astr. u. Physik d. Akademie Stockholm 1912. Bd. 7. Fenner u. Ridetmeyer, Phys. Revue 1905, 20, S. 77—85. Dolezalek, Zeitschr. f. physik. Chem. 1910, 71, S. 191.

einwirken, eine, wie es scheint, ziemlich befriedigende Lösung gefunden. Glücklicherweise ist in den früheren Auflagen dieses Buches die Verdampfungswärme, soweit sie hier interessiert, schon in der gleichen nun wohl als richtig anzusehenden Weise bestimmt worden. Es wird sich denn auch hoffentlich im Nachstehenden zeigen, daß die für den vorteilhaftesten Betrieb günstigsten Hauptabmessungen der Apparate für alle Stoffe, deren physikalische Eigenschaften durch die belohnten Mühen der Forscher genau genug bekannt sind, auf Grund der gefundenen Anschauung auch berechnet werden können.

Die Absicht geht dahin, in den nachfolgenden Blättern eine Theorie der Apparate für die Trennung von Flüssigkeitsgemischen durch Destillation zu geben, nicht aber konstruktive Einzelheiten zu besprechen, obgleich auch diese Dinge ja für die Herstellung, Bedienung und Wirkung der Apparate von erheblicher Wichtigkeit sind. Vielleicht können an anderer Stelle die durch Verschiedenheit der zu verwendenden Baumaterialien, Spannungen, Temperaturen etc. bedingten oder erwünschten Einzelheiten behandelt werden. Hier würde, unserer Ansicht nach, ein Eingehen hierauf das Interesse nur zersplittern.

Zuerst soll nun eine allgemeine Erklärung der Vorgänge in den Apparaten, eine Betrachtung über die Gewichte und Bewegungen der Dämpfe und Flüssigkeiten, sowie über die theoretisch zuzuführende und abzuführende Wärme, dann die Herleitung der für deren Berechnung erforderlichen einfachen Formeln vorgeführt und endlich soll die Anwendung dieser Gleichungen für die Berechnung von Apparaten zur Trennung einer Anzahl von Flüssigkeitsmischungen gezeigt werden.

2. Über die Annahmen, die im folgenden gelten sollen. (Taf. 1.)

In den folgenden Betrachtungen werden immer die folgenden Annahmen maßgebend sein:

1. Es wird immer ein Gemisch von nur zwei Flüssigkeiten, die ineinander unbegrenzt löslich sind, vorgestellt.
2. Die Flüssigkeiten und Dämpfe werden immer als auf ihrem Siedepunkt angenommen, wenn nicht ausdrücklich etwas anderes gesagt ist.
3. Die Verdampfungswärme (latente Wärme) der aus einem siedenden Flüssigkeitsgemisch aufsteigenden Dämpfe wird immer gleich der Summe der latenten Wärmen der einzelnen Dämpfe gesetzt.

Diese schon früher vom Verfasser gemachte Annahme scheint nach den Untersuchungen Daniel Tyrers [1]) für Dämpfe, die aufeinander nicht

---

[1]) Dan. Tyrer, Journ. of the chemical Society 1911, Sept., S. 1633 und 1912, Jan., S. 81 und 1912, Juni, S. 1104. Tyrer kommt zu dem Schluß, daß für gegenseitig indifferente Dämpfe die latente Wärme ihrer Gemische auch der

einwirken, der Wahrheit auch am nächsten zu kommen. Um diese Ansicht zu stützen, setze ich die kleine Tabelle 1 hierher, welche in den mit T bezeichneten Spalten 3 und 7, die von Dan. Tyrer experimentell gefundenen und mitgeteilten Verdampfungswärmen der Dampfgemische angibt und in den mit H bezeichneten Spalten 4 und 8 die Resultate der Gleichung:

$$C = a . a + w . \beta \qquad (1)$$

in der a und w die Gewichte, a und β die Verdampfungswärmen der einzelnen Dampfkomponenten bedeuten. Es ist eine recht gute Übereinstimmung der beiden Spalten zu erkennen, trotzdem daß für die mit den gemeinsamen (je nach der Zusammensetzung schwankenden) Siedetemperaturen veränderlichen Verdampfungswärmen in der Tabelle nur immer die gleiche latente Wärme jedes Einzelstoffes (die seiner normalen Siedetemperatur) angenommen ist, weil sie für andere Temperaturen nicht immer bekannt war.

Die von Tyrer gefundenen und in der Tabelle 1 notierten zusammengehörigen Dampf- und Flüssigkeitszusammensetzungen sind auch durch das Diagramm Tafel 1 verdeutlicht. Die Abszisse gibt den Prozentgehalt an Leichtsiedendem in der Flüssigkeit, die Kurven zeigen auf den Ordinaten den Gehalt der Dämpfe daran.

4. Die Verdampfungswärme aller Flüssigkeiten ändert sich mit dem Druck, unter dem ihre Dämpfe stehen und dieser ist nicht in allen Teilen der Apparate der gleiche (denn er ist oben geringer als unten, ebenso wie die Temperatur), daher ist es auch die Verdampfungswärme nicht. Bei den späteren Zahlenrechnungen wird aber, der Einfachheit wegen, angenommen, daß diese Druckunterschiede die latente Wärme nicht ändern. In der Tat ist die Änderung praktisch unerheblich.

5. Mit der Zusammensetzung der Dampfmischungen ändert sich natürlich ihre latente Wärme. Diese Änderung wird allemal berücksichtigt, wie es die Gleichung 1 angibt. Allein die Verdampfungswärmen a und β der Einzelstoffe, die sich auch wohl mit den Veränderungen der Siedetemperatur der Mischung ändern, ist als konstant angenommen worden, hauptsächlich

Trouton schen Regel $\dfrac{L . M}{T}$ Constant folge. In dieser ist das Molekulargewicht:

$$M = \dfrac{100}{\dfrac{C}{M_a} + \dfrac{100 \; C}{M_b}}$$

M_a und M_b sind die Molekulargewichte der Einzelstoffe a und b. C ist der Prozentgehalt der Komponente a in der Mischung. L_a und L_b sind die Verdampfungswärmen der Einzelstoffe bei ihren absoluten Siedetemperaturen T_a und T_b.

$$\dfrac{L \, M}{T} = \dfrac{1}{2} \dfrac{L_a \, M_a}{T_a} + \dfrac{1}{2} \dfrac{L_b \, M_b}{T_b}.$$

1*

weil ihre Änderung nicht für alle Stoffe hinreichend bekannt
war und ferner weil sonst die Rechnung über die Maßen kompliziert würde. Übrigens ist auch diese Vernachlässigung praktisch
unerheblich, namentlich wenn die normalen Siedetemperaturen
der Einzelstoffe nicht um viele Grade voneinander abweichen,
denn es handelt sich hier immer darum Resultate zu gewinnen,
die in der Praxis der konstruierenden Fabriken verwendet werden
können, nicht um rein theoretische Erörterungen.

6. Die latente Wärme von Dampfgemischen, deren Einzelkompo-
nenten aufeinander chemisch einwirken, ist wahrscheinlich
nicht die Summe der einzelnen latenten Wärmen. Allein da
diese Fälle, soweit bekannt ist, noch unerforscht geblieben, ist
im folgenden, um Willkürlichkeiten zu vermeiden, auch für sie
die Gültigkeit der Troutenschen Regel angenommen.

7. Aus einem Flüssigkeitsgemisch entwickelt sich immer ein Dampfgemisch, dessen Zusammensetzung direkt von dem der Flüssigkeit abhängt. Jede siedende Flüssigkeitsmischung hat ein ihr
zugehöriges Verhältnis der über ihr schwebenden Dämpfe. Das
Verhältnis, in dem die Zusammensetzung der siedenden Flüssigkeit zu der des entwickelten Dampfes steht, beruht natürlich auf
physikalischen Gesetzen, deren Untersuchung sich viele hervor-
ragende Physiker gewidmet haben. Allein es ist noch nicht
gelungen, diese Beziehungen durch eine handliche Formel, die
für viele Flüssigkeiten Gültigkeit hat, auszudrücken. Im allgemeinen enthalten die Dämpfe stets prozentlich mehr vom
Leichtsiedenden als die Flüssigkeit. Leichtsiedendes wird das
bei niedriger Temperatur Siedende genannt und mit L bezeichnet[1]).
Schwersiedendes wird das bei höherer Temperatur Siedende
genannt und mit S bezeichnet.

Stellt man sich das Gewicht F eines siedenden Flüssigkeitsgemisches
mit dem Gewicht D des über ihm schwebenden Dampfgemisches vor,
so kann dieser Zustand entstanden sein entweder dadurch, daß aus dem
Flüssigkeitsgemisch F + D das Gewicht D verdampft wurde oder
dadurch, daß aus dem Dampfgemisch F + D das Gewicht F niedergeschlagen wurde. In beiden Fällen müssen die Zusammensetzungs-
verhältnisse von F und D die gleichen sein. Die zweite Entstehungs-
weise des Zustandes hat man die Dephlagmation und Kondensation
genannt.

Wenn man weiß, wie der Dampf beschaffen sein muß, der über
einem bekannten siedenden Flüssigkeitsgemisch schwebt oder sich aus
ihm entwickelt, so weiß man auch, wie die siedende Flüssigkeit beschaffen

---

[1]) Es gibt Ausnahmen davon. Bei manchen Mischungen ist es bei gewissen
Zusammensetzungen umgekehrt.

sein muß, die sich unterhalb eines bekannten Dampfgemisches befindet. Wenn aus einem Dampfgemisch ein Teil als Flüssigkeitsgemisch niedergeschlagen wird, so hat das Niedergeschlagene eine solche Zusammensetzung, wie sie es besitzen müßte, um einen Dampf entwickelt zu haben, der gleich dem nicht Niedergeschlagenen ist. Berechnen (etwa mit Hilfe gegebener Formeln) kann man im allgemeinen bis jetzt weder die Zusammensetzung des Dampfes aus der der Flüssigkeit, noch umgekehrt. Nur durch direkte und sorgfältige, keineswegs einfache Versuche kann dieser Zusammenhang aufgeklärt werden, und in der Tat finden sich in der Literatur Mitteilungen über dergleichen Untersuchungen von verschiedenen Flüssigkeitsmischungen. Einige von diesen sollen in den folgenden Blättern behandelt werden.

3. Zusammenstellung der Buchstabenbezeichnungen, die im folgenden angewendet werden. (Fig. 2 [1]), 3, 4.)

Die Gewichte (in Kilogr.) der Stoffe werden mit kleinen Buchstaben bezeichnet. Es bedeutet:

a = das Gewicht von: Aceton, Äther, Äthylalkohol, Ameisensäure, Ammoniak,

b = das Gewicht von Benzol, Benzin,

e = ,, ,, ., Essigsäure,

l = ,, ., .. Luft,

m = .. ., .. Methylalkohol,

n = .. ,, .. Stickstoff,

o = ..., Sauerstoff,

w = ,, ., ., Wasser,

$$f = \text{Verhältnis:} \frac{\text{Schwersiedendes}}{\text{Leichtsiedendes}} = \frac{S}{L} = \frac{w}{a} = \frac{o}{n} = \frac{e}{w} = \frac{w}{m},$$

α = die Verdampfungswärme von 1 Kilo des Leichtsiedenden,

β = ,, ,, ,, ,, ,, ,, Schwersiedenden,

C = ,, ,, einer flüssigen oder dampfförmigen Mischung (eines Gemisches — einer Maische oder Lösung).

Die beiden Teile einer Mischung werden als Einzelstoffe, Komponenten, Teile, auch als: das Leichte, das Schwere, das Leichtsiedende bisweilen als der Geist bezeichnet. Ein Gemisch heiß reich, stark, hochprozentig, arm, schwach, niedrigprozentig, je nachdem es viel oder wenig vom Leichtsiedenden enthält.

Zur Bezeichnung der Stelle der Apparate, auf die sich die jeweiligen Angaben beziehen, dienen Indices: Große Buchstaben als Indices be-

---

[1]) Fig. 1 ist eine Tafelfigur und befindet sich am Schlusse des Buches.

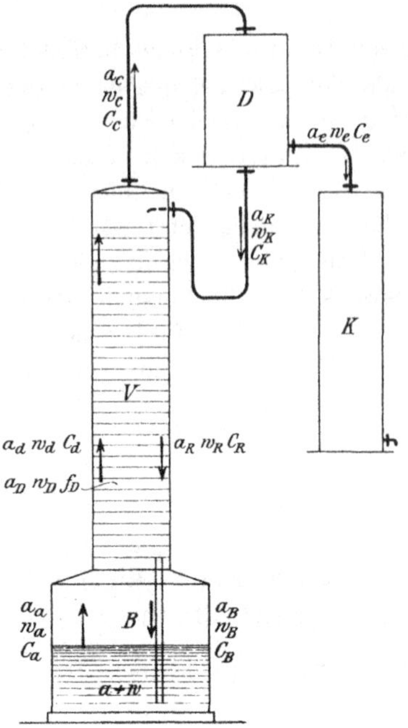

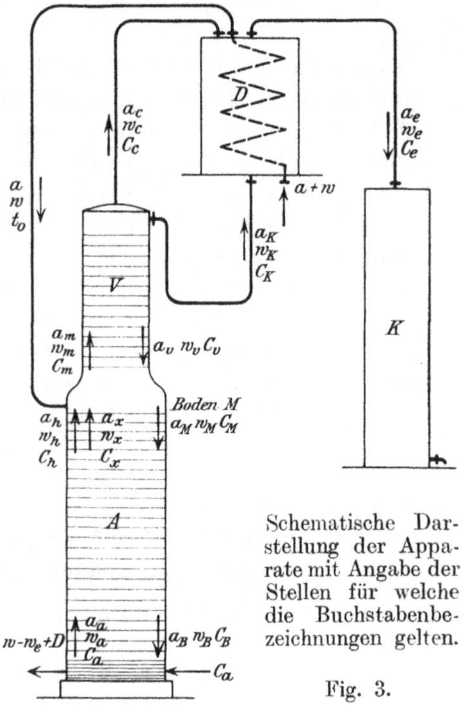

Schematische Dar-
stellung der Appa-
rate mit Angabe der
Stellen für welche
die Buchstabenbe-
zeichnungen gelten.

Fig. 2.

Fig. 3.

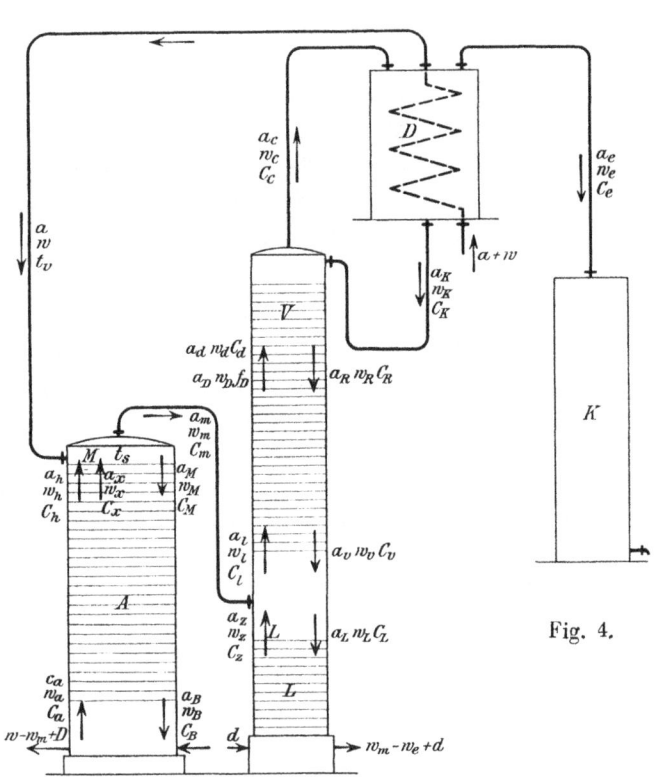

Fig. 4.

deuten, daß sich die Angaben ursprünglich auf eine Flüssigkeit, kleine Buchstaben als Indices bedeuten, daß sich die Angaben ursprünglich auf Dampf beziehen. Wenn sich eine Flüssigkeit in Dampf verwandelt, so werden die großen Buchstaben der Indices in kleine verändert.

Es bedeuten:

									Das Gewicht (a, e, m, n, o, w) — das Verhältnis (f) — die Temperatur (t) — die Wärme (C)
a	e	m	n	o	w	f	t	C	der in den Apparat eingeführten Mischung,
a_a	e_a	m_a	n_a	o_a	w_a	f_a		C_a	des Dampfes aus der Blase oder dem Unterteil der Abtriebssäule,
a_B	e_B	m_B	n_B	o_B	w_B	f_B		C_B	des Rücklaufs in die Blase,
a_c	e_c	m_c	n_c	o_c	w_c	f_c		C_c	des Dampfes oben aus der Verstärkungssäule,
a_D	e_D	m_D	n_D	o_D	w_D	f_D		C_D	der Flüssigkeit auf einem beliebigen Boden der Säulen,
a_d	e_d	m_d	n_d	o_d	w_d	f_d		C_d	des Dampfes aus dieser Flüssigkeit,
								a_E	der Ursprungsflüssigkeit von a_c und w_c,
a_e	e_e	m_e	n_e	o_e	w_e	f_e		C_e	des Dampfes aus dem Kondensator (des Produkts),
								C_g	den gesamten Wärmeaufwand,
a_h	e_h	m_h	n_h	o_h	w_h	f_h		C_h	des Dampfes für die Erwärmung der Flüssigkeit auf dem Boden M,
a_K	e_K	m_K	n_K	o_K	w_K	f_K		C_K	der Rücklaufflüssigkeit auf dem Kondensator,
a_L	e_L	m_L	n_L	o_L	w_L	f_L		C_L	der Flüssigkeit auf dem obersten Boden (L) der Luttersäule,
a_l	e_l	m_l	n_l	o_l	w_l	f_l		C_l	des Dampfes aus dieser Flüssigkeit,
a_M	e_M	m_M	n_M	o_M	w_M	f_M		C_M	der Flüssigkeit auf dem obersten Boden (M) der Abtriebssäule,
a_m	e_m	m_m	n_m	o_m	w_m	f_m		C_m	des Dampfes aus dieser Flüssigkeit,
								C_o	die in der Verstärkungssäule aufzuwendende Nachwärmung,
								C_P	Kühlwärme des Produkts,
a_R	e_R	m_R	n_R	o_R	w_R	f_R		C_R	der Rücklaufflüssigkeit von einem beliebigen Boden der Säulen,
								C_{st}	der Strahlungsverlust des Apparats,
								C_{tv}	die zur Vorwärmung aufgewendete Wärme,
								C_u	die in der Abtriebssäule aufzuwendende Nachwärmung,
a_V	e_V	m_V	n_V	o_V	w_V	f_V		C_V	der Rücklaufflüssigkeit aus dem untersten Boden der Verstärkungssäule,
								t_v	die Temperatur der vorgewärmten Flüssigkeit,
a_x	e_x	m_x	n_x	o_x	w_x	f_x		C_x	des Dampfes der (neben dem zur Erwärmung der Flüssigkeit) von unten auf den Boden M steigt,
a_z	e_z	m_z	n_z	o_z	w_z	f_z		C_z	des Dampfes, der von unten auf den Boden L steigt.

Der leichteren Übersicht wegen sind in die Figuren 2, 3, 4 an den betreffenden Stellen die Buchstabenbezeichnungen eingetragen.

4. Erklärung der Vorgänge bei der diskontinuierlichen (periodischen) Rektifikation oder unterbrochenen Trennung. (Fig. 2 u. 5.)

Es werden hier zunächst die nicht kontinuierlich, sondern periodisch arbeitenden Rektifizier-Apparate besprochen. Ein solcher Apparat besteht im wesentlichen aus der Blase B, welche die gesamte zu trennende Mischung aufnimmt und in der sie so viel als erforderlich auch verdampft wird, ferner aus der Verstärkungssäule (Säule) V, die die Trennung der Stoffe bewirkt, sodann aus dem Kondensator (Verdichter, Verflüssiger, Dephlegmator) [1]) D, dessen Zweck es ist, einen Teil der aus der Säule empfangenen Dämpfe niederzuschlagen und wieder in die Säule zurück zu schicken, endlich aus dem Kühler K, der das als Dampf gewonnene Produkt zu verflüssigen und zu kühlen hat.

Aus dem in die Blase gefüllten Flüssigkeitsgemisch entwickeln sich Dämpfe, die prozentlich reicher an dem leichtsiedenden Stoff sind, als die Flüssigkeit, aus der sie stammen. Diese Dämpfe steigen in der Säule empor, kondensieren sich in der Flüssigkeit jedes Bodens und entwickeln dann hierdurch aus dieser Flüssigkeit andere an Leichtsiedendem noch reichere Dämpfe.

Wenn etwaige Wärmeverluste hinweggedacht werden, so muß natürlich das emporsteigende Dampfgewicht durch seine Kondensation auf jedem Boden an die auf diesem siedende Flüssigkeit die gleiche Wärmemenge abgeben und bewirken, daß die nun aus jedem dieser Böden entstehenden (zwar verschieden zusammengesetzten) neuen Dämpfe auch untereinander gleiche Wärmemengen enthalten. Die Wärmeinhalte aller auf den einzelnen Böden erzeugten Dämpfe sind dann untereinander gleich. Auch die von den einzelnen Böden herabfließenden und auf jedem anders zusammengesetzten Flüssigkeiten (die Rückläufe) müssen deshalb untereinander alle die gleiche Verdampfungswärme darstellen, nämlich diejenige, welche dem Dampf in dem Kondensator (Verdichter) entzogen worden ist und die um den Betrag der Wärme des Produktes C_e kleiner als die in die Blase geführte ist.

$$C_a = C_d = C_c = C_K + C_e = C_R + C_e = C_B + C_e \qquad (2)$$

Der aus dem obersten Boden der Säule in den Kondensator strebende Dampf ($C_c = C_d = C_a$) enthält nur noch wenig vom Schwersiedenden. Ein Teil dieses Dampfes eilt zum Kühler als gewonnenes Produkt (C_e), der andere Teil und meistens der größere (C_K), wird niedergeschlagen und fließt als an Leichtsiedendem reiche Flüssigkeit auf den obersten Boden der Säule und weiter herab.

Auf jedem Boden gibt der Rücklauf einen Teil seines Leichtsiedenden an die aufsteigenden Dämpfe ab und nimmt dafür von ihnen das Äquivalent an Schwersiedendem auf.

----

[1]) Die Bezeichnung dieses Apparatteils als Dephlegmator stammt aus der französischen Spiritusindustrie und ist falsch, wie die hier vorgetragene Darstellung zeigt.

Endlich fließt die Masse vom untersten Säulenboden in die Blase in einer Zusammensetzung, die nicht zu weit von der der Flüssigkeit in der Blase verschieden sein soll. Im Laufe der Operation ändert sich natürlich die Zusammensetzung des Blaseninhalts und des Rücklaufs. Wenn im Kondensator der gesamte aus der Säule aufsteigende Dampf niedergeschlagen wird, so muß er als Flüssigkeit wieder in die Blase zurückkehren. Die Zusammensetzung des Rücklaufs in die Blase kann also höchstens gleich, niemals besser (d. h. nicht reicher an Leichtsiedendem) sein als der aus der Blase steigende Dampf.

Andererseits aber kann der Rücklauf in die Blase niemals schlechter (d. h. nicht ärmer an Leichtsiedendem) sein, als die Flüssigkeit in der Blase, denn die aufsteigenden Dämpfe müßten sogleich eine Flüssigkeit anreichern, die schwächer als die wäre, aus der sie stammen.

Zwischen diesen beiden Grenzen kann die Zusammensetzung des Rücklaufs in die Blase schwanken. Sein Prozentgehalt an Leichtsiedendem kann in maximo fast gleichkommen dem des aus der Blase aufsteigenden Dampfes — in minimo dem der Flüssigkeit in der Blase.

Was von dem aus der Säule steigenden Dampf nicht in den Kühler geht, muß im Kondensator verflüssigt in die Säule und in die Blase zurück. Je geringer das Gewicht dieses Niederschlags ist, desto geringer ist auch der Wärmeverbrauch des Apparates. Diejenigen Apparate erfordern also den geringsten Wärmeaufwand, deren Rücklaufgewichte für ein bestimmtes Produktgewicht am kleinsten ist und dies findet statt, wie hier vorweg ausgesprochen werden mag, unter sonst gleichen Umständen bei den Säulen mit den meisten Böden. Es ist versucht worden, durch die Figur 5 [1]) die Vorgänge im Apparat bildlich darzustellen und zu diesem Zweck ist der hinaufsteigende Dampf und die herabsteigende Flüssigkeit so in einzelne Teile zerlegt gedacht, daß die gegenseitigen Beziehungen möglichst klar werden. Man erkennt bei der Betrachtung dieser Fig. 5 wie beim Aufstieg das Leichtsiedende a von Boden zu Boden an Menge zunimmt, das Schwersiedende w dagegen abnimmt und wie beim Rücklauf das Umgekehrte stattfindet.

Aus dem Flüssigkeitsgemisch a + w in der Blase, dessen Verhältnis $\frac{w}{a} = f$ ist, muß sich ein Dampf $a_d + w_d$ entwickeln, dessen Verhältnis $\frac{w_d}{a_d} = f_d$ naturgemäß von dem Verhältnis f bestimmt wird.

Dieses ganze Dampfgemisch $a_d + w_d$ kann man sich aber aus mehreren Teilen zusammengesetzt denken. Zunächst muß es enthalten die Menge $a_e + w_e$, die als Produkt schließlich in den Kühler geht. Das Gewicht $a_d + w_d$ muß aber außer w_e noch soviel von dem Stoff w

---

[1]) Die Buchstabenbezeichnungen dieser Fig. 5 sind etwas abweichend von denen der anderen Figuren (2—4) und kommen nur für die Gleichungen 3 bis 21 in Betracht.

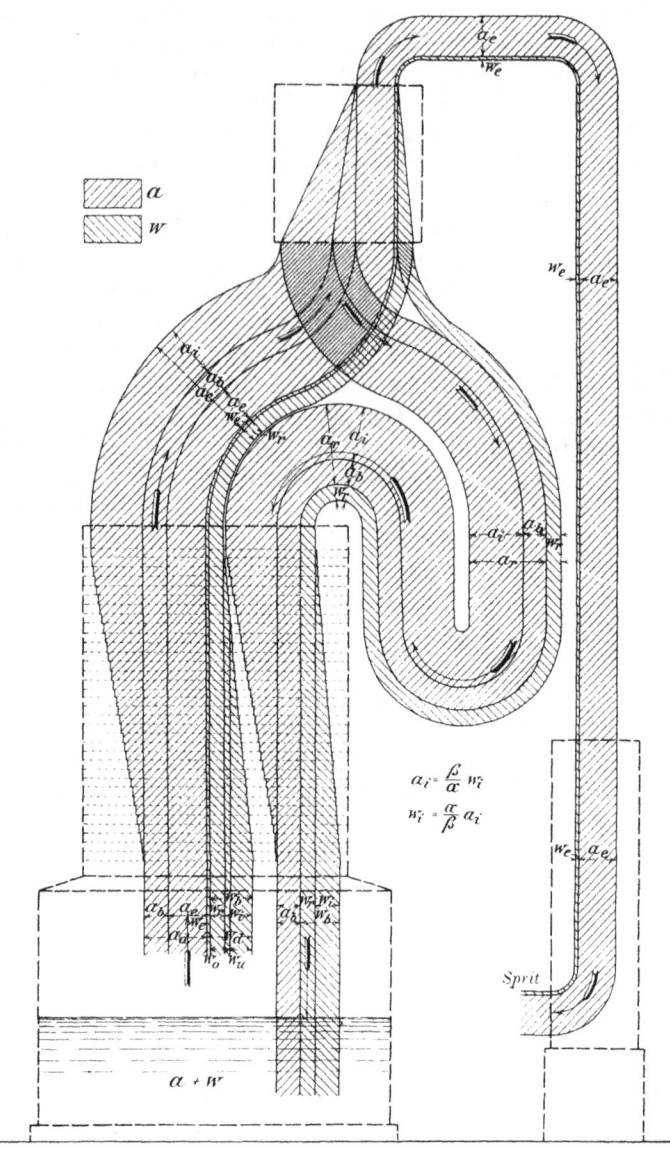

Fig. 5.

Bildliche Darstellung der Dampf- und Flüssigkeitsbewegungen in einem Rektifizier-
Apparat.

mit sich führen, daß sein Verhältnis zu a_c gleich f_d wird. Dieses zusätzliche Gewicht sei $= w_0$, dann ist:

$$\frac{w_c + w_0}{a_c} = f_d \tag{3}$$

so ergibt sich

$$w_0 = a_c f_d - w_c \tag{4}$$

Es steigt also zunächst der Dampf $a_c + w_e + w_0$ aus der Blase auf, doch nur das Gewicht $a_c + w_c$ verläßt endgültig den Apparat, also muß w_0 wieder in die Blase zurückkehren. Wir wissen aber, daß der Rücklauf in die Blase nicht aus dem Stoff w allein bestehen kann, sondern, daß er von dem Stoff a noch soviel mit sich führen muß, daß die prozentliche Zusammensetzung des Rücklaufs wenigstens gleich der Zusammensetzung der Blasenfüllung, höchstens gleich der des aus ihr aufsteigenden Dampfes ist.

Um mit dem w_0 in die Blase zurückkehren zu können, muß daher innerhalb von $a_d + w_d$ ein gewisses Gewicht a_b dampfförmig aufsteigen. Nun kann aber a_b wieder nicht allein emporgehen. Es muß vielmehr auch noch mit sich nehmen vom Stoffe w so viel, als zur Bildung des Verhältnisses f_d nötig ist, nämlich w_u. So folgt:

$$\frac{w_u}{a_b} = f_d \quad \text{und} \quad \frac{w_0 + w_u}{a_b} = f_b \tag{5}$$

und hieraus durch Subtraktion:

$$\frac{w_0}{a_b} = f_b - f_d \tag{6}$$

$$a_b = \frac{w_0}{f_b - f_d} \tag{7}$$

Aus den Gleichungen (4) und (7) ergeben sich nun sogleich, wenn $w_0 + w_u = w_b$ genannt wird:

$$w_b = a_b f_b \tag{8}$$

$$C_b = a_b \cdot \alpha + w_b \cdot \beta \tag{9}$$

$$a_d = a_e + a_b \tag{10}$$

$$w_d = w_e + w_b \tag{11}$$

$$C_d = a_d \cdot \alpha + w_d \cdot \beta \tag{12}$$

Zur Bestimmung der übrigen Größen führt folgende Betrachtung.

Wenn angenommen wird, daß die Säule durch Ausstrahlung keine Wärme verliert, so bleibt der Wärmegehalt der aufsteigenden Dämpfe von unten bis oben der gleiche: denn es wird ihnen nichts hinzugefügt und nichts von ihnen entnommen. Also ist:

$$C_d = C_c = a_c \cdot \alpha + w_c \cdot \beta \tag{13}$$

Aus dem Kondensator geht ein Teil des Dampfes in den Kühler, das ist das Rektifikat (das Produkt) $a_e + w_e$ und dessen Wärme ist:

$$C_e = a_e \alpha + w_e \beta \qquad (14)$$

Dem zweiten größeren Teil des Dampfes, der in den Kondensator strömt, wird seine latente Wärme darin entzogen und er dadurch verflüssigt. Er bildet den Rücklauf. Dieser Wärmeverlust ist gleich:

$$C_r = a_r \alpha + w_r \beta \qquad (15)$$

Der Rücklauf hat, indem er die Säule durchfließt, um endlich in die Blase zurückzufallen, unterwegs keine Gelegenheit, Wärme aufzunehmen oder zu verlieren; wenn dieser Rücklauf nun auch auf seinem Wege seine Zusammensetzung sehr ändert, indem er von seinem Leichtsiedenden an den aufsteigenden Dampf abgibt und dafür im Verhältnis von $\alpha:\beta$ Schwersiedendes von ihm aufnimmt, so bleibt doch die Wärmemenge, die er zur Verdampfung nötig hatte, von Anfang bis zu Ende die gleiche. Daher ist:

$$C_r = C_b = a_r \alpha + a_r \beta \qquad (16)$$

Wenn der Rücklauf $a_r + w_r$ Siedetemperatur hat, so muß sein Verhältnis $\dfrac{w_r}{a_r} = f_r$ in dem bestimmten naturgesetzlichen Zusammenhange mit dem über ihm schwebenden Dampf $a_e + w_e$ und dessen Verhältnis $\dfrac{w_e}{a_e} = f_e$ stehen. Da f_e bekannt ist, so ist, wie oben angeführt, auch f_r bekannt. Experimentell gefundene Tabellen müssen hier aushelfen. Man findet also a_r und w_r aus:

$$\frac{w_r}{a_r} = f_r \qquad C_b = a_r \alpha + w_r \beta \qquad (17)$$

$$a_r = \frac{C_b}{\alpha + f_r \beta} \quad \text{oder} \quad \frac{C_r}{\alpha + f_r \beta} \qquad (18)$$

$$w_r = f_r a_r$$

Endlich ist:

$$a_c = a_e + a_r \qquad (19)$$

$$w_c = w_e + w_r$$

$$C_e = C_d = C_b + C_e = C_R + C_e \qquad (20)$$

Aus diesen 20 Gleichungen, die zum Teil eine aus der anderen folgen, kann man alle angeführten Größen berechnen, wenn außer den physikalischen Eigenschaften der zu verarbeitenden Stoffe bekannt sind:

1. Die Zusammensetzung der Blasenfüllung $\dfrac{w}{a}$.

2. Die Leistung des Apparats in bestimmter Zeit: $a_e + w_e$.

3. Die Zusammensetzung des Rücklaufs in die Blase f_r oder statt 3.

3b. Die den Dämpfen im Kondensator (Verdichter) entzogene Wärme C_r.

Wir wissen schon, daß die Zusammensetzung des Rücklaufs in die Blase schwanken kann zwischen f und f_d, ohne die Wirkung des Apparats zu ändern, daß aber der Wärmeverbrauch des Apparats ganz wesentlich von dieser Zusammensetzung abhängt.

Der gesamte Wärmeverbrauch eines Apparats von bestimmter Leistung ist nach Gleichung 20

$$C_d = C_b + C_e$$

und da C_e ($= a_e \alpha + w_e \beta$) für eine bestimmte Leistung unveränderlich ist, so kann C_d nur kleiner werden, wenn C_b kleiner wird.

Es ist

$$C_b = a_r \alpha + w_r \beta = a_b \alpha + w_b \beta$$

oder da: $w_b = a_b f_b$,

ist, folgt: $C_b = a_b (\alpha + f_b \beta)$

C wird also um so kleiner, je geringer das Gewicht von a und je kleiner das Verhältnis $\left(\dfrac{w_b}{a_b}\right)$ ist.

Ein Rektifizierapparat braucht für eine bestimmte Leistung um so weniger Wärme, je mehr sich die Zusammensetzung des Rücklaufs in die Blase $\left(\dfrac{w_b}{a_b} = f_b\right)$ derjenigen des Blaseninhalts $\left(\dfrac{w}{a}\right)$ nähert.

Man kann dieses Ideal in der Praxis nicht erreichen, weil hierzu — wie durch Späteres noch deutlicher werden wird — außerordentlich hohe Säulen gehören würden, allein beim Bau dieser Apparate ist doch auf diesen Punkt sehr zu achten.

Betrachten wir nochmals die Fig. 5, so sehen wir aus der Blase aufsteigen:

1. den Dampf $a_e + w_e$, der die Säule, den Kondensator und den Kühler durchströmt, um den Apparat definitiv zu verlassen. Er stellt das Produkt (Erzeugnis) vor.

2. Den Dampf w_r, der die Säule von unten nach oben durchwandert, im Kondensator niedergeschlagen wird, um sie als Rücklauf mit a_r zusammen wieder zu betreten.

3. Den Dampf w_i, der auf dem Wege durch die Säule niedergeschlagen wird, dafür aber sein Äquivalent a_i entwickelt. Dies a_i wird im Kondensator verflüssigt und während des Hinabgehens in der Säule durch den aufsteigenden Dampf w_i wieder verdampft.

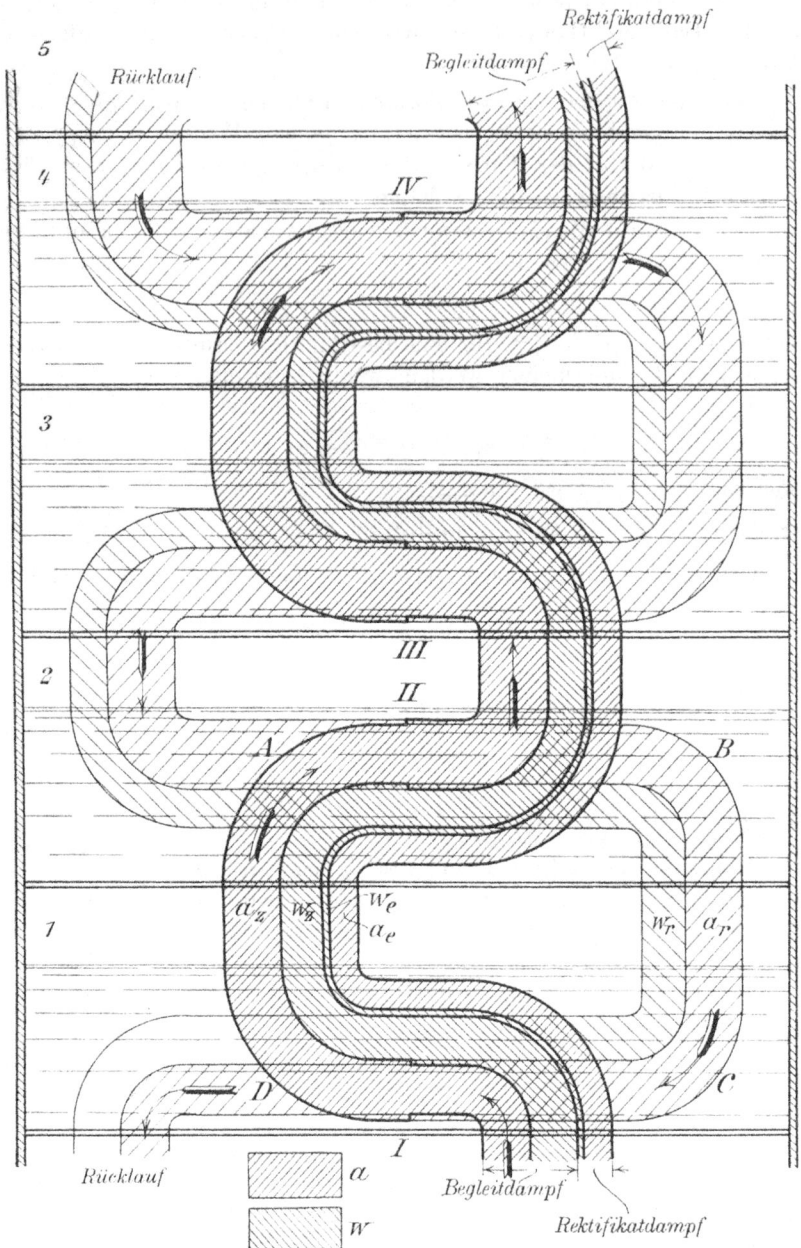

Fig. 6.
Bildliche Darstellung der Dampf- und Flüssigkeitsbewegungen in der Säule eines Rektifizier-Apparats.

4. Den Dampf a_0, der die Säule durchströmt, im Kondensator niedergeschlagen wird und mit w_0 ($= w_r + w_j$) zusammen in die Blase zurückkehrt.

5. Vorgänge auf den Säulenböden. (Fig. 6.)

Wie bekannt, setzen sich die von den Säulenböden aufsteigenden Dämpfe zusammen:

1. aus denjenigen Dämpfen, die den Apparat definitiv verlassen $a_e + w_e$, diese bleiben auf allen Böden von unten bis oben unverändert;

2. aus denjenigen Dämpfen, welche neben den ad 1 genannten aufsteigen, und die, im Kondensator niedergeschlagen, den Rücklauf $a_R + w_R$ bilden. Diese Dämpfe ändern sich von Boden zu Boden. Auf jedem Boden geben sie etwas Schwersiedendes an den Rücklauf, der von diesem Boden fließt, ab, und nehmen dafür etwas Leichtsiedendes von dem auf diesen Boden kommenden oberen Rücklauf an, so daß ihre Verdampfungswärme dabei dieselbe bleibt $= C_B = C_R = C_K$.

Die beistehende Fig. 6 soll diesen Vorgang bildlich darstellen; man sieht, wie an den Stellen I, II, III, IV das aufsteigende a_z zunimmt, das w_z aber abnimmt und wie der Rücklauf dafür ebensoviel von seinem a_r verliert und an w_r gewinnt.

Man kann sich die Vorgänge auch folgendermaßen vorstellen:

Auf jedem Boden verflüssigt sich von dem aufsteigenden Gemenge die Begleitung von $a_e + w_e$ vollkommen und fließt dann als Rücklauf von diesem Boden nach unten. Der Dampf $a_e + w_e$ bleibt ganz unberührt.

Die durch diese Kondensation auf jedem Boden frei werdende Wärme genügt gerade, um allen Rücklauf, der von oben auf diesen Boden kommt, zu verdampfen und das neue Gemisch dringt mit $a_e + w_e$ zusammen auf den nächst höheren Boden. Dort wird dieses wieder ganz kondensiert, entwickelt einen neuen Dampf und läßt den heraufgenommenen Rücklauf von diesem höheren Boden wieder auf den tieferen herabfließen.

Der Rücklauf, der von einem Boden herabströmend auf dem nächst tieferen ankommt, wird hier vollkommen verdampft und steigt als Dampf mit dem Rektifikat $a_e + w_e$ zusammen auf den nächst höheren Boden, um dort verflüssigt zu werden und wieder als Rücklauf hinabzugehen.

Man kann an den Linien A, B, C, D der Fig. 6 diesen Kreislauf verfolgen und man erkennt, wie der konstant gleiche Dampfstrom des Rektifikats $a_e + w_e$ von einem Boden zum anderen geleitet wird von einem Dampf $a_z + w_z$, der, in der Flüssigkeit des nächsten Bodens sich kondensierend, einen neuen Begleiter erweckt, selbst aber auf den darunter liegenden Boden zurückkehrt, um seinen Dienst als Begleitdampf wieder zu beginnen.

Jeder Begleitdampf vollführt zwischen je 2 Böden einen Kreislauf, ohne seine Zusammensetzung zu ändern, aber die sich ablösenden Begleitdämpfe verändern, verbessern sich nach oben hin.

Die Menge und Zusammensetzung des auf einen Boden fließenden Rücklaufs ist genau gleich der Menge und Zusammensetzung des Dampfes, der von diesem Boden mit dem Rektifikatdampf $a_e + w_e$, als dessen Begleiter, aufsteigt. Je größer das Gewicht des auf einen Boden fließenden Rücklaufs im Verhältnis zum Gewicht des Rektifikatdampfes ist, um so weniger unterscheidet sich (prozentlich) der gesamte von diesem Boden aufsteigende Dampf vom Rücklauf.

Nun steht aber die Zusammensetzung des gesamten aus einem Boden aufsteigenden Dampfes $(a_e + w_e + a_z + w_z)$ zur Zusammensetzung des Rücklaufs von demselben Boden $(a_r + w_r)$ in dem öfter erwähnten, naturgesetzlichen Zusammenhange.

Hieraus folgt unmittelbar, daß die Differenz in der Zusammensetzung der Rückläufe zweier übereinander liegender Böden um so größer ist, je größer deren Menge im Verhältnis zum Rektifikatdampf ist, oder, was dasselbe bedeutet, die prozentliche Zunahme der Dämpfe an Leichtsiedendem von einem Boden zum anderen wächst mit dem Gewichtsverhältnis von Rücklauf zu Rektifikatdampf.

Je mehr Rücklauf man für eine bestimmte Menge Rektifikat bildet, desto weniger Böden braucht die Säule zu haben, aber ein desto größerer Wärmeaufwand ist auch nötig, denn der Rücklauf muß als Dampf die Blase verlassen.

Man erkennt also auch durch diese Überlegung, was schon auf Seite 9 ausgedrückt wurde, daß die Säulen um so billiger arbeiten, je mehr Böden sie haben, weil sie dann mit wenig Rücklauf auskommen, daß aber auch niedrige Säulen gute Leistungen geben können, allerdings auf Kosten des Wärmeverbrauches, weil sie sehr viel Rücklauf brauchen.

Ceteris paribus ist der Dampfverbrauch der Säulen etwa proportional dem Gewichte des Rücklaufs.

Nachdem nun durch das Vorhergehende alle Vorgänge, die sich in der Blase und in der Säule abspielen, klar geworden sind, ist es leicht einzusehen, daß für den Dampf in der Blase nach Fig. 5 die Gleichung gilt:

$$\frac{w_e + w_b}{a_e + a_b} = f_d \tag{21}$$

oder nach Fig. 2

$$\frac{w_e + w_B}{a_e + a_B} = f_a \tag{21a}$$

Es ist auch offenbar, daß wenn mit a_R, w_R, f_R, C_R ganz allgemein: Gewicht, Verhältnis und Verdampfungswärme des Rücklaufs von einem beliebigen Boden einer Säule bezeichnet werden, und wenn ferner a_d, w_d, f_d Gewicht und Verhältnis des Dampfes, der in diesen Boden von unten strömt, genannt wird, daß dann für diesen beliebigen Horizontalschnitt zwischen zwei Böden die Gleichung gilt (Fig. 2):

$$\frac{w_e + w_R}{a_e + a_R} = f_d \tag{22}$$

oder zwischen dem obersten Boden und dem Kondensator

$$\frac{w_e + w_K}{a_e + a_K} = f_e \tag{22a}$$

Wird diese Gleichung (22) etwas umgeformt, so entsteht:

$$w_e + w_R = a_e f_d + a_R f_d$$

$$a_e f_e + a_R f_R = a_e f_d + a_R f_d$$

$$a_R (f_R - f_d) = a_e (f_d - f_e)$$

$$a_R = \frac{a_e (f_d - f_e)}{f_R - f_d} \tag{23}$$

Da nun:

$$a_R \alpha + w_R \beta = C_R = a_R (\alpha + f_R \beta)$$

und

$$a_R = \frac{C_R}{\alpha + f_R \beta} \quad \text{ist, so folgt:}$$

$$C_R = \frac{a_e (f_d - f_e) (\alpha + f_R \beta)}{f_R - f_d)} \tag{24)[1]}$$

Diese einfache Gleichung gibt nun in der Tat allen erwünschten Aufschluß über die Zustände in den Rektifikationssäulen. Sie lehrt die im Kondensator zu entziehende Rücklaufwärme (C_K) bestimmen, die erforderlich ist, um aus einem Dampfgemisch vom Verhältnis f_d ein bestimmtes Gewicht an Leichtsiedendem a_e vom bestimmten Verhältnis f_e (Reinheit, Prozentgehalt) zu erzielen, wenn dabei der Rücklauf das Verhältnis f_R haben soll, oder sie gibt an, welche Werte f_d und f_R

[1] Anmerkung. Für den Raum zwischen Kondensator und Säule lautet die Gleichung:

$$C_K = \frac{a_e (f_e - f_e) (\alpha + f_K \beta)}{f_K - f_e} \tag{25}$$

Für den Raum zwischen Säule und Blase:

$$C_B = \frac{a_e (f_a - f_e) (\alpha + f_B \beta)}{f_B - f_a} \tag{26}$$

wobei $C_K = C_R = C_B$ sein muß.

haben können, wenn zur Erzielung des Produkts $a_e + w_e$ die Verdampfungswärme des Rücklaufs C_R aufgewendet werden soll.

Wir wissen schon aus früherem, daß der Wärmeaufwand (auf die Gewichtseinheit des Produkts von bestimmter Zusammensetzung bezogen) aus einer Mischung von bestimmtem Gehalt am kleinsten ist, wenn das Verhältnis des Rücklaufs f_R gleich dem der Flüssigkeit ist, aus der sich der Dampf f_a entwickeln muß. Das zeigt natürlich auch diese Gleichung (24). Denn wenn f_R wächst, so wird zwar auch der Zähler des Bruches größer, allein der Nenner wird es in noch höherem Maße. Man muß sich also bemühen, die Rektifikationssäulen so einzurichten, daß sie sich dieser Wirkung nähern, daß also der Gehalt des Rückflusses in die Ursprungsflüssigkeit dem der Ursprungsflüssigkeit möglichst nahe kommt. Allerdings wird sich später zeigen, daß zur vollen Erreichung dieses Zieles oft soviel Böden erforderlich wären, daß aus praktischen Gründen eine möglichste Annäherung genügen muß. Denn es ist ja offenbar, daß mit abnehmender Rückflußmenge auch der Fortschritt in der Verstärkung des Dampfes, hinsichtlich seines Gehalts an Leichtsiedendem, von Boden zu Boden abnehmen muß.

Die Gleichung (24) lehrt auch den geringsten noch möglichen Gehalt an Leichtsiedendem des Dampfes f_a kennen (und natürlich auch den seiner Ursprungsflüssigkeit), aus dem ein gewisses Gewicht (a_e) an Leichtsiedendem vom Verhältnisse (f_e) durch eine bestimmte Rückflußwärme (C_R) noch gewonnen werden kann.

Natürlich kann die Gleichung (24, 25, 26) auch zur Berechnung des Verhältnisses $\dfrac{w_e}{a_e} = f_e$, d. h. des höchst erreichbaren Prozentgehaltes des Produktes $a_e + w_e$ aus der Mischung $a_R + w_R$ (mit dem Verhältnis f_R) vermittelst des Wärmeaufwandes $C_R + C_e$ (oder $C_B + C_e$ od. $C_K + C_e$) dienen, endlich auch, wenn alle Verhältnisse f_a, f_a, f_c, f_e, C_B, C_R, C_K gegeben sind, zur Feststellung des damit zu gewinnenden Produktgewichtes: ($a_e + w_e$).

Es zeigt sich dabei, daß im allgemeinen zur Erzielung eines bestimmten Gewichtes an hochprozentigem Rektifikat (Produkt) ($a_e + w_e$) um so mehr Wärme C_R gebraucht wird, je ärmer an Leichtsiedendem (je schwächer) die Ursprungsflüssigkeit und folglich der Dampf f_a ist. Allerdings gilt dies nicht für alle Flüssigkeitsgemische und Mischungsverhältnisse, denn das kontinuierliche Wachsen des Wärmebedürfnisses für den Rücklauf mit abnehmendem Gehalt der Ursprungsflüssigkeit ist gebunden daran, daß der Unterschied in der Zusammensetzung von Flüssigkeit und zugehörigem Dampf einigermaßen gleich bleibe, aber bei sehr vielen, vielleicht den meisten, Mischungen verändert sich dieser Unterschied in weiten Grenzen, z. B. bei Äthylalkohol, Methylalkohol, Aceton etc. Er kann bei armen Mischungen derselben Stoffe groß, bei mittleren klein und bei reichen wieder groß werden. Dies wird

sich bei der Behandlung der einzelnen Stoffe später deutlich zeigen.
Für die praktische Ausführung der Rektifikation muß natürlich sowohl
beim Bau der Apparate als auch bei der Führung des Betriebes hierauf
Rücksicht genommen werden. Im allgemeinen trifft es zu, daß bei
der Trennung von Flüssigkeitsmischungen in periodischen Apparaten
der erforderliche Wärmeaufwand mit dem abnehmenden Gehalt an
Leichtsiedendem in der Blase steigt und zwar gegen das Ende hin in
sehr erheblichem Maße. Denn da dem Blaseninhalt ununterbrochen
Leichtsiedendes in mehr oder weniger reinem Zustande als Produkt
entführt wird, muß sein Gehalt daran und der des aus diesem entwickelten Dampfes daran immer ärmer werden, folglich der Wärmeaufwand C_a für das gleiche Produktgewicht steigen.

Die Basis der vorhergehenden Anschauung und Darstellung ist die,
daß der von unten in die Flüssigkeit eines Bodens tauchende Dampf
sich in dieser vollkommen niederschlägt (verflüssigt), was er ja gewiß
kann, weil die Flüssigkeit immer ein wenig kälter als er selbst ist, und
auch tun muß, wenn die Berührungsfläche zwischen einströmendem
Dampf und Flüssigkeit hinreichend groß ist. Diese Berührungsfläche
wird gebildet durch die Dampfblasen in der Flüssigkeit, durch den aus
ihr entstehenden Schaum, durch die aus ihr emporgeschleuderten Tropfen
und Bläschen. Wir finden es durch Überlegung und wissen aus viel-
fältiger Beobachtung, daß sich über der siedenden Bodenflüssigkeit
eine wallende, wirbelnde, schäumende Schicht bildet, die eine Mischung
von Flüssigkeit und Dampf darstellt und eine ungemein große Berührungsfläche zwischen beiden hervorbringt. Der Dampf muß zur Erzielung dieser Wirkung gut verteilt in die Flüssigkeit treten. Auch
mit einiger Geschwindigkeit, die aber gewisse Grenzen nicht überschreiten darf, damit nicht von einem Boden zum anderen Flüssigkeit
mitgerissen wird. Jeder Boden soll vollkommene Verflüssigung des
eintretenden Dampfes und gänzlich neue Erzeugung von ganz neuem
Dampf bewirken.

Es mag wohl der Wunsch erklärlich sein, die Wirkung der Verstärkungssäulen dadurch zu vergrößern, daß die üblicherweise nur auf
jedem Boden, also mit begrenzter Wiederholung stattfindende Ver-
wandlung von Dampf in Flüssigkeit und umgekehrt, gleichsam kontinuierlich eingerichtet wird, etwa durch Herstellung einer sehr großen
durch Kugeln, Prismen, Tetraëder, durch Draht, künstlich gebildeten
Oberfläche, über die die Flüssigkeit in dünner Schicht herab- und an
der der Dampf hinaufströmt. Aber es erscheint schwierig, wenn nicht
unmöglich, durch mechanische Mittel eine so große, von Dampf be-
rührte (und darauf kommt es an) Oberfläche zu erzeugen, wie sie
sich durch die Blasen, Tropfen und Nebel so leicht ohne weitere Hilfe
bildet und wohl noch schwieriger die große Oberfläche auch immer mit
Flüssigkeit befeuchtet zu erhalten, weil hierzu alle Mittel fehlen.

Selbst der Wunsch, den Widerstand in der Säule durch solche Künstlichkeit zu verringern, wird sich kaum erfüllen, denn die große Verengung des Querschnitts durch die Einbauten, der häufige Richtungswechsel und die vielfache Reibung verursachen, daß tatsächlich der Widerstand solcher Säulen keineswegs geringer, sondern eher größer als der der Säulen mit Tauchböden ist. Der Dampfdruck in den üblichen Säulen ist etwa gleich der Summe der zu durchdringenden Flüssigkeitsschichten, braucht also keineswegs groß zu sein, auch sind Vorteile eines um ein kleines geringeren Druckes nie gezeigt worden.

Oberflächensäulen können nur in seltenen Ausnahmefällen begründete Anwendung finden. Auch der gemachte Vorschlag, durch besondere künstliche Konstruktionen befürchteter Entmischung der Dämpfe und Gase zu begegnen, hat keine reale Basis.

Eine Lagerung der Dämpfe und Gase etwa entsprechend ihrem spezifischen Gewicht ist nie beobachtet worden und sie kann es auch nicht sein, denn sie würde in Widerspruch mit bekannten Naturgesetzen stehen.

Daß richtig gebaute Kapselsäulen so funktionieren, wie es beschrieben wurde, kann daraus erkannt werden, daß die an ihnen beobachtete Wirkung mit der vorher berechneten übereinstimmt, wenn für die Berechnung die zuverlässige Kenntnis der physikalischen Eigenschaften der zu trennenden Stoffe zur Verfügung stand. Ihre Leistung erreicht die theoretisch mögliche so nahe, wie es mechanischen Mitteln überhaupt möglich ist. Ähnliches ist von Oberflächensäulen wohl nicht nachweisbar.

Am Anfange, zu Beginn der Operation, enthält jeder Apparat Luft, die, sobald die Dampfentwicklung bei Siedetemperatur in Gang kommt, schnell herausgeblasen wird. Denn gesättigter Dampf von atmosphärischer Spannung leidet keine Luft in seinem Raum. Das ganz geringe, etwa aus der behandelten Flüssigkeit im Laufe ihrer Verarbeitung entweichende Luftquantum ist im Verhältnis zum entwickelten Dampfgewicht so gering und mit ihm so innig gemischt, daß es kaum irgendwo in die Erscheinung tritt. Luftablagerungen auf den Böden und dadurch verursachte schlechte Wirkungen der Säulen, die erst durch besondere Einrichtungen verbessert werden müßten, gibt es nicht.

Das an den Luftröhren der Kühler von Destillier- und Rektifizierapparaten oft bemerkte Einströmen und Ausströmen von Luft hat nicht in heimlichen Luftansammlungen auf den Säulen seinen Grund, sondern in der nie absolut gleichmäßigen Dampf- und Wasserzuführung in den Kühler, wodurch die vollkommene Verflüssigung des Dampfes bald etwas früher, bald etwas später eintritt. Die hierdurch schwankende Größe des Luftraums im Kühler verursacht diese Luftbewegung.

6. Der Kondensator (Verdichter).

Der Kondensator ist dazu bestimmt, einen erheblichen Teil des aus der Säule in ihn tretenden Dampfes niederzuschlagen, damit er als Rücklauf in jene zurückströme; den Rest des Dampfes aber soll er in den Kühler entlassen, aus dem er als fertiges Produkt (Rektifikat) abfließt. Selbst wenn die niedergeschlagene Flüssigkeit und der übrig gebliebene Dampf genau die gleiche Zusammensetzung behielten, die der Dampf, aus dem sie beide stammen, hatte, so muß dennoch die Säule gut funktionieren, weil ja der Rücklauf auch dann den höchsten erreichten Gehalt an Leichtsiedendem besitzt. Zurückgeflossen auf den obersten Boden der Säule muß er wieder einen Dampf von höchstem Gehalt an Leichtsiedendem erzeugen. In der Tat verhält es sich auch oft fast so, denn wenn die Säule schon so vollkommen gearbeitet hat, daß der für das gerade behandelte Flüssigkeitsgemisch erreichbare höchste Grad der Trennung erreicht ist (wenn auf ihrem obersten Boden Flüssigkeit und Dämpfe fast gleiche Zusammensetzung haben), so bleibt dem Kondensator nicht mehr die Möglichkeit weiterer Trennung. In Wirklichkeit findet im Kondensator meistens noch eine ganz geringe Verstärkung des Produktes statt, die allerdings so klein sein kann, daß sie praktisch nicht leicht festzustellen ist. Wird aber durch eine Rektifikationssäule nur eine unvollkommene Trennung herbeigeführt, so daß der in den Kondensator gelangende Dampf noch ziemlich viel vom Schwersiedenden enthält, so bewirkt auch der Kondensator noch eine sehr bemerkbare Verstärkung, die ja an manchen kontinuierlichen Apparaten täglich beobachtet wird.

Leider sind genaue Untersuchungen über die Zusammensetzung des Niederschlages in Kondensatoren nicht bekannt geworden. Die vom Verfasser mehrfach gemachten Beobachtungen aber lassen ein abschließendes Urteil noch nicht zu. Zwei Vorstellungen über die Vorgänge in Kondensatoren sind möglich: Entweder nämlich ist im Kondensator an jeder Berührungsstelle zwischen Dampf und niedergeschlagener Flüssigkeit die Zusammensetzung beider genau so, wie sie sein muß, wenn jener aus dieser entstand. Dann müßte der Rücklauf aus einem Kondensator, durch den der Dampf von unten nach oben und das Niedergeschlagene ihm entgegenströmt, die Zusammensetzung haben, die er als Ursprung des in den Kondensator tretenden Dampfes haben muß. Aus einem Kondensator jedoch, durch den Dampf und Niederschlag von oben nach unten strömt, müßte dann der Rücklauf die Zusammensetzung haben, die er als Ursprung des aus dem Kondensator tretenden Produkt-Dampfes haben muß. Es wäre dann immer:

$$\frac{w_e + w_K}{a_e + a_K} = f_c \qquad (27)$$

$$a_e f_e + a_K f_K = a_e f_c + a_K f_c \qquad (28)$$

$$a_K = \frac{a_e(f_c - f_e)}{f_K - f_c} \qquad (29)$$

oder $\qquad C_K = \frac{a_e(f_c - f_e)(\alpha + f_K \beta)}{f_K - f_c} \qquad (30)$

Hierin ist bei hinaufströmendem Dampf f_K das Verhältnis der Flüssigkeit, die den Säulendampf mit dem Verhältnis f_c erzeugt (d. i. die des obersten Säulenbodens), während bei herabströmendem Dampf f_K das Verhältnis der Flüssigkeit bedeutet, die den Produktdampf f_e abgibt.

Beispiel (Tabelle 2): Bei Äthylalkohol habe für die Erzeugung von 1 Kilo Alkohol ($a_e = 1$) von 88% G (also $f_e = 0,136$) der Säulendampf 85% (also $f_c = 0,176$). Dann hat die Ursprungsflüssigkeit von $f_e = 85,76\%$ (also $f_K = 0,168$), und die Ursprungsflüssigkeit von $f_c = 80,13\%$ (da $f_K = 0,245$).

1. Hieraus ergibt sich, wenn der Dampf im Kondensator hinauf-strömt (Geichung 29):

Alkohol im Rücklauf: $a_K = \dfrac{1(0,176-0,136)}{0,245-0,176} \backsimeq 0,58$ Kilo

Wasser im Rücklauf: $w_K = 0,600 . 0,245 \qquad = 0,01425$,,

Gesamter Kondensator-Rücklauf: 0,59425 Kilo

2. Wenn der Dampf im Kondensator herabströmt:

Alkohol im Rücklauf: $a_K = \dfrac{(1\,0,167-0,136)}{0,168-0,167} \backsimeq 31$ Kilo

Wasser im Rücklauf: $w_K = 31 . 0,168 \qquad = 5,908$,,

Gesamter Kondensator-Rücklauf: 36,208 Kilo

Nach dieser Ansicht müßte, wie die kleine Rechnung zeigt, wenn Dampf und Flüssigkeit im Kondensator von oben nach unten herabströmen, ein viel größeres Gewicht niedergeschlagen werden, als wenn der Dampf von unten nach oben hinaufströmt, um aus seinem Dampfgemisch f_c das Gewicht $a_e + w_e$ als Produkt zu gewinnen.

Die zweite Vorstellung, die man sich von dem Kondensationsvorgange machen kann, scheint, wenigstens nach unseren Beobachtungen, der Wahrheit näher zu kommen. Nach dieser Vorstellung ist die Zusammensetzung des an einer bestimmten Stelle der Kühlfläche Niedergeschlagenen unabhängig sowohl von der des verbleibenden Dampfrestes, als auch von der des oberhalb und unterhalb dieser Stelle erzeugten Rücklaufs, der den erstgenannten überfluten könnte. Diese Vorstellung nimmt an, daß der Dampf und sein jeweiliges Kondensat sich zueinander zwar so verhalten wie im Abschnitt 4 beschrieben, daß aber das in jedem Augenblick gebildete Kondensat auch sogleich ganz vom anderen getrennt werde. Für solche Annahme scheint zu sprechen, daß, da in einem Kondensator die Kühlfläche stets von dem Niedergeschlagenen bedeckt wird, der Dampf eigentlich nie die Metallwand, sondern stets die Rücklaufflüssigkeit berührt. Weil nun der Dampf aber auf dem und durch den Rücklauf allmählich verflüssigt wird, so muß dieser wohl kälter als der Dampf sein, und kann deshalb auf ihn kaum anders, als eine trockene, kalte Wand wirken. Hieraus würde folgen, daß von dem Dampf wohl Wärmeabgabe an das schon Niedergeschlagene, von dem Niedergeschlagenen aber keine neue Dampfentwicklung an den vorüberziehenden Dampf zu erwarten ist.

In der oben aufgestellten Gleichung (29) hätte f_K dann einen Mittelwert zwischen den Ursprungsflüssigkeiten von f_c und f_e

$$a_K = \frac{a_c\,(f_c - f_e)}{f_{K\,\text{mittel}} - f_c} \qquad (31)$$

Über die Berechnung dieses Mittelwertes für $f_{K\,\text{mittel}}$ wird in dem Abschnitt 15 B das Erforderliche gesagt. Er kann nicht das arithmetische Mittel sein, muß vielmehr stufenweise berechnet werden. Unter den Annahmen des letzten Beispiels ergebe sich der Rücklauf hier wie folgt:

Alkohol im Rücklauf: $\quad a_K = \dfrac{1\,(0{,}167 - 0{,}136)}{0{,}203 - 0{,}167} = 0{,}8610$ Kilo

Wasser im Rücklauf: $\quad w_K = \quad 0{,}203 \cdot 0{,}861 = 0{,}1748$,,

und als Gesamtrücklauf: $\qquad\qquad a_K + w_K = 1{,}0358$ Kilo

Wahrscheinlich ist der wirkliche Vorgang bei der Kondensation doch noch etwas anders als der eben geschilderte, weil manche noch unkritisierbare Einflüsse hier mitspielen. Jedenfalls macht es die Beobachtung in der Praxis wahrscheinlich, daß auch die Strömungsrichtung des Dampfes nicht ganz ohne Einfluß auf das Resultat ist.

Für eine Säule von bestimmten Abmessungen und für bestimmte Leistung ist auch eine bestimmte Rücklaufmenge erforderlich, d. h. es muß dem Dampf im Kondensator dafür eine bestimmte Wärmemenge C_K entzogen werden und da die durch einen Quadratmeter Kühlfläche in der Zeiteinheit entziehbare Wärmemenge etwa proportional ist der mittleren Differenz zwischen der Temperatur des Dampfes und des Kühlmittels, so kann, wie bekannt, durch Veränderung der Menge und Temperatur des Kühlmittels in demselben Kondensator mehr oder weniger Rücklauf gebildet werden. Als Kühlmittel dient meistens Wasser, selten werden andere Flüssigkeiten etwa ihres höheren Siedepunktes wegen oder Luft oder Dampf von bestimmte Temperatur und Spannung angewendet.

Solche andere Kühlmittel werden an Stelle des Wassers bisweilen gewählt in der Meinung, daß im Kondensator eine ganz bestimmte

Temperatur der durchströmenden Dämpfe erzeugt werden müsse, etwa
die des Siedepunktes des Leichtsiedenden, um zu bewirken, daß nun
alles Schwersiedende sich niederschlage und das Leichtsiedende allein
leicht und sauber abströme. Wäre diese Anschauung richtig, so
könnten z. B. Alkohol und Wasserdämpfe getrennt werden, wenn das
Dampfgemisch durch einen auf 78^0 erhaltenen Raum geleitet würde,
oder es müssten sich Essigsäure und Wasser scheiden, indem ihre Dampfmischung durch einen 100^0 warmen Raum strömte. Es ist aber bekannt,
daß solches oder ähnliches keinen Erfolg haben kann, weil gesättigte
Dämpfe oder Dampfgemische bei konstanter Spannung durch Wärmeentziehung nicht abgekühlt, sondern nur zum Teil oder ganz verflüssigt
werden. Die auf diese Weise entstandene Flüssigkeit besteht immer
aus Teilen aller Einzelstoffe. Abgesehen davon, daß ein Dampfgemisch
nicht leicht in seiner Gesamtheit, sondern vornehmlich an seiner Berührungsstelle mit der kälteren Wand beeinflußt wird.

7. Ist es vorteilhaft, statt eines Kondensators über der Ver- stärkungssäule deren viele und zwar zwischen je zwei Böden einen anzuordnen? (Fig. 7 und 8.)

Denkt man sich, wenn nur ein Kondensator über der Säule vorhanden ist, aus der Blase (Fig. 2) ein Dampfgemisch $a_a + w_a$ von
bestimmtem Gewicht und bestimmter Zusammensetzung aufgestiegen
und einen Teil davon als Rücklauf $a_B + w_B$ von bestimmtem Gewicht
und bestimmter Zusammensetzung in die Blase zurückkehrend, so hat
sich der Dampf, indem er die Säule durchströmte, von Boden zu Boden
bei immer gleichbleibendem Wärmeinhalt verändert, indem er Leichtsiedendes (a) vom Rücklauf aufnahm und Schwersiedendes (w) an ihn
abgab, derart, daß sich (Fig. 7) für Dampf und Rücklauf die Konturen
I, 1, II, 2, III, 3, IV, 4, V, 5, VI, 6 bilden.

Sind aber mehrere Kondensatoren und zwar je einer zwischen je
zwei Böden angeordnet, so wird zwar auch auf jedem Boden durch die
Aufkochung der Dampf sich an Leichtsiedendem (a) anreichern, aber
es wird ein Teil des Dampfes jedesmal durch jeden Kondensator niedergeschlagen und zum Rücklauf gegeben und folglich seine Menge auf
jedem folgenden Boden geringer als auf dem vorhergehenden, so daß
dann die Konturen I, g, h, i, k, l, m, n, o, p, q, r, s, t, u, v, w, l
entstehen.

Wenn in beiden Fällen der aus der Blase steigende Dampf und der
Rücklauf in diese ganz gleich sind, so ist im zweiten Fall (bei vielen
Kondensatoren) die Menge der Dämpfe und Flüssigkeit in der Säule
sehr viel geringer als im ersten, ja, nach oben hin sind die Mengen, die
den Dampf ($a_c + w_c$) begleiten, fast verschwindend klein.

Während bei einem Kondensator oben die ganze Masse des gebildeten Rücklaufs dem Dampf auf seinem ganzen Wege entgegenströmt,

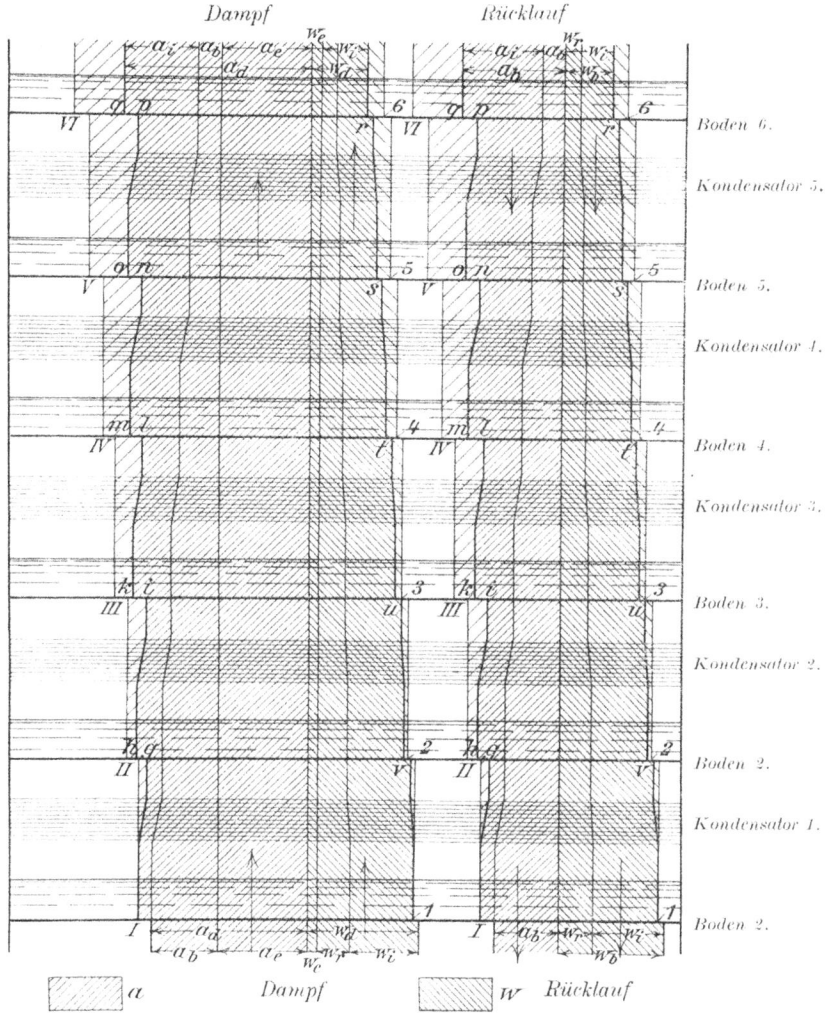

Fig. 7.

Bildliche Darstellung der nach oben hin stattfindenden Abnahme der Dampf- und Flüssigkeitsmengen in einer Rektifiziersäule, welche über jedem Boden einen Kondensator hat.

verliert bei vielen Kondensatoren, die in der Säule selbst verteilt sind, der aufsteigende Dampf unterwegs schon den größten Teil dessen, was

Rücklauf bilden soll. Die Rücklaufmenge nimmt nach oben hin mehr
und mehr ab und wird ganz gering.

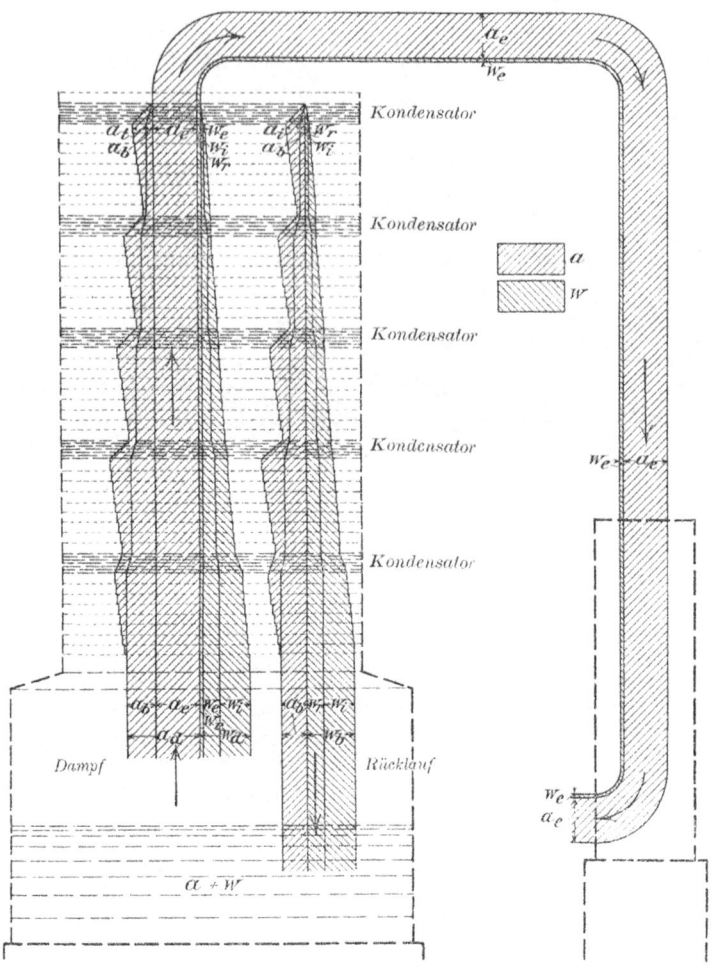

Fig. 8.

Bildliche Darstellung der nach oben hin stattfindenden Abnahme der Dampf- und
Flüssigkeitsmengen in einer Rektifiziersäule, welche über je 8 Böden einen Kondensator hat.

Das einen Boden in der Zeiteinheit durchströmende Dampfgewicht
ist gleich dem Gewichte des Rücklaufs auf diesen Boden plus dem in
der Zeiteinheit zu leistenden Rektifikat, und wir wissen, daß die Ver-

stärkung des Rektifikats pro Boden um so erheblicher wird, je größer

das Verhältnis $\dfrac{\text{Rücklaufmenge}}{\text{Rektifikatmenge}}$ ist.

Dies geht auch aus der Betrachtung der für jeden Boden geltenden Gleichung hervor:

$$\frac{w_d}{a_d} = \frac{w_e + w_R}{a_e + a_R} = \frac{a_e f_e + a_R f_R}{a_e + a_R} = f_d.$$

Je größer a_R im Verhältnis zu a_e wird, desto mehr nähert sich f_d dem Wert f_R, je kleiner a_R im Verhältnis zu a_e wird, desto mehr nähert sich f_d dem Wert f_e und daraus erhellt, daß im ersten Falle die Zusammensetzung des Dampfes über jedem beliebigen Boden sich der Zusammensetzung des Rücklaufs auf diesen nähert, so daß die Zusammensetzung des Dampfes aus dem nächst höheren Boden fast so ausfällt, als wenn der Rücklauf $a_R + w_R$ seine Ursprungsflüssigkeit ($a_d + w_d$) wäre. Im Grenzfall steigt also der Gehalt an Leichtsiedendem im Dampf von Boden zu Boden fast so, als wenn der auf jedem Boden entwickelte Dampf die Ursprungsflüssigkeit des auf dem nächst höheren Boden erzeugten wäre. Ist $a_R + w_R$ klein, so bildet $a_e + w_e$ einen erheblichen Teil aller Dämpfe und ihre Umbildung von Boden zu Boden geht langsam von statten.

Eine Säule mit vielen Kondensatoren muß also für gleichen Wärmeverbrauch mehr Böden haben, oder sie muß bei gleicher Bodenzahl mehr Wärme verbrauchen.

Auch die folgende Betrachtung lehrt dasselbe:

Denken wir uns zwei Säulen, von denen die eine ihren einzigen Kondensator oben trägt, während die zweite immer zwischen zwei Böden einen solchen enthält. Soll mit beiden dieselbe Wirkung mit der gleichen Anzahl von Böden erzielt werden, so müssen die Dämpfe, die aus der Blase in den ersten Boden von unten treten, und die Dämpfe, die von jedem folgenden Boden auf den nächsthöheren gelangen, bei den korrespondierenden Böden der beiden Säulen die gleiche Zusammensetzung haben. Bei der Säule mit nur einem Kondensator wird die Anreicherung der Dämpfe an Leichtsiedendem allein durch die Verflüssigung und Wiederverdampfung bewirkt, bei der Säule mit vielen Kondensatoren wird aber der Dampf aus einem Boden, ehe er in den nächsthöheren tritt, erst durch den zwischenliegenden Kondensator bis auf die richtige Zusammensetzung verstärkt. Folglich hat hier erst das Kondensat jedes Kondensators die Zusammensetzung, die bei der ersten Säule schon die Flüssigkeit auf jedem Boden hat. Deshalb ist die auf jedem Boden der zweiten Säule kochende Flüssigkeit ärmer als auf der ersten, daher sind auch alle Bodenrückläufe ärmer, folglich muß die zweite Säule mehr Wärme als die erste verbrauchen oder die zweite Säule muß mehr Böden erhalten.

So zeigt es sich, daß die Verteilung der Kondensation auf die ganze
Säule nur einen ungünstigen Einfluß auf den Fortschritt der Verstärkung der Dämpfe ausübt.

Wollte man die Kondensation zwar nicht regelmäßig zwischen je
zwei Böden, sondern in größeren Abstufungen zwischen mehreren Böden
(statt wie es richtig ist nur durch einen Kondensator über der Säule)
ausüben, so würde auch diese Einrichtung fast die gleichen Mängel
aufweisen. Auch in diesem Falle würde die Trennung des Leichtsiedenden
vom Schwersiedenden entweder nur mit höheren Säulen oder mit einem
größeren Wärmeaufwand erreichbar sein.

Die Fig. 8 zeigt in schematischem Bilde die Zunahme und Abnahme
der Stoffe und verdeutlicht die mangelhafte Wirkungsweise dieser
Konstruktion.

**8. Soll die Säule gegen Wärmeausstrahlung geschützt werden,
oder ist es besser, sie unbekleidet zu lassen? (Fig. 9.)**

Nach dem Vorhergehenden beantwortet sich diese Frage fast von
selbst.

Die Wärmeausstrahlung der Wand zwischen je zwei Böden bewirkt
da, wo sie von Flüssigkeit berührt wird, eine Abkühlung der letzteren.
Diese ist ein Verlust an Wärme.

Da, wo die Wand von Dämpfen berührt wird, wirkt die Abkühlung
als kleiner Kondensator ähnlich wie oben beschrieben und sie erzeugt
daher auch eine Verzögerung der Wirkung, die nur durch eine vermehrte
Zahl von Böden oder durch Wärmeaufwand aufgehoben werden kann.

In der Fig. 9 sieht man aus den Konturen I, 1, VIII, 3 die Wirkung
einer Säule ohne Wärmeverlust. Die Konturen I, 1, o, p zeigen den
Einfluß, der durch die Ausstrahlung erzeugten Kondensation der Dämpfe
und die Abnahme ihrer Mengen nach oben hin, gegenüber der Säule,
die keinen Wärmeverlust erleidet.

Es ist also in allen Fällen vorteilhaft, die Rektifikationssäule gegen Wärmeverlust zu schützen.

Eine Säule, in der eine Temperatur von 80—90° C herrscht, würde
pro Quadratmeter und Stunde einen Wärmeverlust von etwa 900 Kalorien erleiden; für eine Säule von 1000 mm Durchmesser und 6000 mm
Höhe käme dies einem nutzlosen Dampfaufwand von ca. 30 Kilo pro
Stunde gleich, so daß die Kosten für die Umhüllung mit Wärmeschutzmasse schnell eingebracht sind.

Zahlenbeispiele für diese Vorgänge befinden sich bei der Berechnung
der Alkohol-Destillier- und Rektifizier-Apparate.

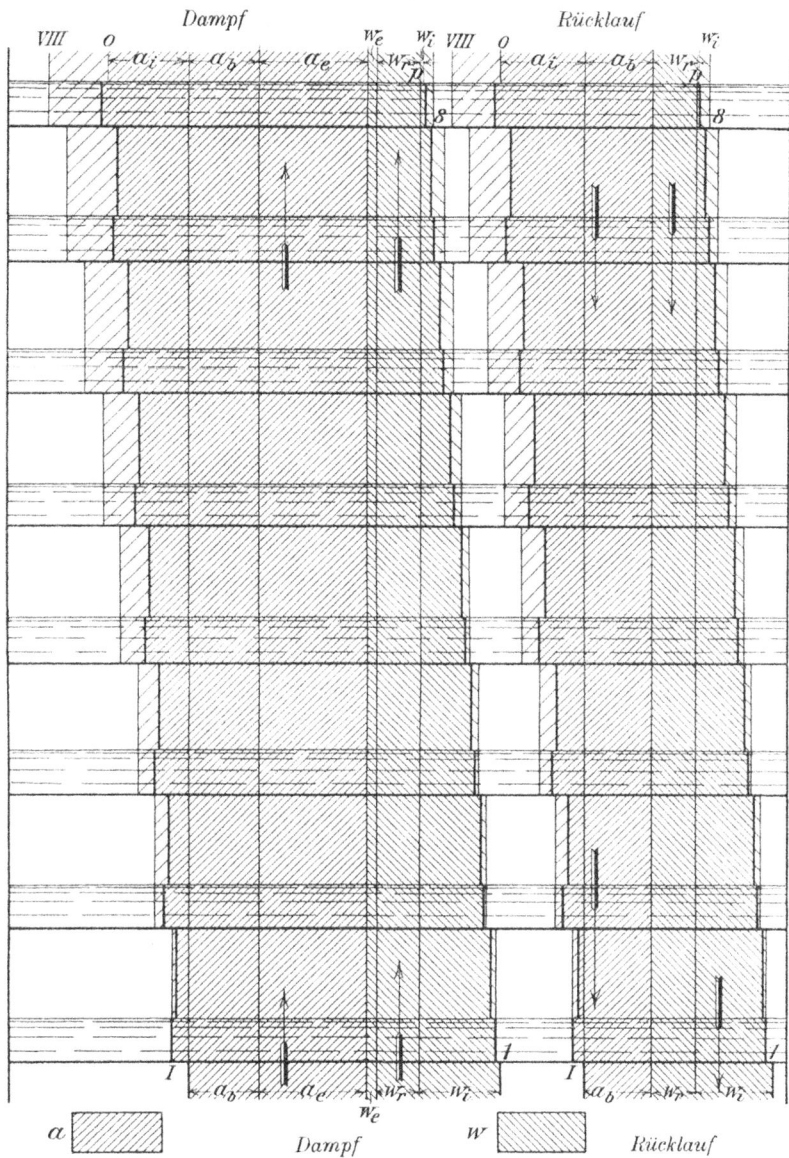

Fig. 9.

Bildliche Darstellung der durch Abkühlung (Wärmeausstrahlung) verursachten Abnahme der Dampf- und Flüssigkeitsmengen in einer Rektifiziersäule.

9. Kann aus einem Dampfgemisch nur durch Verflüssigen ohne Aufkochungen das Leichtsiedende abgetrennt werden?

(Siehe auch Abschnitt 15.)

Ein je geringerer Teil vom Ganzen das aus einem Dampfgemisch Niedergeschlagene ist, um so weniger vom Leichtsiedenden wird es enthalten. Die ersten Tropfen des Niederschlages werden fast so zusammengesetzt sein, wie es die Flüssigkeit sein muß, aus der das Dampfgemisch selbst entstand.

Einen je erheblicheren Teil vom Ganzen das Niedergeschlagene (mit dem Dampf in Berührung bleibende) ausmacht, prozentlich um so mehr vom Leichtsiedenden wird es enthalten.

Im zweiten Fall ist das Gewicht des übrig bleibenden Dampfes zwar geringer, aber dies kleinere Gewicht ist an Leichtsiedendem prozentlich viel reicher geworden, als im ersten Falle.

Wenn fast das ganze Dampfgemisch niedergeschlagen würde, so bekäme der übrig bleibende Dampf beinahe diejenige Zusammensetzung, die er haben müßte, wenn er aus einer dem ursprünglichen Dampfgemisch gleichen Flüssigkeit entstanden wäre.

Hieraus erhellt, daß man durch eine einzige, fast vollkommene Kondensation eines Dampfgemisches im Maximum einen kleinen Rest von Dampf als Produkt erhalten kann, dessen Zusammensetzung so beschaffen ist, als wäre er aus einer Flüssigkeit aufgestiegen, die dem Ursprungsdampfgemisch gleich war. Ferner erhellt, daß man durch allmähliche Verflüssigung und sofortige Abführung der kleinen Mengen des Niederschlages am Ende zu einer reichlicheren Menge des Produktes von viel höherem Prozentgehalt an Leichtsiedendem gelangen kann, und daß dies um so mehr der Fall ist, in je kleineren Absätzen die Verflüssigung stattfindet.

Geschehe die teilweise Kondensation des ursprünglichen Dampfgemisches ununterbrochen und würde das in jedem Augenblick Niedergeschlagene sogleich vom Restdampf getrennt, so würde das Niedergeschlagene und auch der Restdampf allmählich prozentlich reicher an Leichtsiedendem werden. Man kann sich denken, daß der gesamte Niederschlag eine Durchschnittsstärke hätte, deren Verhältnis $f_{R\ mittel}$ sei. Dann ist auch hier das Gewicht des Gesamtdampfes $a_d + w_d$ gleich dem Gewicht des Produktes $a_e + w_e$ plus dem Gewichte des gesamten Kondensats $a_{R\ mittel} + w_{R\ mittel}$

$$a_d + w_d = a_e + w_e + a_{R\ mittel} + w_{R\ mittel} \qquad (32)$$

$$\frac{w_d}{a_d} = \frac{w_e + w_{R\ mittel}}{a_e + a_{R\ mittel}} = f_d \qquad (33)$$

$$a_{R\,mittel} = \frac{a_e\,(f_d - f_e)}{f_{R\,mittel} - f_d} \qquad (34)$$

$$C_R = \frac{a_e\,(f_d - f_e)\,(\alpha + f_{R\,mittel}\,\beta)}{f_{R\,mittel} - f_d} \qquad (35)$$

Ist ein gewisses Dampfgemisch $a_d + w_d$ (dessen Verhältnis $\frac{w_d}{a_d} = f_d$ ist) von zunächst unbekanntem Gewicht gegeben, aus dem ein bestimmtes Gewicht an Leichtsiedendem $a_e + w_e$ (mit dem Verhältnis $\frac{w_e}{a_e} = f_e$) durch ununterbrochene Verflüssigung hergestellt werden soll, so muß, um den dazu erforderlichen Wärmeaufwand zu finden, der mittlere Wert von $f_{R\,mittel}$, der zwischen den Verhältnissen der Ursprungsflüssigkeiten von f_d und f_e (d. h. f_D und f_E) liegen muß, gesucht werden. Dieser Mittelwert ist nicht ohne weiteres das arithmetische Mittel zwischen f_D und f_E, weil ja das Verhältnis der Zusammensetzungen zwischen Dampf und Flüssigkeit keineswegs immer durch eine Gerade bestimmt wird. Auch eine einfache mathematische Formel für dieses gesuchte Mittel gibt es bis jetzt noch nicht, und deshalb muß man sich mit einer Annäherung begnügen, die etwa aus den Kurven der Dampfzusammensetzungen gefunden werden kann.

Ist der Wert von $f_{R\,mittel}$ auf irgend eine Weise bestimmt, so ergeben sich C_R, a_d, w_d und alle anderen durch diese Beziehungen verbundenen Werte sofort.

Die Gleichung 35 ist, wie zu erkennen, fast identisch mit der Gleichung 24, die für Rektifikationssäulen mit darüber gesetzten Kondensatoren gilt. Dort aber bedeutet das f_R das Verhältnis des Rücklaufs von jedem Boden (und wenn statt dessen f_B gesetzt wird, den Rücklauf in die Blase), also stets an Leichtsiedendem arme Flüssigkeit, ja oft die ärmste alles Fließenden und nicht, wie hier, das Mittel aus armen und reichen Rückläufen. Deshalb ist der Zahlenwert von f_R (oder f_B) stets größer als der von $f_{R\,mittel}$ und folglich (wie die Ausrechnung ergibt) für sonst gleiche Umstände, C_R kleiner bei der Einsetzung von f_R als bei der Einsetzung von $f_{R\,mittel}$. Mit anderen Worten: Die Trennung der Flüssigkeiten nur durch ununterbrochene, allmähliche Verflüssigung ist bis zu einer gewissen Grenze viel unvorteilhafter als die Anwendung guter Rektifikationssäulen mit wiederholten Aufkochungen.

Zahlenbeispiele für die eben besprochenen Zustände finden sich in dem Abschnitt 15 und den Tabellen 12, 13, 19, 20, Fig. 11.

10. Soll der gesamte Rücklauf aus dem Kondensator auf den obersten Säulenboden geleitet werden, oder ist es vorteilhafter, den Rücklauf getrennt, etwa nach seiner Qualität, auf mehrere Böden zu verteilen?

Der in den Kondensator gehende Dampf stammt aus der Flüssigkeit des obersten Säulenbodens. Durch die teilweise Verflüssigung dieses Dampfes wird der übrig bleibende Rest (das Produkt, das Rektifikat) prozentlich reicher an Leichtsiedendem, als es der gesamte Dampf war, und das rückfließende Kondensat ist reicher daran als die Flüssigkeit des obersten Bodens, aus der der gesamte Dampf stammt.

Der Rücklauf aus dem Kondensator in seiner Gesamtheit ist also immer, wenn auch oft sehr wenig, prozentlich besser als die Flüssigkeit auf dem obersten Boden.

Wird, wie dies bei einigen Kondensatorkonstruktionen möglich ist, das Kondensat in mehreren Teilen aus diesem abgeleitet, so ist selbst der erste, schwächste Teil prozentlich reicher an Leichtsiedendem als die Flüssigkeit auf dem obersten Säulenboden.

Die Meinung, als müßte man die schlechten Rückläufe (Lutter und Flegmen) an tiefer liegende Stellen der Säulen leiten, um deren obere Teile davon zu befreien, hat also keine Berechtigung, weil eben die Rückläufe nicht schlechter sind als die Flüssigkeit auf dem obersten Boden.

Da außerdem, wie bekannt, die Trennung von Stoffen um so energischer von statten geht, je mehr Rücklauf im Verhältnis zu dem zu gewinnenden Produkt (Rektifikat) jeden Boden überströmt, so unterliegt es keinem Zweifel, daß stets aller Rücklauf von dem Kondensator auf den obersten Säulenboden geleitet werden muß.

11. Die kontinuierliche Destillation oder ununterbrochene Trennung.

Während die Blase der Rektifizierapparate auf einmal mit der ganzen Menge des zu verarbeitenden oft aus drei und mehr Stoffen bestehenden Flüssigkeitsgemisches beschickt wird, um dann während längerer Arbeitszeit die einzelnen Teile des Gemisches nacheinander möglichst scharf getrennt zu ergeben, werden die kontinuierlichen Destillierapparate ununterbrochen mit dem zu trennenden Gemisch gespeist und sollen dann die getrennten Teile zugleich ununterbrochen abliefern.

Es ist in der Wirkungsweise der Trennungssäulen begründet, daß jede zu gleicher Zeit eine Mischung nur in zwei Teile, nicht in beliebig viele zerlegen kann. Wenn ein Gemisch nur aus zwei Teilen besteht, so kann eine ununterbrochen arbeitende Säule diese auch ebenso scharf und genau trennen, wie es der diskontinuierliche Rektifizierapparat vermag. Besteht das zu behandelnde Gemisch aber aus mehr als zwei Komponenten, so kann die kontinuierliche Säule e i n e von diesen sehr gut abscheiden, die a n d e r e n aber nur als Mischung. Wenn daher Mischungen mit mehr als zwei Komponenten ununterbrochen getrennt werden sollen, so müssen Apparate mit mehreren Säulen verwendet werden. Hierdurch werden solche Apparate natürlich komplizierter, auch ihre Erklärung und ihr Betrieb etwas schwieriger. Da aber in der Tat auch bei ihnen die sogleich vorzutragenden Darlegungen volle Anwendung finden, sollen hier zunächst nur die kontinuierlichen Apparate zur Trennung z w e i e r Stoffe erörtert werden.

Die gleichen Erwägungen, die uns bei den Rektifizierapparaten geleitet haben, werden auch im folgenden anzustellen sein. Aber die Notwendigkeit, die Eintrittstemperatur der Mischung zu berücksichtigen, deren Wärmeaufnahme in den einzelnen Apparatteilen so zu ordnen, daß der Betrieb möglichst wirtschaftlich werde und die Forderung, daß oft beide, bisweilen wenigstens e i n e der Komponenten ganz frei von der anderen sei, werden die Erwägungen modifizieren.

Es sollen im folgenden die tatsächlichen Verhältnisse klargelegt, der Wärmeverbrauch festgestellt und die an den verschiedenen Teilen der Apparate sich bewegenden Flüssigkeits- und Dampfgewichte bestimmt werden. Dies soll zunächst allgemein in einer Weise geschehen, die für sehr viele Mischungen gilt und dann soll eine Anzahl von solchen, für die die physikalischen Eigenschaften bekannt sind, im besonderen behandelt werden.

Wenn von einer Anzahl besonderer Konstruktionen abgesehen wird, weil auch für diese mutatis mutandis das zu Sagende gilt, so kommen besonders zwei voneinander etwas verschiedene Anordnungen kontinuierlicher Destillierapparate in Betracht. Diese sind durch die schematischen Zeichnungen Fig. 3 und 4 verdeutlicht und in ihnen sind die an den verschiedenen Stellen geltenden Bezeichnungen für Dampf und Flüssigkeit eingetragen.

Entweder ist die Rektifikations (Verstärkungssäule) (V) ü b e r die Abtriebs- (Maische) Säule (A) gesetzt, Fig. 3, oder die erste ist n e b e n die zweite gestellt, Fig. 4. Die zweite Anordnung wird gewählt, um den Apparat ein wenig niedriger zu erhalten, oder bisweilen um die aus A abfließende Flüssigkeit (Ablauf, Schlempe) wasserärmer zu gewinnen. Wirkung und Wärmeverbrauch ist bei beiden Anordnungen gleich.

Steht die Verstärkungssäule (V) neben der Abtriebssäule (A), so muß unter (V) noch eine besondere (Lutter) Säule (L) gesetzt werden, um den aus V abfließenden Rücklauf zu entgeisten.

In beiden Fällen geht die Mischung (Maische) in einer Schlange
oder einer anderen Anwärmevorrichtung durch den Vorwärmer (D), in
der sie durch die aus der Verstärkungssäule (V) aufsteigenden Dämpfe
($a_c + w_c$) vorgewärmt wird und tritt dann in die Abtriebssäule (A),
um in dieser, nach und nach entgeistet, hinabzufließen und sie als
Ablauf (Schlempe) frei vom Leichtsiedenden, zu verlassen. In die Ab-
triebs- (Maische) Säule strömt unten Heizdampf ein; die aus ihr steigenden Dämpfe gelangen in die Verstärkungssäule (V), werden darin verstärkt und im Vorwärmer (D) zum Teil niedergeschlagen. Das Nicht-
kondensierte ($a_e + w_e$) geht in den Kühler (K) und aus diesem als Produkt
fort; das Kondensierte fließt als Rücklauf ($a_K + w_K$) in die Säule (V)
zurück. Der Rücklauf aus der Säule (V) ($a_V + w_V$) gelangt zur vollkommenen Entgeistung entweder in die Luttersäule (L) (Fig. 4), oder
in die Maischsäule (A) (Fig. 3) und wird im letzteren Falle mit der Maische
zusammen abgetrieben[1]).

12. Die Verstärkungssäule steht über der Abtriebssäule. (Fig. 10.)

Auf den Boden M (d. h. den obersten Boden der Abtriebssäule)
fließt die Mischung a + w, meistens mit einer unterhalb ihres Siedepunktes liegenden Temperatur t_v. Sehr häufig zwar findet eine Vorwärmung der Mischung im Kondensator durch die aus der Säule kommenden Dämpfe statt, allein weil ihr Siedepunkt stets höher als die
Temperatur dieser Dämpfe liegt, kann sie den Boden M nicht siedend
erreichen.

Zugleich mit a + w steigt auf den Boden M von unten aus der
Säule ein Dampfgemisch, bestehend aus den Stoffen a und w. Dieses
Gemisch kann aus zwei Teilen zusammengesetzt gedacht werden:

1. Aus dem Teil $a_h + w_h$, der dazu bestimmt ist, die Mischung
a + w von ihrer Eintrittstemperatur t_v auf ihre Siedetemperatur auf
dem Boden M (d. i. t_m) zu erwärmen. Nachdem der Dampf $a_h + w_h$
seine Verdampfungswärme an die Mischung a + w dadurch abgegeben
hat, daß er sich in ihr verflüssigt, fließt er mit ihr und allem übrigen
vom Boden M herab. Die der Mischung a + w zum Sieden fehlende
und durch die Kondensation von $a_h + w_h$ ihr zugeführte Wärme
sei $= C_h$. Dann ist, wie bekannt

$$C_h = a_h \, \alpha + w_h \, \beta \tag{36}$$

$$C_h = a_h \, (\alpha + f_h \, \beta) \tag{37}$$

---

[1]) Es gibt Flüssigkeitsgemische, die so geartet sind, daß sie bei bestimmten
Mischungsverhältnissen Dämpfe erzeugen, in denen eine Komponente überwiegt,
bei anderen Mischungsverhältnissen aber Dämpfe erzeugen, in denen eine andere
Komponente überwiegt, wodurch die Trennung erschwert wird.

2. Der zweite Teil des von unten auf den Boden M und in die Mischung a + w gelangenden Dampfes werde bezeichnet mit $a_x + w_x$. Seine Wärme ist:

$$C_x = a_x \, \alpha + w_x \, \beta \qquad (38)$$

$$C_x = a_x \, (\alpha + f_x \, \beta) \qquad (39)$$

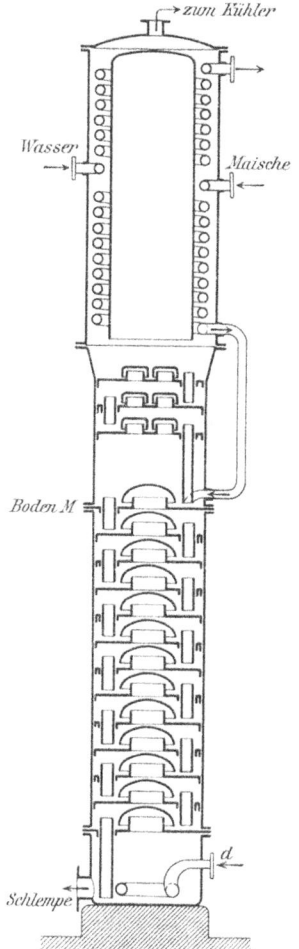

Diese Wärme ist dazu bestimmt, aus der nun siedenden Mischung $a + w + a_h + w_h + a_x + w_x$ nicht nur das Leichtsiedende $a = a_e$ in der gewünschten Stärke, d. h. in der Zusammensetzung $a_e + w_e$ zu verdampfen, sondern außerdem noch soviel an zusätzlichem Dampf aus dem Boden M in die Verstärkungssäule zu entsenden, als für die Erreichung dieser Wirkung (d. h. zur Erzielung eines Produktes von gewünschtem Gewicht und Gehalt) gebraucht wird.

Hierzu ist erforderlich, daß der Dampf $a_x + w_x$ liefere:

a) die Wärme C_e für die Entwicklung des zu erzielenden Produktes $a_e + w_e$ (oder $a + w_e$) in Dampfform, das ist:

$$C_e = a_e \, \alpha + w_e \, \beta \qquad (40)$$

$$C_e = a_e \, (\alpha + f_e \, \beta) \qquad (41)$$

Dadurch, daß die (von $a_x + w_x$ gelieferte) Wärme C_x aus der Mischung a + w den Teil $a_e + w_e$ verdampft, verbleibt der flüssige Rest $w - w_e$ übrig. Dieser fließt von dem Boden M mit dem übrigen (d. i. zunächst $a_h + w_h$) herab.

b) Der Dampf $a_x + w_x$ muß ferner den Begleitdampf für $a_e + w_e$ liefern.

Es ist ja an sich und aus früher Besprochenem bekannt, daß sich aus Mischungen, die schwach an Leichtsiedendem sind, nicht ohne weiteres ein an Leichtsiedendem sehr reicher Dampf (das Produkt) entwickeln kann, daß vielmehr, um dies zu erreichen, in der Verstärkungssäule mit dem hochprozentigen Dampf $a_e + w_e$ immer noch ein anderer, schwächerer Dampf zusammen aufsteigen muß, der den ersten begleitet, auf jedem höheren Boden, durch die ihm entgegenströmende Flüssigkeit, verändert und verstärkt, durch die eigene Verflüssigung im Kondensator selbst wieder jene eben erwähnte entgegenströmende Flüssig-

Fig. 10.

keit bildet. Wie im Abschnitt 5 dargestellt, vollführt dieser Begleitdampf zwischen je zwei Böden einen Kreislauf, indem er einen Boden als
Dampf verläßt, sich auf dem nächst höheren verflüssigt und dann sogleich
wieder auf den nächst tieferen, seinen Ursprungsboden, herabfließt.
Dort wieder in Dampf verwandelt, vollführt er den Kreislauf immer
aufs neue. Dabei bleibt der Wärmeinhalt auf allen Böden unverändert
der gleiche (wenn Ausstrahlungs- und andere Verluste fehlen).

Der mit $a_e + w_e$ aus dem Boden M in den untersten Boden der
Verstärkungssäule V aufsteigende Begleitdampf muß also auch wieder
von diesem Boden als Flüssigkeit (Rücklauf) auf den Boden M herab-
fallen, um dort durch neuen Dampf $a_x + w_x$ von neuem wieder in Dampf
verwandelt zu werden. Diese Rücklaufflüssigkeit sei $a_V + w_V$ [1]). Ihr
Wärmeinhalt ist C_V

$$C_V = a_V \, \alpha + w_V \, \beta \qquad\qquad (42)$$

$$C_V = a_V \, (\alpha + f_V \, \beta) \qquad\qquad (43)$$

Der aus dem Boden M aufsteigende Dampf hat also die Zusammensetzung:

$$a_e + w_e + a_V + w_V$$

Es ist demnach:

$$C_x = C_e + C_V = a_e \, (\alpha + f_e \, \beta) + a_V \, (\alpha + f_V \, \beta) \qquad (44)$$

(worin $C_V = C_K = C_R$ ist) und die ganze auf dem obersten Boden M
der Abtriebssäule zur Wirkung kommende Wärme ist:

$$C_a = C_h + C_x = C_h + C_e + C_V = C_h + C_e + C_R \qquad (45)$$

Die Summe $C_h + C_e + C_R$ stellt noch nicht den ganzen Wärmeverbrauch der Abtriebssäule dar, denn es sind noch zwei fernere Wärmebedürfnisse zu befriedigen:

3. Die Erwärmung der Ablaufflüssigkeit. Die Siedetemperatur
t_m der auf dem Boden M kochenden Flüssigkeit ist nämlich niedriger
als die der Masse (Schlempe), welche unten die Abtriebssäule mit der
Temperatur t_u verläßt und die fast nur aus Schwersiedendem w besteht.
Folglich muß diese Masse von der Temperatur t_m auf diese Siedetemperatur t_u erwärmt werden, wozu die Wärme:

$$C_u = (w - w_e) \, (t_u - t_m) \, \sigma \qquad\qquad (46)$$

gehört.

4. Endlich ist noch die unvermeidliche Wärmeausstrahlung C_{st}
der Apparatwände zu berücksichtigen, von der etwas später die Rede
sein wird.

---

[1]) $a_V + w_V$ ist die Rücklaufflüssigkeit vom untersten Boden der Verstärkungssäule auf den Boden M. Auf jedem anderen Boden wird sie $a_R + w_R$ und vom
Kondensator $a_K + w_K$ genannt.

Nun soll dargelegt werden, wie aus dem gegebenen Verhältnis (f) der Ursprungsmischung und dem des zu erzeugenden Produktes (f_e) sich der erforderliche Wärmeaufwand und anderes leicht ergibt:

Aus dem eben Gesagten erhellt, daß auf den obersten Boden M gelangen und von ihm entweichen müssen folgende Dampf- und Flüssigkeitsgewichte:

$$a + w + a_h + w_h + a_v + w_v + a_x + w_x - a_e - w_e - a_v - w_v \quad (47)$$

oder:

$$w - w_e + a_h + w_h + a_x + w_x \quad (48)$$

Das f_M genannte Verhältnis dieser Mischung, die den Boden M bedeckt und ihn als Rückfluß verläßt, ist:

$$\frac{w - w_e + w_h + w_x}{a_h + a_x} = f_M \quad (49)$$

oder wenn die Verhältniszahlen eingesetzt werden:

$$\frac{w}{a} = f \quad \frac{w_e}{a_e} = f_e \quad \frac{w_h}{a_h} = f_h \quad \frac{w_x}{a_x} = f_x$$

$$\frac{a(f - f_e) + a_h f_h + a_x f_x}{a_h + a_x} = f_M. \quad (50)$$

Weil $a_x + w_x$ und $a_h + w_h$ Teile desselben Dampfes sind, müssen sie auch immer dieselbe Zusammensetzung haben, daher kann für f_h auch f_x gesetzt werden:

$$\frac{a(f - f_e) + (a_h + a_x) f_x}{a_h + a_x} = f_M. \quad (51)$$

$$a(f - f_e) = (a_h + a_x)(f_M - f_x) \quad (52)$$

$$\frac{a(f - f_e)}{f_M - f_x} = a_h + a_x \quad (53)$$

$$a_h = \frac{C_h}{\alpha + f_x \beta} \qquad a_x = \frac{C_x}{\alpha + f_x \beta} \quad (54)$$

$$C_h + C_x = C_h + C_R + C_e = \frac{a(f - f_e)(\alpha + f_x \beta)}{f_M - f_x} \quad \mathbf{(55)}$$

Diese wichtige Gleichung (55) gibt die Beziehungen zwischen dem gesamten Wärmeverbrauch auf dem obersten Boden M der Abtriebssäule und der Zusammensetzung der Flüssigkeiten und Dämpfe auf diesem Boden. Sie kann aber zur Berechnung spezieller Fälle nur dann verwendet werden, wenn außer der Zusammensetzung der Ursprungsmischung f und des Produktes f_e auch noch zwei oder drei andere Faktoren: Wärmeaufwand ($C_h + C_x$), Zusammensetzung der Flüssigkeit auf den Boden M (d. i. f_M) oder des von unten aus diesem steigenden Dampfes f_x bekannt sind, was im allgemeinen selten der Fall sein wird.

Die einfache Lösung wird zugleich dargelegt werden.

Inzwischen sollen auch die einzelnen Teile des Wärmeaufwandes C_h und C_R in ihrer Abhängigkeit von der Zusammensetzung der Dämpfe und Flüssigkeiten ausgedrückt werden.

Zuerst die Wärme des Rücklaufs auf den Boden M (d. i. C_V). Der aus dem Boden M aufsteigende Dampf, dessen Verhältnis f_m genannt werden möge, besteht aus dem Produktdampf $a_e + w_e$ plus dem diesen begleitenden Dampf, der gleich ist der Flüssigkeit, die vom untersten Boden der Verstärkungssäule auf den Boden M zurückläuft ($a_V + w_V$). Er ist daher $= a_e + w_e + a_V + w_V$ und sein Verhältnis:

$$\frac{w_e + w_V}{a_e + a_V} = f_m \tag{56}$$

$$a_e\, f_e + a_V\, f_V = a_e\, f_m + a_V\, f_m \tag{57}$$

$$a_V = \frac{a_e\,(f_m - f_e)}{f_V - f_m} \tag{58}$$

da aber auch: $\quad a_V = \dfrac{C_V}{\alpha + f_V\,\beta}\quad$ ist, folgt: $\tag{59}$

$$C_V = C_R = C_K = \frac{a_e\,(f_m - f_e)\,(\alpha + f_V\,\beta)}{f_V - f_m} \tag{60}$$

Diese wichtige Formel (60) ist identisch mit den Gleichungen (24) und (35).

C_V ist die Wärmemenge des Rücklaufs $a_V + w_V$ und da diese Wärme in den Rückläufen aller Böden die gleiche sein muß, so ist C_V auch gleich der Wärmemenge C_K, die im Kondensator dem aus der Verstärkungssäule kommenden Dampf entzogen werden muß, damit aus einem Dampf mit dem Verhältnis f_m ein Produkt mit Verhältnis $= f_e$ und dem Gehalt an Leichtsiedendem $= a_e$ entstehe. Aus demselben Grunde ist C_V auch gleich der Rücklaufwärme von jedem beliebigen Boden C_R.

Ferner ist die Verdampfungswärme des Produktes:

$$C_e = a_e\,(\alpha + f_e\,\beta) \tag{61}$$

oder in einer später passenderen Form:

$$C_e = \frac{a_e\,(f_M - f_x)\,(\alpha + f_e\,\beta)}{f_M - f_x} \tag{62}$$

Endlich die Beziehung, welche besteht zwischen dem W ä r m e a u f - w a n d C_h für die Erwärmung der Ursprungsflüssigkeit $a + w$ v o n ihrer Temperatur t_v beim Eintritt auf den Boden M bis auf die dort herrschende Siedetemperatur t_m u n d d e n G e w i c h t e n und V e r h ä l t n i s s e n der Flüssigkeiten und Dämpfe daselbst, wird durch eine leichte Umformung der Gleichung 55 dargestellt:

$$C_h = \frac{a_e\,(f - f_e)\,(\alpha + f_x\,\beta)}{f_M - f_x} - C_x \qquad (63)$$

$$\text{oder da:} \quad C_x = a_x\,(\alpha + f_x\,\beta) = \frac{a_x\,(\alpha + f_x\,\beta)\,(f_M - f_x)}{f_M - f_x} \qquad (64)$$

$$C_h = \frac{(a_e\,(f - f_e) - a_x\,(f_M - f_x))\,(\alpha + f_x\,\beta)}{f_M - f_x} \qquad \mathbf{(65)}$$

Die Summe der Gleichungen 60, 62, 65 muß natürlich die Gleichung 55 ergeben, allein da f_M, f_x, f, f_V, f_m im allgemeinen nicht bekannt sind, so wird durch solche Addition für die praktische Rechnung kaum etwas gewonnen. Es ist deshalb erforderlich, noch eine bekannte Bedingung einzuführen, die die Lösung der Gleichungen ermöglicht.

Glücklicherweise wird die Bestimmung der a priori unbekannten Faktoren leicht und die Gestalt der Gleichungen einfach durch die einzuführende Bedingung, daß sie für die wirtschaftlich günstigsten Umstände gelten sollen. Die Folgen dieser Annahme für die Gleichungen und deren Auflösung sollen sogleich dargelegt werden.

Am wirtschaftlichsten arbeiten die Säulen, die für eine bestimmte Leistung den geringsten Aufwand an Heizung und Kühlung erfordern, selbst dann, wenn zu diesem Zweck ihre Abmessungen, also ihre Herstellungskosten, gegenüber verschwenderischer arbeitenden etwas vergrößert werden müßten.

Es soll nunmehr der ganze Wärmebedarf der kontinuierlichen Destillierapparate systematisch zusammengestellt werden unter dem Gesichtspunkt der größten Wirtschaftlichkeit. Er setzt sich aus folgenden Teilen zusammen:

1. C_h = die für die Erwärmung der Ursprungsflüssigkeit von ihrer Vorwärmetemperatur t_v auf die Temperatur t_m des obersten Bodens M der Abtriebssäule.

Es ist:

$$C_h = (a + w)\,\sigma\,(t_m - t_v) \qquad (66)$$

worin σ die spezifische Wärme der Flüssigkeit $a + w$ bedeutet. Offenbar ist es zweckmäßig (wenn nicht in besonderen Fällen andere Interessen überwiegen), die Mischung $a + w$ im Kondensator durch die Dämpfe aus der Verstärkungssäule so hoch wie möglich auf die Temperatur t_v vorzuwärmen, wodurch zugleich Kühlwasser gespart wird.

Ferner kann folgende Überlegung angestellt werden: Der Wärmeaufwand zur Erzeugung eines bestimmten Produktes aus einer bekannten Ursprungsmischung hängt von der Zusammensetzung der Flüssigkeit $a_V + w_V$ (worin $\dfrac{w_V}{a_V} = f_V$ ist) ab, die aus der Säule in die verdampfende

Ursprungsmischung zurückfließt und er ist am geringsten, wenn die Zusammensetzung dieses Rücklaufes gleich ist der der Ursprungsmischung (f_M) selbst. Freilich ist diese theoretische Forderung praktisch nicht erfüllbar, aber man kann sich ihr sehr nähern, wie die Erfahrung und die späteren Berechnungen der Apparate für verschiedene Stoffe zeigen. Für die praktische Ausgestaltung der Formeln muß nun, schon um Willkürlichkeiten zu vermeiden, die Annahme gemacht werden, daß der Rücklauf (f_V) der Ursprungsflüssigkeit (f_M) gleich sei, wobei dann darauf gerechnet werden muß, daß in Wirklichkeit der Wärmeverbrauch etwas größer als der theoretisch kleinste sein wird. Die ursprünglichen Gleichungen (27, 35, 55, 60, 62 und 65) behalten dabei ihre Bedeutung für alle anderen speziellen Fälle, in denen andere Annahmen gemacht werden.

Für den Fall des theoretisch kleinsten Wärmeverbrauchs hat also der Rücklauf aus der Verstärkungssäule die gleiche Zusammensetzung wie die Flüssigkeit auf dem Boden M. Es ist dann $f_V = f_M$. Auch die Dämpfe f_h und f_x, die von unten auf diesen Boden gelangen, haben dann die gleiche Zusammensetzung, wie die aus ihm aufsteigenden, daher denn $f_h = f_x = f_m$ ist. Der Teil des von unten kommenden Dampfes $a_x + w_x$ hat den Zweck, aus dem Boden M sowohl das Produkt $a_e + w_e$ als auch den Rücklauf $a_V + w_V$ zu verdampfen. Deshalb ist:

$$C_x = C_e + C_V = a_e\,\alpha + w_e\,\beta + a_V\,\alpha + w_V\,\beta \qquad (67)$$

$$C_x = a_x\,\alpha + w_x\,\beta = (a_e + a_V)\,\alpha + (w_e + w_V)\,\beta \qquad (68)$$

folglich:
$$a_x = a_e + a_V \qquad w_x = w_e + w_V \qquad (69)$$

Demnach kann in die Gleichung (65) für a_x auch $a_e + a_V$ gesetzt werden,

$$C_h = \frac{(a_e\,(f - f_e) - (a_e + a_V)\,(f_M - f_x))\,(\alpha + f_x\,\beta)}{f_M - f_x} \qquad (70)$$

Nun ist das Verhältnis des Dampfes, der sich aus dem Boden M erhebt:

$$\frac{w_e + w_V}{a_e + a_V} = \frac{a_e\,f_e + a_V\,f_V}{a_e + a_V} = f_m \qquad (71)$$

$$a_V\,(f_V - f_m) = a_e\,(f_m - f_e) \qquad (72)$$

$$a_V = \frac{a_e\,(f_m - f_e)}{f_V - f_m} \qquad (73)$$

und ferner:

$$a_e + a_V = \frac{a_e\,(f_m - f_e)}{f_V - f_m} + a_e = \frac{a_e\,(f_m - f_e + f_V + f_m)}{f_V - f_m} \qquad (74)$$

$$a_e + a_V = \frac{a_e\,(f_V - f_e)}{f_V - f_m} \qquad (75)$$

Wird dieser Wert von $a_c = a_V$ in die Gleichung (70) eingesetzt, so entsteht:

$$C_h = \frac{a_e \left[\dfrac{(f - f_e)(f_V - f_e) - (f_V - f_e)(f_M - f_x)}{f_V - f_m} \right] (\alpha + f_x \beta)}{f_M - f_x} \tag{76}$$

Den eben angestellten Betrachtungen folgend kann in dieser Gleichung (76) für den Fall des geringsten Wärmeaufwandes gesetzt werden $f_V = f_M$ und $f_x = f_m$ und wenn dann die Multiplikation ausgeführt wird, ergibt sich:

$$C_h = \frac{a_e (f - f_M)(\alpha + f_m \beta)}{f_M - f_m} \tag{77}[1]$$

Diese Gleichung ist recht wichtig für die Berechnung der Apparate für ununterbrochene Trennung (kontinuierliche Destillation), denn sie lehrt, daß die Zusammensetzung der Flüssigkeit auf dem Boden M und des aus ihr aufsteigenden Dampfes, für den Fall des kleinsten Wärmeverbrauches, nur abhängt von der für die Erwärmung der Mischung a + w auf dem Boden M erforderlichen Wärmemenge. Sie ist der Schlüssel für die Berechnung dieser Apparate.

Weil die Kenntnisse der Verhältnisse f_M und f_m die Basis für die Berechnung der Destillierapparate gibt, so muß mit der Auswertung der Gleichung 77 begonnen werden.

Bekannt in ihr ist stets das Verhältnis der Ursprungsmischung $\dfrac{w}{a} = f$, deren Gehalt an Leichtsiedendem $a = a_e$, ihr Erwärmungsbedürfnis $C_h = (a + w) \, \sigma \, (f_m - t_V)$, die Verdampfungswärme (α und β) der Stoffe a und w und deren spezifische Wärme σ.

[1] Man kann natürlich auch auf anderem Wege zu der Gleichung (77) gelangen, z. B. auf dem, daß gleich in den ersten Ansatz die Bedingung des geringsten Wärmeverbrauchs eingeführt und $a_x = a_V + a_e$ gesetzt wird. Dann ist das Verhältnis auf dem Boden M:

$$\frac{w - w_e + w_h + w_V + w_e}{a_h + a_V + a_e} = f_M \tag{78}$$

$$\frac{a(f - f_e) + a_h f_m + a_V f_M + a_e f_e}{a_h + a_V + a_e} = f_M \tag{79}$$

$$a_e (f - f_e) = a_h (f_M - f_m) + a_V (f_M - f_M) + a_e (f_M - f_e) \tag{80}$$

$$a_e (f - f_e - f_M + f_e) = a_h (f_M - f_m) \tag{81}$$

$$\frac{a_e (f - f_M)}{f_M - f_m} = a_h = \frac{C_h}{\alpha + f_m \beta} \tag{82}$$

$$C_h = \frac{a_e (f - f_M)(\alpha + f_m \beta)}{f_M - f_m} \tag{83}$$

Gewöhnlich wird, wie schon bemerkt, der Wärmeersparnis wegen, die zu trennende Mischung, ehe sie auf den Boden M fließt, von ihrer ursprünglichen Temperatur t im Kondensator auf die Temperatur t_v durch den aus der Verstärkungssäule kommenden Dampf, dessen Temperatur t_c jedenfalls ziemlich genau bekannt ist, bis auf etwa $10 \div 8^0$ unter t_c vorgewärmt ($t_v = t_c - 8$).

Die Siedetemperatur t_m der Flüssigkeit auf dem Boden M kann gleichfalls vor der Rechnung schon annähernd festgestellt werden, da im allgemeinen ihre Zusammensetzung durch die Vorgänge im Apparat nicht in überraschender Weise geändert wird. Soll die Bestimmung von t_m präziser geschehen, so muß wohl die Rechnung nach genauerer Kenntnis der Zusammensetzung auf dem Boden M noch ein zweites Mal ausgeführt werden. So läßt sich die für die Temperaturerhöhung erforderliche Wärme C_h bestimmen:

$$C_h = (a\,\sigma_a + w\,\sigma_w)\,(t_m - t_v) \qquad (84)$$

Ist dies geschehen, so lehrt die Gleichung (77) die Verhältnisse f_M und f_m der Flüssigkeit und des Dampfes auf dem Boden M errechnen, da diese Verhältnisse miteinander in festem Zusammenhang stehend (zwar nicht durch ein einfache Formel, wohl aber) aus der Beobachtung der Experimentatoren für eine erhebliche Anzahl von Mischungen bekannt und auf Grund dieser für einige Stoffe in den Tabellen 2, 14, 21, 25, 29, 32, 37, 43 zusammengestellt sind.

Mangels eines mathematischen Ausdrucks für die Beziehung der Zusammensetzung der flüssigen Mischung zu der ihres Dampfes kann die Gleichung (77) allerdings nicht ohne weiteres ausgerechnet werden, sondern sie muß durch einiges Probieren mit Hilfe der Tabellen derart gelöst werden, daß zwei zusammengehörige Werte f_M und f_m probeweise eingesetzt werden und dies so oft wiederholt wird, bis ein Paar davon die rechte Seite der Gleichung 77 gleich dem vorher bestimmten C_h macht.

2. Die Bekanntschaft von f_M und f_m vermittelt nun sogleich die so erwünschte Kenntnis der im Kondensator zu entziehenden Rücklaufwärme C_K.

Denn aus dem früheren wissen wir, daß die für die Trennung der Stoffe erforderliche Gesamtwärme C_a ist:

$$C_a = C_e + C_h + C_K \qquad (85)$$
$$C_K = C_a - C_e - C_h$$

Hierin ist die Verdampfungswärme des Produktes C_e immer bekannt, ebenso der Wert von C_h. Die Gesamtwärme C_a fand sich in der Gleichung (55) angegeben. Werden nun in diese die für den günstigsten Fall geltenden, durch die Gleichung (77) gefundenen Werte für f_M und f_m eingesetzt, so ist auch der Gesamtwärmeaufwand C_a dadurch bestimmt:

$$C_a = C_e + C_h + C_K = \frac{a_e (f - f_e)(\alpha + f_m \beta)}{f_M - f_m} \qquad (86)\,^1)$$

Wird von C_a abgezogen C_e und C_h so ist:

$$C_K = \frac{a_e (f - f_e)(\alpha + f_m \beta)}{f_M - f_m} - a_e (\alpha + f_e)\beta - \frac{a_e (f - f_M)(\alpha + f_m \beta)}{f_M - f_m} \qquad (93)$$

wird diese Gleichung aufgelöst, so erscheint wieder die Rücklaufwärme:

$$C_K = \frac{a_e (f_m - f_e)(\alpha + f_M \beta)}{f_M - f_m} \qquad (94)\,^2)$$

Dies ist die zweite wichtige Gleichung für die Berechnung der Apparate für ununterbrochene Trennung, die, da die Gleichung (77) die Werte von f_M und f_m gegeben hat, a, f_e, α und β aber a priori bekannt sind, nun leicht zu lösen ist.

Die Rücklaufwärme C_K ($= C_s + C_w$) wird dem Dampf $a_c + w_c$ gewöhnlich durch zwei Flüssigkeiten entzogen, nämlich

a) zu einem Teil durch die kalte, vorzuwärmende Mischung $a + w$, die durch die Aufnahme der Wärme C_s sich von t auf t_v erwärmt.

$$C_s = (a\, \sigma_a + w\, \sigma_w)(t_v - t) \qquad (96)$$

b) zum zweiten Teil durch Wasser oder ein anderes Kühlmittel, das dann die Wärme $C_w = C_K - C_s$ absorbieren muß.

Die ursprüngliche Temperatur des Kühlwassers und die andere, bis zu der es im Kondensator erwärmt werden soll, hängt natürlich von den Umständen des einzelnen Falles ab, und wird auch davon beeinflußt, ob das Wasser, schon im Kühler zur Verflüssigung des Produktdampfes

---

$^1)$ Diese Gleichung muß natürlich auch erscheinen, wenn die Gleichungen 60, 62, 77 addiert werden. Es ist:

$$C_e + C_R + C_h = \frac{a_e [(f_M - f_x)(\alpha + f_e \beta) + (f_m - f_e)(\alpha + f_R \beta) + (f - f_M)(\alpha + f_m \beta)]}{f_M - f_m} \qquad (87)$$

Wenn die Multiplikation im Zähler wirklich ausgeführt und die positiven gegen die negativen Glieder gehoben werden, so erscheint:

$$\alpha (f - f_e) + \beta (f_M \cdot f_e + f_m f_R + f \cdot f_m - f_x f_e - f_R f_e - f_M f_m) \qquad (88)$$

$$\alpha (f - f_e) + \beta (f_e (f_m - f_R) - f_m (f_M - f_R) + f_m f - f_x \cdot f_e) \qquad (89)$$

$$\alpha (f - f_e) + \beta ((f_M - f_R)(f_e - f_m) + f \cdot f_m - f_x f_e) \qquad (90)$$

Wird in diese Gleichung, wie es für den günstigsten Fall geschehen muß, $f_x = f_m$ $f_R = f_M$ gesetzt und Gleiches gehoben, so bleibt:

$$C_e + C_R + C_h = C_a = \frac{a_e (f - f_e)(\alpha + f_m \beta)}{f_M - f_m} \qquad (92)$$

$^2)$ Für jeden Säulenboden gilt diese Gleichung auch, wie früher gezeigt, nur mit entsprechend veränderten Bezeichnungen.

$$C_R = \frac{a_e (f_d - f_e)(\alpha + f_R \beta)}{f_R - f_d} \qquad (95)$$

C_R ist hier die Wärme, f_R das Verhältnis der Bodenflüssigkeit, f_d das ihres Dampfes.

$a_e + w_e$ benutzt, etwas warm in den Kondensator gelangt, was oft sehr zweckmäßig ist. Wenn nicht kaltes Wasser, sondern, unter besonderen Umständen, andere Stoffe zur Wärmeentziehung verwendet werden, z. B. Luft, siedendes Wasser, Dampf oder verflüssigte Gase etc., so sind natürlich deren Eigenschaften zu berücksichtigen.

Es kommt bisweilen vor, daß die Erwärmung der Ursprungs- flüssigkeit $a + w$ bis zu ihrer Siedetemperatur allein für Kühlung und Kondensation des Dampfes ausreicht, so daß kein besonderes Kühl- wasser mehr erforderlich ist.

3. Die im Kühler dem Produkt-Dampf zu entziehende Wärme setzt sich zusammen aus der für seine Kondensation

$$C_e = a_e \, a + w_e \, \beta \qquad\qquad (97)$$

und der für seine Kühlung erforderlichen

$$C_P = (a \; \sigma_a + w_e \, \sigma_w) \, (t_e - t_P) \qquad\qquad (98)$$

Dies sind die drei Haupt-Wärmeerfordernisse der kontinuierlichen Destillierapparate. Soll aber ihr ganzer Wärmeverbrauch festgestellt werden, so müssen noch einige weniger bedeutende Wärmebedürfnisse Berücksichtigung finden.

4. $C_u =$ bedeutet die in der Abtriebssäule aufzuwendende Wärme, um den aus der Ursprungsmischung übrig bleibenden Rest $(w - w_e)$ von der Siedetemperatur t_m auf dem Boden M bis auf die unten herr- schende Ablauftemperatur t_u zu erhöhen

$$C_u = [(w - w_e)\,\sigma_w + (a_h + w_h)\,\sigma_h]\,(t_u - t_m) \qquad\qquad (99)$$

Der ablaufende Rest hat unten eine höhere Temperatur t_u als auf dem Boden M, weil er hier nur noch oder fast nur noch aus Schwer- siedendem besteht; diese Temperatur ist sogar etwas höher als die normale Siedetemperatur des Schwersiedenden, weil in den Säulen ein kleiner Überdruck herrscht, der von der Anzahl ihrer Aufkochungen, von der Höhe der vom Dampf jedesmal zu durchdringenden Flüssigkeits- schicht, von deren spezifischem Gewicht und dem durch Reibung des Dampfes in Säule, Verdichter und Kühler erzeugten Gegendruck abhängt. Dieser Gegendruck ist natürlich auf dem untersten Boden am größten, nimmt nach oben hin ab und beträgt für jede Aufkochung im Mittel etwa 10—30 mm Wassersäule. Bei wässerigen Lösungen wird die Ab- lauftemperatur etwa um 2^0 C über die normale Siedetemperatur erhöht. Die Spannungsabnahme des Dampfes in den Säulen von unten nach oben ist natürlich ein Wärmeverlust, da der Dampf sich auf jedem höheren Boden ein wenig ausdehnt, Arbeit verrichtet und deshalb Wärme verliert. Allein dieser Verlust ist nicht sehr groß, weil der ganze Druck- unterschied selten mehr als 1200÷1400 mm Wassersäulen beträgt, was für Wasserdampf etwa einen Wärmeverlust von 0,06% ergeben würde.

In der Abtriebssäule würde sich die mittlere Nachwärmung ergeben:

$$C_u = [(w - w_c + w_h)\sigma_w + a_h \sigma_a](t_u - t_m) \qquad (100)$$

σ_a = spezifische Wärme des Leichtsiedenden, σ_w des Schwersiedenden.

5. Der im Kondensator durch Wärmeentziehung C_K niedergeschlagene Dampf, dessen Temperatur kleiner als t_c ist, ergibt eine an Leichtsiedendem prozentlich reichere Flüssigkeit als die auf dem Boden M siedende. Sie hat deshalb eine kleinere Verdampfungswärme, ein größeres absolutes Gewicht und geringere spezifische Wärme als jene. In der Säule herabströmend muß diese Flüssigkeit (der Rückfluß) daher durch den Wärmeaufwand C_0 von t_c auf t_m erwärmt werden und deshalb ist ohne weiteres klar:

$$C_0 = (a_V \sigma_a + w_V \sigma_w) t_m - (a_K \sigma_a + w_K \sigma_w) t_c \qquad (100)$$

σ_a = spezifische Wärme des Leichtsiedenden

σ_w = spezifische Wärme des Schwersiedenden.

In jedem einzelnen Fall läßt sich dieser Wärmeaufwand C_0 wohl bestimmen, aber weil er in weiten Grenzen, je nach den physikalischen Eigenschaften und dem Grade der Trennung der Einzelstoffe der Mischung schwankt, kann allgemein nur ein ungefährer Begriff seiner Größe gegeben werden.

Beispiel 1: Für die Erzeugung von 100 Kilo Methylalkohol von $99^0/_0$ werden $C_K = 50000$ W.E. dem Dampf $a_c + w_c$ entzogen. Des reinen Methylalkohols spezifische Wärme sei: $\sigma = 0.66$, seiner $10 \div 20$ prozentigen Lösung mit Wasser $\sigma = 1.073$. Die Siedetemperatur am oberen Ende der Säule ist $t_c = 68^0$, auf dem Boden M sei: $t_m = 95^0$,

oben ist $a_k = 165$ Kilo. $w_k = 14.31$ Kilo.

unten $a_V = 1.55$ Kilo. $w_V = 90.17$ Kilo.

so ist:

$$C_0 = (1.55 \cdot 0.66 + 90.17 \cdot 1)95 - (165 \cdot 0.66 + 14.31 \cdot 1)68 = 286.4 \text{ W.E.},$$

das ist etwa $0.53^0/_0$ der Rücklaufwärme.

Beispiel 2: Die spezifische Wärme des Stickstoffs ist: $\sigma = 0.430$, des Sauerstoffs: $\sigma = 0.347$, die Temperatur oben: $T_c = 78^0$, unten: $T_m = 79^0$ C, die Rücklaufwärme für 10 Kilo Stickstoff von $99.5^0/_0$ sei: $C_K = 1500$ W.E., dann besteht dieser

oben aus: $n_K = 30.48$ Kilo, $o_K = 1.00$ Kilo

unten aus: $n_V = 6.05$ Kilo, $o_V = 24.01$ Kilo.

$$C_0 = (6.05 \cdot 0.43 + 24.01 \cdot 0.347)79 - (30.48 \cdot 0.43 + 1 \cdot 0.347)78$$
$$= 864.26 - 1049.33 = -185.07 \text{ W.E.}$$

Hier wird also keine Wärme verbraucht, sondern gewonnen.

Über den Einfluß der für die Erwärmung des Rücklaufs zu verwendenden Wärme auf den Fortschritt der Verstärkung von Dampf und
Rücklauf soll im nächsten Abschnitt berichtet werden.

Die spezifische Wärme der leichtsiedenden Komponente einer
Mischung kann kleiner oder größer als die der Schwersiedenden sein
(z. B. Alkohol 0,66, Wasser 1,0, Stickstoff 0,430, Sauerstoff 0,347), und
da das Leichtsiedende überwiegt, so kann der Rücklauf zu seiner von
Boden zu Boden erfolgenden Temperaturerhöhung oben mehr Wärme
erfordern als unten, es kann auch umgekehrt sein, je nach den physikalischen Eigenschaften der Komponenten. Wäre der Rücklauf von allen
Böden quantitativ und qualitativ gleich, so wären die zu seiner Erwärmung erforderlichen Einheiten leicht zu berechnen. Da dies nun
aber, wie eben gezeigt, nicht der Fall ist, die Änderung nur in jedem
speziellen Fall, nach genauer Bestimmung aller einzelnen Gewichte
der Rücklaufsteile auf jeden Boden in äußerst mühevoller Weise festgestellt werden könnte, so scheint es erlaubt, sich mit einer Annäherung
zu begnügen. Hat der oberste Rücklauf vom Kondensator $a_K + w_K$
die Temperatur t_K und der unterste auf dem Boden M: $a_V + w_V$ die
Temperatur t_V, so kann ein mittlerer Rücklauf angenommen werden
und in der Verstärkungssäule hätte demnach die Nachwärmung im
Mittel den Wert:

$$C_o = \left(\frac{a_K + a_V}{2} \sigma_a + \frac{w_K + w_V}{2} \sigma_w \right) (t_V - t_K) \qquad (101)$$

6. $C_{st} =$ die Wärmeausstrahlung der Apparatwände ist wirklich
immer ein Verlust, wie im Abschnitt 8 dargelegt. Ein Quadratmeter
der unbekleideten Apparatwand verliert in einer Stunde für jeden Grad
Celsius des Unterschieds zwischen seiner Temperatur und der der umgebenden Luft, je nach dem Metall, aus dem sie besteht, und der Bewegung der umgebenden Luft

  bei Kupfer etwa 5—6,5 W.E.
  ,, Schmiedeeisen etwa 8—9 W.E.
  ,, Gußeisen etwa 9—10 W.E.

Ein Quadratmeter guter Wärmeschutz-Bekleidung etwa 5—6 W.E.
Da der Temperaturunterschied an der Oberfläche einer guten Bekleidung
und der Luft nur etwa den sechsten bis achten Teil derjenigen zwischen
nackter Wand und Luft beträgt, so kann die Bekleidung etwa 70÷85%
des Wärmeverlustes nackter Wände retten. Wie groß der wirkliche
Wärmeverlust, bezogen auf eine bestimmte Produktionsmenge ist, läßt
sich nur für jeden einzelnen Fall ausrechnen, da er mit zunehmender
Größe der Apparate abnimmt. Nur um eine Vorstellung zu geben, sei
erwähnt, daß z. B. ein Spiritusdestillierapparat bei einer stündlichen
Verarbeitung von:

1000   10000 Liter Maische

auf 100 Liter Spiritus bezogen, etwa verlieren würde:

aus Kupfer unbekleidet:

3000 W.E.   600 W.E.

mit Wärmeschutzmasse bekleidet:

600 W.E.   120 W.E.

während der Wärmeaufwand für Erzeugung von 100 Liter Spiritus etwa beträgt:

9000 W.E.   bis   12000 W.E.

Kurz zusammengefaßt stellt sich das Wärmebedürfnis der kontinuierlichen Destillierapparate mit übereinander stehenden Säulen dar wie folgt:

Unten in die Abtriebssäule sind einzuführen:

$$C_g = C_e + C_K + C_h + \frac{C_o + C_u + C_{st}}{2} \qquad (102)$$

oder
$$C_g = C_e + C_s + C_w + C_h + \frac{C_o + C_u + C_{st}}{2} \qquad (103)$$

oder
$$C_g = C_h + C_x + \frac{C_o + C_u + C_{st}}{2} \qquad (104)$$

oder
$$C_g = C_a + \frac{C_o + C_u + C_{st}}{2} \qquad (105)$$

Auf dem Boden M wirken zur Erwärmung und Verdampfung

$$C_h + C_x + C_o + C_u = C_h + C_K + C_e + C_o + C_u \qquad (106)$$

Im Kondensator werden entzogen

$$C_s + C_w = C_K = C_R = C_V \qquad (107)$$

Im Kühler werden entzogen

$$C_e + C_P \qquad (108)$$

Unten in die Entgeistungssäule wird der Heizdampf bei wässerigen Mischungen oft direkt eingeblasen. Er mischt sich dann mit dem Abfluß und gibt seine Verdampfungswärme C_a bis zur Temperatur des Ablaufs t_u ab. Ist z. B. diese gleich 102° C, so hinterläßt ein Kilo gesättigten Heizdampfs $C = 637 - 102 = 535$ W.E. im Apparat. Soll die Heizung indirekt, durch metallene Flächen, bewirkt werden, wie es mit den Kühlflächen im Kondensator und Kühler auch geschehen muß, so ist deren erforderliche Oberfläche auf Grund bekannter Gesetze der Wärme-

übertragung zu bestimmen, wofür vielleicht des Verfassers Veröffent-
lichung einige Hilfe leistet [1]).

Auch wenn die Destillation nicht bei atmosphärischem, sondern
bei höherem oder geringerem Druck stattfinden soll, bleiben die bis
dahin angestellten Betrachtungen in Wirkung, nur müssen dann die
durch die physikalischen Eigenschaften der Stoffe bedingten etwas
veränderten Umstände berücksichtigt werden.

In den Verlauf dieser Darstellung sind umfassende, erklärende Beispiele nicht eingeschoben worden, weil es ihr Verständnis fördernder und
daher vorteilhafter schien, die gesamte Berechnungsweise der Destillierapparate an ihrer Hand für eine Anzahl von Stoffen im Zusammenhange vorzutragen, wie es in den späteren Abschnitten geschehen wird.

13. Die erforderliche Anzahl von Aufkochungen oder Böden in den Säulen.

A. In der Verstärkungssäule.

Die Gleichung:

$$C_R = \frac{a_e (f_d - f_e)(\alpha + f_D \beta)}{f_D - f_d} \tag{109}$$

lehrt die zur Erzielung des Produktes $a_e + w_e$ aus einer Flüssigkeit mit
dem Verhältnis f_D und deren Dampf f_d für den Rücklauf erforderliche
Wärme C_R bestimmen. Wenn aus den Tabellen 2, 14, 21, 25, 29, 32,
37, 42 und den Tafeln 12 und 25 (welche die Zusammensetzungen zu-
sammengehöriger Dampf- und Flüssigkeitsmischungen nach den Resultaten der Experimentatoren geben) viele verschiedene zusammengehörige
Werte von f_D und f_d in die Gleichung für C_R eingesetzt werden, so ergeben
manche Mischungen ein ununterbrochenes Wachsen von C_R mit
dem abnehmenden Gehalt der Ursprungsflüssigkeit an Leichtsiedendem.
Es zeigt sich, daß im allgemeinen ein um so größerer Wärmeaufwand
zur Erzeugung bestimmter Gewichte eines Produkts von bestimmter
Zusammensetzung ($a_e + w_e$) erforderlich ist, aus je ärmerem Ursprung
es erzeugt werden soll. Z. B. Tabellen 15, 26, 33, 38, 44. Aber die
ununterbrochene Zunahme von C_R findet nicht bei allen Flüssigkeiten statt, denn es gibt deren solche, die dieser Regel nicht ganz folgen,
bei denen die Rücklaufwärme vielmehr starke Schwankungen erleidet.
Es geschieht bei diesen, daß ganz schwache Ursprungslösungen (auf
1 Kilo des Leichtsiedenden bezogen) sehr große Rücklaufswärme erfordern, die sie mit wachsendem Gehalt daran vermindern, bis ein gewisses Minimum von C_R erreicht ist. Steigt dann der Geistgehalt der
flüssigen Lösung weiter, so steigt in diesen Fällen damit auch der Wert
von C_R. Tabelle 4, 22, 30. Solche Schwankungen von C_R sind wohl durch

---

[1]) E. Hausbrand: Verdampfen, Kondensieren und Kühlen. 5. Auflage.

die Natur der Stoffe selbst und den Verlauf ihrer Dampfzusammensetzungskurve begründet.

Bei der Berechnung der Abmessungen von Apparaten, die für
bestimmte Leistungen zu erbauen sind, muß natürlich auf diese Eigen-
tümlichkeit der Stoffe Rücksicht genommen und der größte, für das
in Frage kommende Intervall zwischen Ursprungs- und Produkt-
mischung errechnete Wert von C_R zugrunde gelegt werden: [1]

Beispiel. Tabelle 4. Äthylalkohol und Wasser. Um 1 Kilo Alkohol
von 94,6% aus einer Mischung von 1,05% zu erzeugen, sind für den
Rücklauf $C_R = 5365$ W.E. erforderlich. Hat die Mischung aber 25,97%,
so ist $C_R = 430$ W.E. Dagegen ist wieder bei einer Mischung von 92,29%
$C_R = 1048$ W.E.

Die Tabelle 4 lehrt demnach, daß für die Herstellung von 1 Kilo
Alkohol für alle Stärken des Rohspiritus bis herab zu 5,76% immer
wenigstens 1070 W.E. im Kondensator niedergeschlagen werden
müssen. Ist der Rohspiritus noch alkohlärmer, so wächst die Rücklaufwärme bedeutend.

In der Verstärkungssäule ist, wie schon im Abschnitt 12 hervor-
gehoben, neben der eigentlichen errechneten Hauptrücklaufwärme
C_R noch eine kleine Wärmemenge C_0 für die erforderliche Nachwärmung
des Rücklaufs in der Säule von t_c auf t_m und ferner ein kleiner Beitrag
für Strahlungsverluste C_{st} zu berücksichtigen. Der letzte ist sehr gering,
wenn die Säulen gut eingekleidet (isoliert) worden sind. Die kleinen
Wärmequantitäten C_0 und C_{st} werden dem Apparat an seiner tiefsten
Stelle zum Teil als Teile von C_a und C_x (mit C_h, C_c, C_R zusammen) den
Säulen zugeführt und nehmen unten zunächst ebenso wie C_R mit ihrem
ganzen Wert an ihrer Verstärkungsarbeit teil. Da aber diese Wärmemengen von Boden zu Boden mehr und mehr verzehrt werden, indem
sie sowohl den Rücklauf allmählich von t_c auf t_m oder t_u erwärmen,
als auch den Strahlungsverlust von Boden zu Boden hergeben, vermindert sich nach und nach ihre verstärkende Wirkung und hört auf dem
obersten Boden der Säulen ganz auf. Praktisch ist es wohl kaum erreichbar, die Abnahme der Verstärkungswirkung genau, d. h. ihre Abnahme von Boden zu Boden in Rechnung zu ziehen und deshalb wird
es erlaubt sein anzunehmen, daß ihr halber Wert auf allen Böden gleich-
mäßig tätig sei und daß er hinsichtlich seiner Verstärkungswirkung
in C_R mit einbegriffen sei.

---

[1] Die Gesamtwärme zur Erzeugung von $a_e + w_e$ aus einer flüssigen siedenden
Mischung mit dem Verhältnis f_D und dem dazu gehörigen Dampf f_d ist:

$$C_d = C_c + C_R \qquad \frac{a_e (f_D - 1)(\alpha + f_c \beta)}{f_D - f_d} + \frac{a_e (f_d - f_c)(\alpha + f_D \beta)}{f_D - f_d} \qquad (110)$$

$$= \frac{a_e (f_D - f_c)(\alpha + f_d \beta)}{f_D - f_d} \qquad (111)$$

Der wirkliche Wärmeverbrauch in der Verstärkungssäule ist demnach:

$$C_o + C_R + \frac{C_o + C_{st}}{2} \qquad (112)$$

$C_o + C_{st}$ betragen zusammen, wie früher schon gezeigt, selten mehr als $1-2\%$ von C_R.

Die Berechnung der erforderlichen Zahl von Aufkochungen (Böden, Umsetzungen) der Verstärkungssäulen kann von dem Boden M aus, d. h. von unten oder vom Kondensator aus, d. h. von oben, begonnen werden. Hier wird die zweite Richtung gewählt, weil sie den Vorteil gewährt, etwas schneller zum Ziel zu führen. Denn da für die praktische Berechnung der Verstärkungssäule die (innerhalb der in Frage kommenden Verhältnisse f_d und f_e) größte[1] erforderliche Rücklaufwärme C_R gewählt werden muß, diese deshalb für die dem Kondensator näheren (also hochprozentigere Lösungen enthaltenden) Aufkochungen theoretisch zu groß ist, so ergibt die von oben begonnene Rechnung meistens auf den nächst tieferen Boden schon merklich gehaltsärmere Mischungen, was die Rechnung erleichtert[2]. Von Boden zu Boden vermindert sich dann der Gehalt an Leichtsiedendem mehr und mehr und man gelangt endlich zu Mischungen, die so arm daran geworden sind, daß die der Rechnung zugrunde gelegte Rücklaufswärme nur eben noch genügt, aus ihnen das verlangte Produkt zu erzielen. Der Unterschied im Gehalt der Mischungen zweier aufeinander folgender Böden verschwindet endlich fast ganz und die Rechnung muß beendet werden, weil der Prozentgehalt der Stoffe sich fast asymptotisch der untersten erreichbaren Grenze nähert. Die Tabellen 5, 10, 16, 18, 23, 24, 26, 27, 28, 31, 35, 36, 39, 40, 45, 46 zeigen dies und noch augenscheinlicher die Diagramme der Tafeln 15, 16, 18, 19, 20, 21, 22. Es wäre unpraktisch, noch viele Böden dazu zu verwenden, um ganz minimale Fortschritte zu erreichen.

Der Gang der Säulenberechnung wird im einzelnen am besten an den in späteren Abschnitten ausgeführten Beispielen verfolgt. Ihr Verlauf sei hier angedeutet:

1. Der bekannte Prozentgehalt des Produktdampfes f_e ergibt ohne weiteres aus den Tabellen: 2, 14, 21, 25, 29, 32, 37, 43 den Prozentgehalt des Rücklaufs f_K, da dieser die Ursprungsflüssigkeit des Produktdampfes darstellt.

---

[1]) Wir erinnern uns daran, daß das Rückflußwärmebedürfnis oft nicht konstant mit abnehmendem Gehalt an Leichtsiedendem in der Flüssigkeit wächst.

[2]) Allerdings ist auch der Fall möglich, daß die von oben begonnene Rechnung zuerst langsame Fortschritte in der Änderung der Zusammensetzung der Flüssigkeit ergibt, wenn die Eigenschaften der Stoffmischung dies bedingen, aber besondere Schwierigkeiten entstehen hierdurch nicht.

2. Die Gleichung: $C_K = a_K \alpha + w_K \beta = a_R \alpha + w_R \beta$, in der C_K, α und β bekannt sind, erbringt a_K und $w_K = a_K \, f_K$, als die Einzelgewichte der Rücklaufkomponenten.

3. Werden zu a_K und w_K die Gewichte des Produktdampfes $a_c + w_e$ addiert, so bilden sich die Gewichte der Komponenten des vom obersten Säulenboden aufsteigenden Dampfes ($a_c + w_c = a_e + w_e + a_K + w_K$) und aus ihnen sein Verhältnis f_c und sein Prozentgehalt.

4. Hieraus ist der Gehalt der Mischung auf dem obersten Boden bekannt $a_C + w_C$, da diese die Quelle von f_c ist.

5. Der Rücklauf vom obersten Boden hat die gleiche Zusammensetzung, wie die Flüssigkeit auf dem Boden f_C.

6. Die Einzelgewichte dieses Rücklaufs werden wieder bestimmt durch die Gleichung:

$$C_R = a_R \, (\alpha + f_R \, \beta)$$

7. Aus dem Rückfluß vom obersten Boden folgt wieder die Kenntnis des Dampfes von unten auf diesen:

$$a_d + w_d = a_c + w_e + a_R + w_R$$

und so weiter.

Je größer die Rücklaufwärme C_R für ein gewisses Produktgewicht gewählt wird, eine desto geringere Zahl von Aufkochungen ist erforderlich. Der geringste Wärmeaufwand erfordert die größte Bodenzahl und umgekehrt.

B. In der Abtriebssäule.

Vieles von dem, was soeben für die Verstärkung gesagt worden, gilt auch für die Entgeistung.

Zur Wirkung kommen in dieser:

$$C_g'' = C_e + C_h + C_R + \frac{C_o + C_{st} + C_u + C_{st}}{2} \qquad (113)$$

denn da auch hier die für die Erwärmung der Ablaufflüssigkeiten von t_m auf t_u nötige Wärme und der Strahlungsverlust auf ihrem Wege verzehrt werden, so dürfte auch hier wohl $C_u + C_o + C_{st}$ in Hinsicht auf ihre verstärkende Wirkung berücksichtigt werden.

Der Wert von C_u kann sehr verschieden sein, weil er von Gehalt und Eigenschaften der Komponenten der Ursprungsflüssigkeiten abhängt, er wird aber wohl nur selten mehr als 3,0 bis 6,0 % der Gesamtwärme C_g betragen.

Die in der Abtriebssäule wirkende Wärme

$$C_a = a_a \, (\alpha + f_a \, \beta) \qquad (114)$$

4*

entwickelt aus jedem Boden den aufsteigenden Dampf $a_d + w_d$ mit dem Verhältnis f_d, das sich natürlich von Boden zu Boden ändert. Dieses Dampfgewicht $a_d + w_d$ muß auch auf jedem Boden niedergeschlagen werden und von ihm herabfließen. Aber mit ihm zusammen muß auch vom Boden M und von jedem tieferen herabfließen der nicht mit als Produkt fortgegangene Teil $w - w_e$ der Ursprungsmischung, der bei vollkommener Trennung nur aus Schwersiedendem besteht. Das Verhältnis dieses gesamten Rücklaufs sei bezeichnet mit f_R, so ist:

$$\frac{w - w_e + w_d}{a_d} = f_R \qquad (115)$$

$$w - w_e = a_d f_R - w_d = a_d f_R - a_d f_d \qquad (116)$$

$$a_d = \frac{w - w_e}{f_R - f_d} \qquad (117)$$

$$C_a = \frac{(w - w_e)(\alpha + f_d \beta)}{f_R - f_d} = C_e + C_h + C_R \qquad \textbf{(118)}$$

Diese Gleichung ist für die Abtriebssäulen von Wichtigkeit. Sie lehrt den Zusammenhang zwischen Wärmeinhalt und Zusammensetzung des Dampfes auf jedem Boden der Abtriebssäule kennen, bezogen auf das Gewicht der Abflußmasse $(w - w_e)$ [1]. Je hochprozentiger (je reicher an Leichtsiedendem) der Dampf f_d auf den höheren Böden der Abtriebssäulen für das gleiche Gewicht $w - w_e$ werden soll, desto größer muß auch sein Wärmegehalt sein. Die Gleichung lehrt also den höchsten Prozentgehalt des Dampfes kennen, der in einer Abtriebssäule mit einem bestimmten Wärmeaufwand für ein gegebenes Gewicht $(w - w_e)$ erreicht werden kann.

Die Überlegung und die Ausrechnung vieler Beispiele nach dieser Gleichung zeigt, daß wenn für eine bestimmte Rücklaufmenge $(w - w_e)$ dem untersten Raum einer Abtriebssäule eine bestimmte Wärmemenge C_a zugeführt wird, der Gehalt an Leichtsiedendem auf jedem nächst höheren Boden steigt, bis er ein gewisses Höchstmaß f_R und f_d, das die Gleichung (118) angibt, erreicht hat. Es wird erkannt, daß mit einem begrenzten Wärmeaufwand nicht jede beliebige Zusammensetzung des Dampfes über höheren Böden erlangt werden kann, sondern nur eine bestimmte höchste f_d. Je hochprozentiger dieser entwickelte Dampf f_d sein soll, um so größer ist der dazu erforderliche Wärmeaufwand C_a.

Wird eine Abtriebssäule unter Zugrundelegung eines bestimmten Wärmeaufwandes für ein gewisses Gewicht an Schwersiedendem $w - w_e$

---

[1] Die später folgenden Tabellen 9, 10, 18, 22, 24, 28, 30, 34, 36, 38, 40, 44 über den Einfluß des größeren oder kleineren Wärmeaufwandes $C_a = C_e + C_h + C_R$ für bestimmte Stoffmischungen sind alle für Ablaufgewichte $w - w_e = 100$ Kilo berechnet.

von unten beginnend berechnet, so zeigt sich, daß der Prozentgehalt
des Dampfes und Rücklaufs von Boden zu Boden zuerst etwas schneller,
dann langsamer steigt, bis die Fortschritte fast ganz aufhören, womit
die unter diesen Umständen in maximo zu berührende Grenze der Hochgrädigkeit, die nur durch größeren Wärmeaufwand überschritten werden
kann, erreicht ist. Schon dieser Umstand veranlaßt dazu, die Abtriebssäulen von unten beginnend zu berechnen, aber dies geschieht auch deshalb am besten auf diese Weise, weil ein bestimmter kleiner Verlust
hier zugelassen und der Rechnung zugrunde gelegt werden muß, der
dann (begrenzt) beliebig angenommen werden kann. Ganz ohne Verlust
kann keine Säule arbeiten oder berechnet werden, weil aus einer Flüssigkeit mit nur einer Komponente sich nicht ein Dampf mit einem, wenn
auch noch so geringem, Gehalt an zweien entwickeln kann. Aber der
Verlust kann für die Berechnung beliebig klein gewählt werden und
je kleiner er sein soll, desto größer wird die Zahl der erforderlichen Böden
oder der Wärmeverbrauch.

Bei den nachfolgenden Berechnungen ist der Gehalt an Leichtsiedendem im Abfluß (d. i. der Verlust) mit $0,01\%$ angenommen. Ob
der Gehalt von $0,01\%$ im Abfluß einen großen oder kleinen Verlust
bedeutet, hängt von dem Gehalt der Ursprungsmischung an Schwersiedendem ab. Denn wenn z. B. die schwersiedende, unten abfließende
Komponente 50% der ursprünglichen Mischung bildete und $0,01\%$ an
Leichtsiedendem enthält, so ist der Verlust gleich $0,01\%$ vom Leichtsiedenden; bildete die schwersiedende Komponente aber 95% von der
ursprünglichen Mischung, so bedeuten die von ihr entführten $0,01\%$
des Leichtsiedenden schon $0,2\%$ vom ganzen Produkt.

Die wirkliche Berechnung der Bodenzahl von Abtriebssäulen wird
auf folgende Weise bewirkt:

1. Es wird festgesetzt, welchen Gehalt an Leichtsiedendem das
unten aus der Säule abfließende Schwersiedende haben darf, wodurch f_a,
d. i. der Gehalt des aus diesem Ablauf entstehenden Dampfes bestimmt ist.

2. Die in der Abtriebssäule zur Wirkung kommende Wärme C_a
ist aus den früheren Betrachtungen oder Berechnungen bekannt und
deshalb kann mit Hilfe der Gleichungen:

$$C_a = a_a (\alpha + f_a \beta) \quad \text{und} \quad w_a = f_a a_a$$

das Gewicht der Komponenten a_a und w_a in dem aus dem Abfluß entstehenden Dampf berechnet werden.

3. Der Rücklauf vom ersten Boden von unten besteht aus dem
eben berechneten Dampf $a_a + w_a$ plus dem aus der Ursprungsmischung
Abgeschiedenen: $w - w_e$. Das Verhältnis des Rücklaufs ist also:
$$\frac{w - w_e + w_a}{a_a} = f_R.$$ Es wird daher f_R erhalten durch Division des
Gewichts an Leichtsiedendem im Dampf des Ablaufs in eine Summe,

die gebildet wird aus dem Schwersiedenden in diesem Dampf plus dem Schwersiedenden im Rücklauf $(w - w_e + w_a)$.

4. Aus f_R ergibt sich sofort das Verhältnis des aus dem ersten Boden von unten (dessen Flüssigkeit gleichfalls das Verhältnis f_R hat) aufsteigenden Dampfes f_d, der natürlich etwas reicher als der Dampf aus dem Ablauf ist. Auch sein Gewicht folgt aus C_a. Der vom zweiten Boden von unten herabkommende Rückfluß hat die Zusammensetzung $a_{d_1} + w_{d_1} + w - w_e$. Sein Gewichtsverhältnis ist bekannt. Aus diesem ergibt sich das Verhältnis des Dampfes aus dem zweiten Boden etc.

Nachdem bei fortgesetzter Rechnung der Gehalt des Dampfes an Leichtsiedendem von Boden zu Boden in einem Maße, das von dem Verhältnis der Größe C_a und $w - w_e$ zueinander abhängt, gestiegen ist, wird die Gehaltszunahme immer kleiner und hört zuletzt fast ganz auf. Hier ist dann die unter diesen Umständen erreichbare obere Grenze der Stärke des Dampfes gefunden.

Im Anfang dieses Abschnittes ist erkannt worden, daß wenn eine Verstärkungssäule für ein bestimmtes zu erzielendes Produkt mit einer bestimmten Rücklaufwärme C_R von oben beginnend berechnet wird, sich allemal ein Boden als letzter ergibt, auf dem eine Flüssigkeit siedet, die den für die gewählten Umstände geringsten Gehalt an Leichtsiedendem enthält. Nur unter Anwendung einer größeren Rücklaufwärme C_R kann eine noch schwächere Flüssigkeit erreicht werden. Oder anders ausgedrückt: Der der Rechnung zugrunde gelegte Wert von C_R ist der theoretisch geringste, mit dem das zu erzielende Produkt aus einer Flüssigkeit von der schließlich erreichten Schwachgrädigkeit hervorgebracht werden kann.

Andererseits ist soeben gezeigt worden, daß in der Abtriebssäule, mit dem Aufwand einer gewissen Wärmemenge C_a im Verhältnis zu dem von Leichtsiedendem fast ganz freien Ablaufgewicht, wenn die Rechnung von unten begonnen wird, höchstens ein Boden von bestimmter, begrenzter Hochgrädigkeit erreicht werden kann. Oder anders ausgedrückt: Der der Rechnung zugrunde gelegte Wert von C_a ist der geringste, mit dem aus einer an Leichtsiedendem fast ganz freien Flüssigkeit die schließlich errechnete Hochgrädigkeit hervorgebracht werden kann. Nur unter Anwendung einer größeren Wärmemenge C_a ist zu einer stärkeren Flüssigkeit zu gelangen.

Offenbar ist dies, wie hieraus geschlossen werden muß, das erwünschte und zu erstrebende Ziel: Die beiden in den beiden Säulen wirkenden Wärmemengen C_R und C_a in solchen Einklang zu bringen, daß der mit der Wärmemenge C_a in der Abtriebssäule zu erreichende höchste Prozentgehalt auch gerade derjenige ist, aus dem mit Aufwand der Wärme C_R in der Verstärkungssäule das verlangte Produkt erzielt werden kann. Dies ist es, was die ganze bis hierher geführte Betrachtung mit Hilfe der wenigen Gleichungen wirklich zu erreichen lehrt.

In den Tabellen der folgenden Abschnitte, die auch dazu dienen sollen, einen Überblick über die Veränderungen der Resultate zu geben, die durch Veränderung des Wärmeaufwandes entstehen, bezieht sich die in der Verstärkungssäule wirkende Rücklaufwärme (C_R) stets auf 1 oder 10 Kilo des Leichtsiedenden a und die in der Abtriebssäule wirkende Wärme (C'_a) auf 100 Kilo des Schwersiedenden $w - w_e$.

14. Die Verstärkungssäule steht neben der Abtriebssäule.
(Fig. 4.)

Auch wenn die Verstärkungssäule, wie in der Fig. 4 schematisch dargestellt, neben der Abtriebssäule steht, so fließt, ebenso wie wenn sie über der anderen angeordnet ist, die im Kondensator bis auf t_v vorgewärmte Mischung a + w auf den obersten Boden M. Zu ihrer Erwärmung von t_v bis zu der auf M herrschenden Siedetemperatur t_m dient die Wärme C_h, die von dem von unten auf den Boden M steigenden Dampf $a_h + w_h$ geliefert wird. Mit diesem zusammen kommt der Dampf $a_x + w_x$ von gleicher Zusammensetzung herauf, um aus der nun siedenden Mischung a + w + a_h + w_h das Leichtsiedende a und den zur Bildung des Dampfgemisches ($a_m + w_m = a + w_m$) erforderlichen Teil von w zu verdampfen. Die auf den Boden M gelangenden und sich aus ihm (als Flüssigkeit nach unten, als Dampf nach oben) entfernenden Stoffe, lassen auf ihm daher ein Gemisch entstehen, dessen Verhältnis f_M ist:

$$\frac{w - w_m + w_h + w_x}{a + a_h + a_x - a} = f_M \tag{119}$$

Weil $\dfrac{w_x}{a_x} = \dfrac{w_h}{a_h} = f_x = f_h$ sein muß, als Teile desselben Dampfes, so kann die Gleichung 119 die folgende Form annehmen:

$$\frac{a(f - f_m) + (a_h + a_x) f_x}{a_h + a_x} = f_M \tag{120}$$

$$a(f - f_m) + (a_h + a_x) f_x = (a_h + a_x) f_M \tag{121}$$

$$\frac{a(f - f_m)}{f_M - f_x} = a_h + a_x \tag{122}$$

$$a_h = \frac{C_h}{\alpha + f_x \beta} \qquad a_x = \frac{C_x}{\alpha + f_x \beta} \tag{123}$$

$$C_h + C_x = \frac{a\,(f - f_m)\,(\alpha + f_x\,\beta)}{f_M - f_x} \tag{124}$$

$$C_h = \frac{a\,(f - f_m)\,(\alpha + f_x\,\beta)}{f_M - f_x} - a_x\,(\alpha + f_x\,\beta) \tag{125}$$

Weil das ganze Gewicht des Leichtsiedenden a die Abtriebssäule verlassen muß, aber nicht mehr als das Gewicht a aus ihr entweichen kann, so muß $a_x = a$ sein.

$$C_h = \frac{a\,(f - f_m - f_M + f_x)\,(\alpha + f_x\,\beta)}{f_M - f_x} \tag{126}$$

Dies ist die allgemein gültige Gleichung, die die Beziehung zwischen dem zur Erwärmung der Ursprungsmischung a + w (von ihrer Vorwärmungstemperatur t_v auf die Bodentemperatur t_m) erforderlichen Wärmeaufwand C_h und der Zusammensetzung der Mischungen auf dem Boden M angibt: Sie zeigt wieder, daß die Mischung nur von der Größe von C_h abhängt. Für den günstigsten Wärmeverbrauch kann die Zusammensetzung zweier aufeinander folgender Dämpfe als gleich und folglich $f_x = f_m$ gesetzt werden, so daß dann entsteht:

$$C_h = \frac{a\,(f - f_M)\,(\alpha + f_m\,\beta)}{f_M - f_m} \tag{127}$$

Wie zu erwarten, stimmt diese Gleichung mit der an der entsprechenden Stelle für übereinander gesetzten Säulen gültigen (77 und 83) überein. In jedem Fall ist C_h bekannt (siehe Gleichung 66), weil es nur abhängig ist von dem frei zu bestimmenden Grade der Vorwärmung t_v und der bekannten Siedetemperatur t_m auf dem Boden M, deshalb ist auch hier die Zusammensetzung der Flüssigkeit f_M und des zugehörigen Dampfes f_m aus der Gleichung (127) einfach zu erfahren und mit der Lösung dieser Gleichung die Berechnung aller Apparate für ununterbrochene Trennung zu beginnen.

Die in der Abtriebssäule wirkende Wärme umfaßt außer C_h noch die für die Entwicklung des Dampfes f_m erforderliche, die wir C_x genannt haben. Es ist:

$$C_x = a\,(\alpha + f_m\,\beta) = \frac{a\,(\alpha + f_m\,\beta)\,(f_M - f_m)}{f_M - f_m}$$

daher:

$$C_h + C_x = \frac{a\,(f - f_M + f_M - f_m)\,(\alpha + f_m\,\beta)}{f_M - f_m} \tag{128}$$

$$C_h + C_x = \frac{a\,(f - f_m)\,(\alpha + f_m\,\beta)}{f_M - f_m} \tag{129}$$

Um den ganzen Wärmeaufwand in der Abtriebssäule festzustellen, ist noch zu berücksichtigen erstens der für die Erwärmung der Flüssigkeit $w - w_e + a_h + w_h$ von t_m auf die Ablauftemperatur f_u nötige C_u, zweitens der Verlust durch Strahlung C_{st}, die beide, früher getroffenem Übereinkommen gemäß, für den Fortschritt der Verstärkung in der Säule nur mit ihrem halben Wert in Rechnung gestellt werden.

$$C_u = C_h + C_x + \frac{C_u + C_{st}}{2} \qquad (130)$$

C_u und C_{st} können nur in jedem Einzelfall ziemlich genau gefunden werden und überschreiten zusammen selten $3-8\,^0/_0$ von $C_h + C_x$.

Die Abtriebssäule ist, wie aus dem Vorstehenden zu erkennen, in ihrer Wirkung und Berechnung ganz unabhängig von dem zu erzielenden Produkt und nur abhängig von Zusammensetzung und Temperatur der Ursprungsflüssigkeit.

Der Dampf $a + w_m$ strömt nun von der Abtriebssäule auf den Boden L der Verstärkungssäule. In dieser soll er emporsteigen, im Kondensator einen Teil seines Gewichts abgeben, damit es verflüssigt auf die Säule zurückfließe, sein Rest aber soll als Produkt in den Kühler gehen. Der Dampf $a + w_m$ muß also den Teil $w_m - w_e$ in die Verstärkungssäule zurückschicken. Der im Kondensator durch die Entziehung der Wärme C_R zu bewirkende Niederschlag (der Rücklauf) muß natürlich aus Gewichten von w und von a bestehen und eine solche Zusammensetzung haben, daß sich aus ihm das Produkt $a_e + w_e$ als Dampf entwickeln kann. Hierzu reicht die latente Wärme von $w_m - w_e$ nicht aus und deshalb muß auf den Boden L dem Dampf $a + w_m$ noch fernerer Dampf $a_z + w_z$ hinzugefügt werden. Der Rücklauf aus dem untersten Boden der Verstärkungssäule $a_v + w_v$ auf den Boden L wird sofort wieder verdampft, teils durch den Dampf $a_z + w_z$, teils durch die Wärme des Dampfes $w_m - w_e$. Der Boden L empfängt und verliert demnach die folgenden Stoffgewichte:

$$a + w_m + a_z + w_z - a - w_e + a_v + w_v - a_v - w_v \qquad (131)$$

und das Verhältnis der Flüssigkeiten auf dem Boden L ist daher:

$$\frac{w_m - w_e + w_z}{a_z} = f_L \qquad (132)$$

und weil $\qquad\qquad w_m = a\,f_m = a_e\,f_m$ ist $\qquad (133)$

folgt: $\qquad\qquad a_e\,f_m - a_e\,f_e + a_z\,f_z = a_z\,f_L \qquad (134)$

$$a_e\,(f_m - f_e) = a_z\,(f_L - f_z) \qquad (135)$$

Nun ist bekanntlich:

$$a_z\,(\alpha + f_z\,\beta) = C_z$$

$$a_z = \frac{C_z}{\alpha + f_z\,\beta}$$

und so ergibt sich allgemein, daß die in der Verstärkungssäule dem aus
der Abtriebssäule kommenden Dampfe noch hinzuzufügende Wärme
C_z gefunden wird durch die Formel:

$$C_z = \frac{a_e\,(f_m - f_e)\,(\alpha + f_z\,\beta)}{f_L - f_z} \tag{136}$$

Für den günstigsten Fall, in dem die Dämpfe aus zwei aufeinander folgenden Böden einander gleich gesetzt werden, ist $f_m = f_z$
und folglich $f_L = f_M$, daher:

$$C_z = \frac{a_e\,(f_m - f_e)\,(\alpha + f_m\,\beta)}{f_M - f_m} \tag{137}$$

Der Dampf $a_z + w_z$ mit der Wärme C_z muß von der unterhalb der
Verstärkungssäule anzuordnenden zweiten Abtriebs-, sog. Luttersäule
geliefert werden, die bei zweiteiliger Aufstellung der Destillierapparate
also stets erforderlich ist. Sie hat auch die Aufgabe, das von der Verstärkungssäule Herabfließende zu entgeisten (abzutreiben) in der gleichen
Art, aber meistens für geringere Flüssigkeitsmengen, wie die Abtriebssäule.

Die Rücklaufwärme $C_K = C_R$ aus dem Kondensator und in der Verstärkungssäule ist um den Betrag der latenten Wärme von $w_m - w_e$
größer als C_z, weil dieses Gewicht schon dampfförmig aus der Abtriebssäule kommt. Im Kondensator ist deshalb zu entziehen die Wärme:
$C_z + (w_m - w_e)\,\beta = C_K$ (darin ist $w_m = a_m\,f_m$ und $w_e = a_e\,f_e$):

$$C_K = \frac{a_e\,(f_m - f_e)\,(\alpha + f_m\,\beta) + (a_m\,f_m - a_e\,f_e)\,(f_M - f_m)\,\beta}{f_M - f_m} \tag{138}$$

$$C_K = \frac{a_e\,(f_m - f_e)\,(\alpha + f_M\,\beta)}{f_M - f_m} \tag{139}$$

Wie zu erwarten, ist diese Gleichung, für die im Kondensator zu
entziehende Wärme wieder identisch mit der entsprechenden (60), bei
Apparaten mit übereinander gesetzten Säulen.

In der Verstärkungssäule kommt, neben dem Strahlungsverlust C_{st}
ebenso wie früher, noch die für die Erwärmung des Rücklaufs aus dem
Kondensator von seiner Temperatur t_c auf die Temperatur t_L des Bodens
L hinzu. Sie wird C_o genannt, beträgt wie früher etwa $3-5^0/_0$ von C_R
und beide dürfen etwa mit der Hälfte ihres Wertes bei der Bestimmung
der Bodenzahl eingesetzt werden.

Auch in der Luttersäule entsteht außer C_z noch der für die Nachwärmung des Rücklaufs von t_L auf t_u erforderliche Wärmeverbrauch C_u,
ebenso wie der auch hier auftretende kleine Strahlungsverlust C_{st}.

Bei der Bestimmung des ganzen Wärmeverbrauchs der Luttersäule
werden diese ebenso wie die entsprechenden der Verstärkungssäule mit

ihrem halben Wert (der etwa $2\,^0/_0$ resp. $1{,}5\div3\,^0/_0$ von C_z beträgt), zum Werte von C_z hinzugerechnet. In der ersten Abtriebssäule wird also erforderlich die Wärme:

$$C_a + \frac{C_u + C_{st}}{2} = \frac{a\,(f - f_m)\,(\alpha + f_m\,\beta)}{f_M + f_m} + \frac{C_u + C_{st}}{2} \qquad (140)$$

In der Luttersäule:

$$C_z + \frac{C_o + C_u + C_{st} + C_{st}}{2} =$$

$$\frac{a\,(f_m - f_e)\,(\alpha + f_m\beta)}{f_M - f_m} + \frac{C_o + C_u + C_{st} + C_{st}}{2} \qquad (141)$$

zusammen:

$$C_g = C_a + C_z = \frac{a\,(f - f_e)\,(\alpha + f_m\,\beta)}{f_M - f_m} + \frac{C_u + C_o + C_u + C_{st} + C_{st}}{2} \quad (142)$$

Diese Gleichungen sind denen der Apparate mit übereinander stehenden Säulen vollkommen gleich. Beide Apparat-Anordnungen haben also auch gleichen Wärmeverbrauch bis auf den kleinen Unterschied, der darin besteht, daß bei der zweiteiligen Aufstellung der kleine Strahlungsverlust der Luttersäule mehr aufzuwenden ist.

15. Allmähliche Verdampfung und allmähliche Kondensation von Flüssigkeits- und Dampfgemischen.

A. Allmähliche Verdampfung.
Tabelle 12 und 19. (Tafel 11.)

Wenn von einem bekannten Gemisch zweier Flüssigkeiten $a + w$ ein Teil $a_d + w_d$ verdampft wird, so kann der erzeugte Dampf entweder mit dem Flüssigkeitsrest $a_R + w_R$ in Berührung bleiben, oder er kann während der Verdampfung sofort und ununterbrochen von dem Flüssigkeitsrest getrennt werden.

a) Wenn der gesamte erzeugte Dampf mit dem Flüssigkeitsrest in Berührung bleibt, so gilt während des ganzen Vorgangs:

$$a + w - a_d - w_d = a_R + a_R$$

$$a\,(1 + f) - a_d\,(1 + f_d) = a_R\,(1 + f_R)$$

$$a_R = a - a_d$$

$$a\,(1 + f) - a_d\,(1 + f_d) = a\,(1 + f_R) - a_d\,(1 + f_R)$$

$$a_d\,(f_R - f_d) = a\,(f_R - f)$$

Das Gewicht des entwickelten Dampfes $a_d + w_d$ ist:

$$a_d = \frac{a\,(f_R - f)}{f_R - f_d} \qquad\qquad w_d = a_d \cdot f_d \qquad\qquad (143)$$

und die für seine Entwicklung verbrauchte Wärme:

$$C_d = \frac{a\,(f_R - f)\,(\alpha + f_d\,\beta)}{f_R - f_d} \; \text{W.E.} \qquad\qquad (144)$$

Da f_R und f_d die Verhältnisse der Flüssigkeit und des durch sie bedingten, zu ihr gehörigen Dampfes bedeuten, also für jede Mischung verschiedener Stoffe durch Experiment gefunden sind oder werden können, so kann aus den Gleichungen, wenn entweder die aufgewendete Verdampfungswärme C_d oder das Gewicht des abgedampften Leichtsiedenden a_d oder die Zusammensetzung des erzeugten Dampfes f_d oder der übrig bleibenden Mischung f_R gegeben ist, sogleich alles Übrige errechnet werden.

Beispiel: Aus 100 Kilo einer Mischung mit $a = 10$ Kilo Methylalkohol und $w = 90$ Kilo Wasser $(f = \frac{90}{10} = 9)$ werde so viel verdampft, daß der Dampf $a_d = 1$ Kilo Methylalkohol enthält. Dann verhilft die Gleichung (143) und die Tabelle 14 nach probeweisem Einsetzen anderer Werte dazu, für f_R die Zahl 9,86 und für das dazu gehörige f_d die Zahl 1,28 zu finden, wie folgt:

$$a_d = 1 = \frac{10\,(f_R - 9)}{f_R - f_d} = \frac{10\,(9{,}86 - 9)}{9{,}86 - 1{,}28} = \frac{8{,}6}{8{,}58} \sim 1 \text{ kg}$$

$$w_d = 1 \cdot 1{,}28 = 1{,}28 \text{ kg}$$

$$\left.\begin{array}{l} a_R = 9{,}0 \text{ kg} \\ w_R = 88{,}74 \text{ kg} \end{array}\right\} 9{,}22\,\%$$

$$C_d = \frac{1\,(9{,}86 - 9)\,(255 + 1{,}28 \cdot 550)}{9{,}86 - 1{,}28} = 962 \text{ W.E.}$$

d. h. der entwickelte Dampf $a_d + w_d$ hat 43,8 %, der Rest $a_R + w_R$ = 9,22 %, die aufgewendete Wärme C_d ist = 962 W.E.

b) Wenn der entwickelte Dampf jeden Augenblick vom Rest ganz getrennt wird, so verändert sich der Alkoholgehalt des Rückstandes. $a_R + w_R$ und seines Dampfes $a_d + w_d$ ununterbrochen, indem beide alkoholärmer werden. In jedem Augenblick ist dann:

$$\frac{w}{a} = \frac{w_d + w_R}{a_d + a_R} = f = \frac{a_d\,f_d + a_R\,f_R}{a_d + a_R}$$

Aber während einer beliebig langen Verdampfungszeit oder Menge ist das Verhältnis f_d nicht konstant, sondern ein Mittel aus der Zusammensetzung des ersten und letzten kleinen Dampfgewichts und deshalb kann geschrieben werden:

$$a_d \, f + a_R \cdot f = a_d \, f_{d \text{ mittel}} + a_R \, f_R$$

$$a_R = \frac{a_d \, (f - f_{d \text{ mittel}})}{(f_R - f)} \qquad a_d = \frac{a_R \, (f_R - f)}{(f - f_{d \text{ mittel}})} \qquad (145)$$

oder da: $\qquad a_d = a - a_R$ ist:

$$a \cdot f - a_R \, f + a_R \, f = a \, f_{d \text{ mittel}} - a_R \, f_{d \text{ mittel}} + a_R \, f_R$$

$$a_R = \frac{a \, (f - f_{d \text{ mittel}})}{(f_R - f_{d \text{ mittel}})} \qquad a_d = \frac{a \, (f_R - f)}{f_R - f_{d \text{ mittel}}} \qquad (146)$$

$$C_d = \frac{a \, (f_R - f) \, (\alpha + f_{d \text{ mittel}} \, \beta)}{f_R - f_{d \text{ mittel}}}$$

Diese Gleichungen wären nun auch leicht zu verwenden, um alles Gewünschte zu berechnen, wenn die mittlere Zusammensetzung des entwickelten Dampfes f_{dm} als Funktion der bekannten Zusammensetzung der Ursprungs- und Endflüssigkeit berechenbar wäre. Da dies aber bekanntlich nicht der Fall ist, so bleibt nur übrig, entweder den unsicheren Weg der Schätzung dieses Wertes mit Hilfe der empirisch (durch Versuch) gewonnenen Tabellen und Diagramme zu betreten oder den umständlicheren, aber zuverlässigeren Weg durch stufenweise Rechnung zu wählen, die im gegebenen Falle ja auch beide beschritten werden können.

Beispiel: Aus 100 Kilo einer Mischung mit a = 10 Kilo Methylalkohol und w = 90 Kilo Wasser (f = 9) soll allmählich soviel Dampf entwickelt und sogleich fortgeführt werden, daß der Rest noch 5°/₀ (d. h. $f_R = 19{,}2$) Methylalkohol enthält. Damit ist:

$$C_d = \frac{10 \, (19{,}2 - 9) \, (255 + f_{d \, m} \cdot 550)}{(1{,}92 - f_{d \, m})}$$

Ein Blick auf die Tafel 12 zeigt, daß das Mittel zwischen der Zusammensetzung des Dampfes aus einer Flüssigkeit mit 5°/₀ und einer anderen mit 10°/₀ Methylalkohol schätzungsweise das arithmetische Mittel aus beiden ist, das wäre dann:

$$\frac{28{,}6 + 46{,}8}{2} - 37{,}7 \, \text{°/₀, daher } f_{d \text{ mittel}} = 1{,}652$$

Deshalb ist angenähert der Wärmeverbrauch:

$$C_d = \frac{10 \, (19{,}2 - 9) \, (255 + 1{,}652 \cdot 550)}{19{,}2 - 1{,}652} = 6764 \text{ W.E.}$$

Der gesamte entwickelte Dampf:

$$a_d = \frac{10\,(19,2-9)}{19,5-1,652} = 5,712\,\text{kg} \left.\vphantom{\frac{a}{b}}\right\}$$

$$w_d = \phantom{\frac{10\,(19,2-9)}{19,5-1,652}} = 9,436\,\text{kg}$$ 37,00 %

$$a_d + w_d = 15,148\,\text{kg}$$

Die Restflüssigkeit:

$$a_R = 4,288\,\text{kg} \left.\vphantom{\frac{a}{b}}\right\}$$

$$w_R = 80,564\,\text{kg}$$ 5,055 %

$$a_R + w_R = 84,852\,\text{kg} = 84,852\,\% \text{ von } a + w.$$

Wird der Weg der allmählichen, stufenweisen Berechnung des Ver-
dampfungsvorganges gewählt, z. B. in der Art, daß bestimmt wird,
welchen Wert die Faktoren f_R, a_d, a_R haben, wenn nach jedesmaliger
Verdampfung die Restflüssigkeit um 1 % schwächer geworden ist als
die bei der vorhergehenden Stufe, so wird das Resultat, wenn auch
nicht vollkommen genau, doch richtiger, als wenn schätzungsweise
die mittlere Stärke des ganzen verdampften Gewichtes bestimmt
wird. Diese Methode ist in den Tabellen 12 und 19 befolgt.

Aus Tabelle 19 erhellt z. B. (im letzten Teil Spalte 8), daß wenn
eine 10prozentige Methylalkoholmischung bis auf eine Restflüssigkeit
mit 5 % Alkohol verdampft wird, diese nur 66,6 % des ursprünglichen
Mischungsgewichts beträgt, nicht, wie aus dem eben vorgeführten Beispiel hervorzugehen scheint, 84,85 %. Bei der in Wirklichkeit ganz
kontinuierlichen Verdampfung wird der Rest wohl noch etwas schwächer
sein.

Der Wert des mittleren Verhältnisses des Dampfes $f_{d\,\text{mittel}}$, der
aus zwei Mischungen mit weit aus einander liegenden Zusammensetzungen aufsteigt, kann durch Rechnung und (wie eben gezeigt wurde,
nur ungenau) durch Schätzung als arithmetisches Mittel aus den
Grenzverhältnissen bestimmt werden, aber es darf ohne zu große
Ungenauigkeit angenommen werden, daß das mittlere Verhältnis des
Dampfes f_d aus Mischungen, dann etwa das arithmetische Mittel der
Grenzdämpfe sei, wenn diese nicht wesentlich voneinander verschieden sind.

Für die Ausrechnung der Tabelle 12 und 19 ist angenommen worden,
daß sich bei jeder der einzelnen kleinen Verdampfungen die flüssige
Mischung und ihr Rückstand um 1 Alkoholprozent unterscheiden, und
daß das mittlere Verhältnis der gesamten in dieser Stufe entwickelten
Dämpfe (Spalte 3) dann das arithmetische Mittel der beiden Enddämpfe
sei. Die Spalte 4 zeigt das Alkoholgewicht im Rückstand jeder Stufe,
wenn es an ihrem Anfang $a = 1$ Kilo war. Spalte 6 gibt das Gewicht

des ganzen Restes jeder Stufe, wenn diese vor der Verdampfung 1 Kilo Alkohol enthielt. In den Spalten 7 und 8 steht das Gewicht des Restes innerhalb von 10 Stufen, wenn die Flüssigkeit am Anfang der 10 Stufen 1 Kilo Alkohol besaß. Endlich die Spalte 9 lehrt das Gewicht des letzten Restes in Prozenten von der ersten Ursprungsmischung von 50% (2 Kilo mit 1 Kilo Alkohol). Die Tabellen 12 und 19 lassen erkennen, daß, um aus einem Alkoholwassergemisch durch einfache Destillation nahezu den ganzen Alkoholgehalt abzudampfen, fast auch das ganze Gemisch verdampft werden muß, daß also die bloße einfache Destillation zur Trennung dieser Stoffe nicht verwendbar ist.

Die Tafel 11 verdeutlicht, daß im ganzen der prozentliche Alkoholgehalt des Restes etwa proportional mit dem Gewicht des Restes (in Prozenten des Ursprungs) abnimmt und daß, wenn die Mischung nur noch schwach ist (weniger als 3% G. enthält), zur Entziehung des letzten Alkohols die Mitverdampfung von viel Wasser erfordert wird.

B. Allmähliche Kondensation. Tabelle 13 und 20. (Tafel 11.)

Wenn eine dampfförmige Alkoholwassermischung $a_c + w_c$ allmählich niedergeschlagen und das Kondensat sofort vom Restdampf ganz getrennt wird, so reichert sich sowohl der Restdampf $a_e + w_e$ als auch das Kondensat $a_K + w_K$ an Alkohol an. Wird, wie bei der allmählichen Verdampfung, angenommen, daß die mittlere Zusammensetzung des Kondensats zweier sehr ähnlicher Dämpfe (d. h. also auch das mittlere Verhältnis $f_{K\,mittel}$ des Kondensats) das arithmetische Mittel der Verhältnisse der beiden Endkondensate einer Stufe sei, so ergibt sich für diesen Fall:

$$\frac{w_c}{a_c} = \frac{w_e + w_K}{a_e + a_K} = f_c = \frac{a_e\,f_c + a_K\,f_K}{a_e + a_K}$$

$$a_e\,f_c + a_K\,f_c = a_e\,f_e + a_K\,f_{K\,mittel}$$

$$a_K = \frac{a_e\,(f_c - f_e)}{f_{K\,mittel} - f_c} \quad \text{und} \quad a_e = \frac{a_K\,(f_{K\,mittel} - f_c)}{f_c - f_e}$$

oder da $a_K = a_c - a_e$ ist

$$a_c\,f_c - a_e\,f_c = a_c\,f_{K\,mittel} - a_e\,f_c - a_e\,f_{K\,mittel} + a_e\,f_c$$

$$a_c = \frac{a_e\,(f_{K\,mittel} - f_c)}{f_{K\,mittel} - f_e} \qquad a_e = \frac{a_c\,(f_{K\,mittel} - f_c)}{f_{K\,mittel} - f_e} \qquad (147)$$

$$C_K = \frac{a_c\,(f_c - f_e)\,(\alpha + f_{K\,mittel}\,\beta)}{f_{K\,mittel} - f_e}$$

Beispiel: Aus 100 Kilo einer Methylalkohol-Wasserdampf-Mischung mit 60% Methyl soll soviel niedergeschlagen werden, daß der Restdampf 80% Methylalkohol enthält. Dann ist $a_c = 60$; $f_c = 0,666$;

$f_e = 0,250$; $f_{k_1} = 4,811$; $f_{k_2} = 1,234$; wenn $f_{K\,mittel}$ als arithmetisches Mittel zwischen dem ersten und letzten Dampf geschätzt wird, ist:

$$f_{K\,mittel} = \frac{4,811 + 1,234}{2} = 3,0225; \ \alpha = 255; \ \beta = 550.$$

$$C_K = \frac{60\,(0,666 - 0,250)\,(255 + 3,0225 \cdot 550)}{3,0225 - 0,250} = 17268 \ \text{W.E.}$$

Das gesamte Kondensat:

$$a_{K\,mittel} = \frac{17268}{1917} = 9,008 \ \text{kg}$$

$$w_{K\,mittel} = \underline{ 27,210 \ \text{kg}}$$
$$36,218\,\% \text{ des ursprünglichen Gewichtes.}$$

Der Restdampf:

$$a_e = 51,00 \ \text{kg}$$
$$w_e = \underline{12,79 \ \text{kg}}$$
$$63,79\,\% \text{ des ursprünglichen Gewichtes.}$$

Dem gegenüber zeigt die Tabelle 20 in der letzten Spalte, daß der aus einer $60\,\%$igen Mischung mit der Methode kleiner Stufen berechnete Restdampf von $80\,\%$ Alkohol, $61,3\,\%$ (nicht $63,79\,\%$, wie das eben vorgeführte Beispiel angibt) vom Gewicht des Ursprungsdampfes darstellt.

Für die Berechnung der Tabellen 13 und 20 ist angenommen worden, daß ein Dampfgewicht $a_c + w_c$ mit $60\,\%$ Alkohol, in dem $a_c = 1$ Kilo beträgt, in solchen Stufen kondensiert wird, daß der jedesmalige Restdampf $a_e + w_e$ um $1\,\%$ hochgrädiger als der vorhergehende ist und daß das Verhältnis $f_{K\,mittel}$ des auf jeder Kondensationsstufe entstehenden Kondensats $a_K + w_K$ das arithmetische Mittel zwischen den Kondensaten der beiden um $1\,\%$ verschiedenen Dämpfe sei. Die 4. Spalte gibt das auf jeder Stufe im Dampf übrig bleibende Alkoholgewicht, wenn dies auf jeder Stufe vor der Kondensation $= 1$ Kilo war. Die 5. Spalte verzeichnet das unter diesen Umständen im Restdampf verbleibende Wassergewicht w_e und die 6. Spalte zeigt dann das Gewicht des ganzen Restdampfes $a_e + w_e$ unter den genannten Umständen, d. h. des jedesmaligen Restdampfes jeder Stufe. In der 7. Spalte wird der Restdampf jeder Stufe in Prozenten des Ursprungsdampfes ausgedrückt. Die Spalte 8 weist in jeder Zeile das Gewicht des nach allen über ihr stehenden Kondensationsstufen bleibenden Restdampfes auf und endlich findet sich in Spalte 9 die Angabe dieses Restdampfgewichts in Prozenten vom Ursprungsdampf $a_c + w_c$. In der Tafel 11 ist diese letzte Spalte verdeutlicht, indem die Abszisse den Alkoholgehalt in $\%$ G. des Restdampfes, die Ordinaten sein Gewicht in Prozenten des Ursprungsdampfes vorstellen.

Tabelle 13 und Tafel 11 machen offenbar, daß bei der allmählichen Kondensation des Alkoholwasserdampfes von 60% G. der prozentliche Alkoholgehalt des Restdampfes etwa im umgekehrten Verhältnis mit seiner Gewichtsabnahme wächst.

16. Zusammenstellung der für die Berechnung von Destillierapparaten bestimmten Hauptgleichungen, wenn in diese nicht das Verhältnis $\dfrac{w}{a} = f$, sondern der Prozentgehalt der Flüssigkeiten und Dämpfe an Leichtsiedendem (a) eingeführt wird.

Allen bis hierher angestellten Betrachtungen ist das Verhältnis des Schwersiedenden zum Leichtsiedenden in den behandelten Mischungen zugrunde gelegt, weil es vorteilhafter schien. Es kann aber offenbar auch das Gewichtsverhältnis des Leichtsiedenden zu der ganzen Mischung $\left(\dfrac{a}{a + w}\right)$ gewählt werden, und dann ist es offenbar bequem, dabei das Leichtsiedende in Gewichtsprozenten der ganzen Mischung anzugeben. Bedeutet p diese Prozente und bezeichnen seine Indices, ebenso wie bisher die Stellen der Apparate, an denen das p Geltung haben soll, so gestalten sich die Gleichungen wie folgt:

Es ist allgemein für $a + w = 100$:

$$a = p \qquad w = 100 - p$$

$$f = \frac{100 - p}{p} = \frac{100}{p} - 1 \tag{148}$$

1. Die Verdampfungswärme des Produkts:

$$C_e = a_e (\alpha + f_c \beta) = a_e \left(\alpha + \left(\frac{100}{p_e} - 1\right)\beta\right) \tag{149}$$

$$= p_e \alpha + (100 - p_e)\beta \text{ für } a + w = 100 \tag{150}$$

2. Die Verdampfungswärme des Rücklaufs:
   a) vom Kondensator:

$$C_K = \frac{a_e (f_c - f_e)(\alpha + f_K \beta)}{f_K - f_c} = \frac{a_e \left(\dfrac{1}{p_c} - \dfrac{1}{p_e}\right)\left(\alpha + \left(\dfrac{100}{p_K} - 1\right)\beta\right)}{\dfrac{1}{p_K} - \dfrac{1}{p_c}} \tag{151}$$

   b) von den Böden der Verstärkungssäule:

$$C_R = \frac{a_e (f_d - f_e)(\alpha + f_R \beta)}{f_R - f_d} = \frac{a_e \left(\dfrac{1}{p_d} - \dfrac{1}{p_e}\right)\left(\alpha + \left(\dfrac{100}{p_R} - 1\right)\beta\right)}{\dfrac{1}{p_R} - \dfrac{1}{p_d}} \tag{152}$$

c) in die Blase des Rektifizierapparats:

$$C_B = \frac{a_e (f_a - f_e) (\alpha + f_B \beta)}{f_B - f_a} = \frac{a_e \left(\dfrac{1}{p_a} - \dfrac{1}{p_e}\right) \left(\alpha + \left(\dfrac{100}{p_B} - 1\right)\beta\right)}{\dfrac{1}{p_B} \quad \dfrac{1}{p_a}} \qquad (153)$$

d) vom Boden M der kontinuierlichen Destillierapparate:

$$C_R = \frac{a_e (f_m - f_e) (\alpha + f_M \beta)}{f_M - f_m} = \frac{a_e \left(\dfrac{1}{p_m} - \dfrac{1}{p_e}\right) \left(\alpha + \left(\dfrac{100}{p_M} - 1\right)\beta\right)}{\dfrac{1}{p_M} \quad \dfrac{1}{p_m}}$$

3. Die Erwärmung auf dem Boden M:

$$C = \frac{a_e (f - f_M) (\alpha + f_m \beta)}{f_M - f_m} = \frac{a_e \left(\dfrac{1}{p} - \dfrac{1}{p_M}\right) \left(\alpha + \left(\dfrac{100}{p_m} - 1\right)\beta\right)}{\dfrac{1}{p_M} \quad \dfrac{1}{p_m}} \qquad (154)$$

4. Die Gesamtwärme des von jedem Boden in der Verstärkungssäule aufsteigenden Dampfes:

$$C_e + C_R = \frac{a_e (f_D - f_e) (\alpha + f_d \beta)}{f_D - f_d}$$

$$C_e + C_R = \frac{a_e \left(\dfrac{1}{p_D} - \dfrac{1}{p_e}\right) \left(\alpha + \left(\dfrac{100}{p_d} - 1\right)\beta\right)}{\dfrac{1}{p_D} \quad \dfrac{1}{p_d}} \qquad (155)$$

5. Die Gesamtwärme vom Boden M der kontinuierlichen Destillierapparate:

$$C_e + C_V = \frac{a_e \left(\dfrac{1}{p_M} - \dfrac{1}{p_e}\right) \left(\alpha + \left(\dfrac{100}{p_m} - 1\right)\beta\right)}{\dfrac{1}{p_M} \quad \dfrac{1}{p_m}} \qquad (156)$$

6. Die Gesamtwärme des Dampfes in der Abtriebssäule:

$$C_a = C_e + C_h + C_R = C_h + C_x = \frac{a_e (f - f_e) (\alpha + f_m \beta)}{f_M - f_m}$$

$$= \frac{a_e \left(\dfrac{1}{p} - \dfrac{1}{p_e}\right) \left(\alpha + \left(\dfrac{100}{p_m} - 1\right)\beta\right)}{\dfrac{1}{p_M} \quad \dfrac{1}{p_m}} \qquad (157)$$

7. Die Gesamtwärme in der Abtriebssäule auf das Schwersiedende bezogen:

$$C_a = C_e + C_h + C_R = C_h + C_x = \frac{(w - w_e)(\alpha + f_m \beta)}{f_M - f_m}$$

$$= \frac{(w - w_e)\left(\alpha + \left(\dfrac{100}{p_m} - 1\right)\beta\right)}{\dfrac{1}{p_M} - \dfrac{1}{p_m}} \qquad (158)$$

8. Die bei nebeneinander stehenden Säulen in der Luttersäule aufzuwendende Wärme:

$$C_z = \frac{a_e (f_m - f_e)(\alpha + f_m \beta)}{f_M - f_m} = \frac{a_e \left(\dfrac{1}{p_m} - \dfrac{1}{p_e}\right)\left(\alpha - \left(\dfrac{100}{p_m} - 1\right)\beta\right)}{\dfrac{1}{p_M} - \dfrac{1}{p_m}} \qquad (159)$$

17. Trennung von Mischungen aus mehr als zwei Stoffen.

Wenn es sich um Trennung der einzelnen Stoffe aus Mischungen von mehr als zwei Komponenten handelt, so ist eine zuverlässige rechnerische Verfolgung der Vorgänge in den Destillierapparaten jetzt noch nicht möglich, weil weder die bei der Verdampfung solcher Mischungen herrschenden physikalischen Gesetze genau bekannt, noch auch die jedem der in Frage kommenden Stoffe eigentümlichen Konstanten erforscht sind. Sowohl die Verhältnisse, in denen sich drei und mehr Komponenten ineinander lösen, als auch die Zusammensetzung des aus ihnen entweichenden Dampfes, endlich auch die latente Wärme dieses Dampfgemisches, namentlich wenn seine einzelnen Teile aufeinander chemisch einwirken, sind noch nicht für praktische Verwendung hinreichend erkundet. Die hierfür zu lösenden Aufgaben sind um so verwickelter, als es sich dabei um viele Variationen handeln kann. Denn einige Komponenten können in allen anderen oder nur in einem Teil von diesen mehr oder weniger oder gar nicht löslich sein. Die gegenseitige Löslichkeit kann auch mit den Mischungsverhältnissen an sich, ebenso wie mit den Temperaturen wechseln. Endlich kommt es vor, daß sich die Komponenten während des Vorganges der Trennung verändern, auch neue Stoffe aus sich bilden. Da nun die Zusammensetzung der Dämpfe aus ineinander löslichen Stoffen anders geartet ist als aus nichtineinander löslichen, entstehen neue Komplikationen, so daß einer brauchbaren rechnerischen Behandlung dieser Umstände bis jetzt jede Basis fehlt.

Aus diesen Gründen können hier nur einige, auf allgemeinen Kenntnissen und Beobachtungen beruhende Angaben über die Richtung gemacht werden, in der sich die Absichten bei der Konstruktion von Apparaten, die solchen Zwecken dienen sollen, betätigen müssen. Einzelangaben über diese hier zu veröffentlichen, entspricht nicht der Aufgabe dieser Abhandlung, würde auch der Vielgestaltigkeit der zu behandelnden Stoffe wegen zu weit führen.

Sind alle Komponenten einer Mischung von verschiedenen Siedepunkten, doch so geartet, daß sich jede in jedem Verhältnis in jeder anderen löst, so ist ihre Trennung in einem unterbrochen arbeitenden Trennungs- (Rektifizier-) Apparat meistens ganz gut möglich. Es erscheint dann natürlich die leichtestsiedende Komponente zuerst und der Reihe nach die anderen bis zur schwerstsiedensten. Die Genauigkeit der Trennung hängt, abgesehen von ihren physikalischen Eigenschaften, von der Höhe der Säulen und von der dem Dampf im Kondensator entzogenen Wärmemenge ab. Wenn ein oder mehrere Teile der Mischung nur in dieser ganz löslich sind, dies aber nur in abnehmendem Grade bleiben, sobald gewisse leichter siedende Teile der Mischung aus ihr entfernt sind, so kann sich der Zustand dem nähern, der eintritt, wenn zwei ineinander unlösliche Flüssigkeiten verdampft werden. In diesem Falle ist die gemeinsame Siedetemperatur niedriger als die des Leichtsiedenden und die Dampfzusammensetzung nur abhängig von der Spannung und dem Volumengewicht der Einzeldämpfe [1]) (der Komponenten) bei der gemeinsamen Temperatur.

In einem periodischen Rektifizierapparat gehen unter solchen Umständen (d. h. wenn einzelne Komponenten der Mischung während der Destillation unlöslich werden) zunächst die leichtsiedenden Stoffe der Reihe nach über, bis die an ihnen verarmte Restmischung, die eine oder die mehreren schwerlöslichen Komponenten nur noch knapp in Lösung erhalten kann. Dann beginnen diese gewöhnlich mit den anderen Dämpfen reichlich in der Säule so hoch in die Höhe zu steigen, wie sie mit armen Mischungen gefüllt ist. Dabei verhält es sich aber so, daß nun die entwickelten Dämpfe nicht durchaus reicher an Leichtsiedendem bleiben, sondern so, daß die Dämpfe nunmehr viel von dem erheblich höher siedenden Stoff enthalten können, wenn dessen Spannung und Volumengewicht bei der gemeinsamen Temperatur größer als die der anderen ist, wie es z. B. mit Wasser und Amylalkohol geschieht [2]).

---

[1]) E. Hausbrand, Verdampfen, Kondensieren, Kühlen.

C. v. Rechenberg, Theorie der Gewinnung und Trennnng der ätherischen Öle durch Destillation.

[2]) M. E. Duclaux, Annales d. chem. et phys. 1876 (5), S. 264.

Isidore Pierre et Ed. Puchot, Annales d. chem. et phys. 1872, XXVI, 4, S. 145.

Dieselben, Comptes rendus 1871, S. 599, 778.

Wenn in eine Säule eines kontinuierlichen Destillierappa-
rates zum Zwecke der Trennung eine Mischung aus vielen, ineinander
löslichen Einzelstoffen fließt, so wird diese Säule die Mischung nur in
zwei Teile zerlegen, deren einer ein fast ganz reiner Einzelstoff, deren
anderer die Restmischung ist. Die Restmischung kann dann in einer
zweiten Säule wieder in zwei Teile getrennt werden und diese Operation
kann, theoretisch wenigstens, beliebig oft wiederholt werden, bis die
letzte Säule die beiden letzten Komponenten rein abliefert. Die letzte
Säule liefert also zwei, jede frühere nur eine abgetrennte Komponente.
Bei solchem Verfahren kann jeder von der Säule abgezweigte Einzelstoff diese oben als Dampf verlassen, während die Gemeinsamkeit der
anderen ihr unten als Flüssigkeit entströmt, um in einer neuen Säule
wieder eins ihrer Glieder oben als Dampf zu entlassen. Es kann aber
auch der Weg gewählt werden, auf dem die erste und jede folgende Säule
den jedesmal schwerstsiedenden Stoff fast rein unten als Flüssigkeit ent-
läßt, während das Dampfgemisch der anderen Stoffe oben entweicht,
um in den folgenden Säulen wieder das je schwerstsiedende Mitglied zu
verlieren. Welche dieser beiden Methoden in jedem Fall zweckmäßig
zu wählen ist, hängt von den physikalischen Eigenschaften der Stoffe
ab. Soweit diese und ihr Verhalten in einer größeren Gemeinschaft in
Hinsicht auf ihre Dampfzusammensetzung und Temperatur und auf
latente und spezifische Wärme bekannt sind, können die Abmessungen
der Säulen, Kondensatoren und Kühler, mit Anwendung der früher
entwickelten Vorstellungen und Formeln auch berechnet werden. Denn
sinngemäß angewendet, gilt das früher Gesagte auch für alle diese Fälle.
Jede der neben- oder übereinander gestellten Säulen muß, wenn es auf
möglichst scharfe Trennung der Einzelstoffe ankommt, mit einem unteren
Stück für den Abtrieb, einem oberen für die Verstärkung und einem
über diesem angeordneten Kondensator versehen sein. Alle wie immer
geartetet Spezialkonstruktionen beruhen auf diesem einfachen Schema.

Enthält ein Flüssigkeitsgemisch außer vollkommen löslichen auch
weniger, oder bei bestimmten Mischungsverhältnissen fast gar nicht
lösliche schwersiedende Komponenten, wie oben charakterisiert, so treten
Komplikationen ein. Dann kann es vorkommen, daß in einem unteren
Stück einer Säule für Abtrieb, in dem die Mischung an bestimmten,
namentlich leichtsiedenden Bestandteilen sehr arm wird, andere Bestandteile hierdurch fast unlöslich werden und folglich sich in Hinsicht
auf ihre Dampfentwicklung auch so wie unlösliche Stoffe verhalten.
Ihre Dämpfe steigen dann mit den anderen reichlich in die Verstärkungssäule empor, wenn sie hohe Spannungen und große Volumengewichte
haben. Aber in der Verstärkungssäule, in der ja nach oben hin immer
größerer Reichtum an leichtsiedenden Bestandteilen herrscht, in denen
also jener unten unlösliche Stoff leicht löslich wird, entwickeln sich
Dampfgemische, in denen das nun Lösliche eine geringe oder gar keine

Rolle spielt. Denn das Lösliche, aber Schwersiedende entwickelt aus den Böden, in denen das Leichtsiedende stark vorherrscht, oft seinerseits wenig oder fast keinen Dampf. Deshalb, da auf solche Weise diesen Dämpfen sowohl der untere wie der obere Ausgang verschlossen ist, müssen sie sich so lange an bestimmten Stellen der Säule ansammeln, bis sie hier einen wesentlichen Teil der Flüssigkeitsmischungen bilden. Aus diesen entsteht dann doch schließlich ein mit Schwersiedendem gemischter Dampf und eine ebensolche Flüssigkeit, die ihre Bestandteile hinauf und herunter schicken, sich so den Ausgang erzwingen, sich den sonst reinen Produkten beigesellen und sie verderben.

In solchen Fällen muß, um die schädliche Ansammlung der unten unlöslichen, oben löslichen schwersiedenden Stoffe nun in unschädlichen Grenzen zu halten, an der richtigen Stelle der Säule ein gewisser Teil der Flüssigkeit dauernd oder zu gewissen Zeiten abgezogen und so behandelt werden, daß sich der unlösliche Stoff aus ihm ausscheidet, worauf der Rest wieder der Säule zugeführt werden kann. Dieses Verfahren setzt voraus, daß die Ansammlung der teilweise löslichen Stoffe auf gewissen Böden der Säule in solchem Maße stattfindet, daß der Abzug eines kleinen Teiles der Bodenflüssigkeit für die Entfernung des Schädlichen genügt, weil es sonst aus wirtschaftlichen Gründen unvorteilhaft wird.

Als Vorteile der ununterbrochenen Trennung der Stoffe aus mehrfachen Mischungen gegenüber dem periodischen oder unterbrochenen Verfahren werden oft der geringere Dampfverbrauch und der Fortfall der Verarbeitung von Nachprodukten angeführt. Diese Vorteile treten doch nicht in allen Fällen ein, denn oft bedürfen die ununterbrochen arbeitenden Apparate, wegen der Notwendigkeit der wiederholten Kondensation zur Rückflußbildung in jeder Säule, beträchtliche Wärmemengen und gut konstruierte periodische Rektifizierapparate geben unter Umständen nicht sehr viel Nachprodukte. Ist aber die Anzahl der verschiedenen Stoffe einer Mischung nicht zu groß und wird nicht auf vollkommene Reinheit aller Einzelbestandteile gerechnet, so leisten kontinuierliche Destillierapparate oft auch für die gleichzeitige Trennung reichhaltiger Gemische sehr gute Dienste.

18. Konstruktionseinzelheiten der Destillierapparate.

Über Konstruktionseinzelheiten der Destillierapparate soll hier nur Weniges gesagt werden, weil die sehr verschiedenen Eigenschaften der zu bearbeitenden Stoffe und die sehr vielseitigen Wünsche der Industrie, ein tiefes Eingehen auf weitschichtige Details erfordern würde, was nicht in der Absicht liegt. Bisweilen kann ja auch dasselbe Ziel auf verschiedenen Wegen erreicht werden. Als wesentliche Erfordernisse aller Destillierapparate können etwa die folgenden bezeichnet werden.

Die Flüssigkeiten müssen überall die für ihre Bewegung hinreichenden Wegweiten finden, damit sie sich nicht stauen oder verstopfen können. Die Wege müssen so eingerichtet sein, daß die Flüssigkeiten sie auch alle so durchlaufen, wie es erwünscht ist. Wo Flüssigkeit und Dampf sich begegnen, muß für jedes hinreichender Querschnitt vorhanden sein, damit sie einander nicht hindern. Der Dampf, der die Flüssigkeit durchdringen soll, muß mit ihr in so vielseitige Berührung kommen wie möglich. Er soll ihre kleinsten Teile bespülen. Beide wirken aufeinander nur durch die gegenseitigen Berührungsflächen und diese werden um so größer, in je feinere Strahlen der Dampf und in je kleinere Tropfen die Flüssigkeit zerlegt wird. Dabei sollen die Strömungen nicht zu schnell geschehen. Hinreichende Querschnitte sind erforderlich. Es ist eine falsche Sparsamkeit, die Apparate zu eng zu bauen, vielmehr ist dahin zu streben, daß von jedem Boden in den höheren nur Dampf, aber keine Flüssigkeit aufsteigt, was ja durch gute Konstruktion erreicht werden kann. Unsere Rechnungen gründen sich auf diese Voraussetzungen, denn nach oben mitgerissene Flüssigkeitstropfen verschlechtern die Wirkung. Die Flüssigkeit soll von jedem Boden auf den nächst tieferen nur auf dem ihr vorgeschriebenen Wege fließen und nicht in unbekannten Mengen durch Undichtheiten oder willkürliche Öffnungen herablaufen.

Der Inhalt der Blase der periodischen Rektifizierapparate soll in keinem ungünstigen Verhältnis zur stündlichen Leistung stehen. Er vermindert seinen Gehalt an Leichtsiedendem in der Zeit eines Abtriebes von einem Maximum meistens bis auf fast Null Prozent, während das hergestellte Produkt an Gewicht und Zusammensetzung fast konstant bleibt. Es zeigt sich, daß in der Tat, im Durchschnitt, der Gehalt der Füllung, auf 100 Kilo Produkt bezogen der gleiche ist, gleichgültig, ob diese so klein ist, daß sie nur für eine kurze Zeit (10 oder 24 Stunden) oder so groß, daß sie für eine lange Zeit (24 bis 48 Stunden) ausreicht. Die Tafel 13 und die kleine Tabelle, deren Füllungen von 2500 resp. 5000 Kilo Alkohol-Wassermischung von 50% und einstündliche Leistung von 105,65 Kilo Sprit von 94,61% (= 100 Kilo Alkohol) zugrunde gelegt sind, zeigen, daß die Zusammensetzung des Blaseninhalts sich stets proportional mit dem Gewicht des Abgetriebenen hält:

Nach Stunden des Betriebes		0	6	12	18	21	24
Ist der Blasen-Inhalt:	Alkohol Kilo:	2500	1900	1300	700	400	100
	Wasser Kilo:	2500	2466	2433	2393	2381	2364
		5000	4366	3733	3093	2781	2464
	%:	**50**	**43,5**	**34,84**	**22,61**	**14,38**	**4,05**
Ist der Blasen-Inhalt:	Alkohol Kilo:	5000	4400	3800	3200	2900	2500
	Wasser Kilo:	5000	4966	4932	4898	4883	4864
		10000	9366	8732	8098	7783	7464
	%:	**50**	46,72	43,51	39,53	**37,02**	**34,81**

Nach Stunden des Betriebes		30	36	42	48	50
Ist der Blasen-	Alkohol Kilo:	2000	1400	880	200	—
Inhalt	Wasser Kilo:	4830	4793	4759	4726	4714,7
		6883	6193	5639	4926	
	%:	29,28	**22,60**	**14,32**	**4,22**	0

Wärmeverbrauch und Qualität des Produktes sind hiernach unabhängig vom Verhältnis des Blaseninhalts zur stündlichen Leistung. Allein dennoch sind große Blasenfüllungen vorteilhafter als kleine, weil sie unter sonst gleichen Umständen ein reichlicheres reines Produkt ergeben. Gewiß hängt dies damit zusammen, daß praktisch die Rektifikation nicht nur zwei Stoffe zu trennen, sondern diese auch von anderen Beimengungen zu befreien hat. Da durch geschickte Betriebsweise solche Beimengungen, weil sie andere Siedepunkte als die beiden Hauptkomponenten haben, meistens am Anfang und am Ende gleichsam aufgesammelt und aufgestaut werden können, um sie recht konzentriert zu entfernen, so bleibt für das Gewinnen des reinen Produkts mehr Raum bei großen Füllungen.

Zweiter Teil.

In diesem Teil wird die Berechnung der ununterbrochenen Trennung von acht Mischungen nach der im ersten Teil dargestellten Art im einzelnen vorgeführt.

---

19. Äthylalkohol und Wasser.

A. Physikalische Eigenschaften.

Die Berechnung der Hauptabmessungen der Rektifizier- und Destillierapparate für Äthylalkohol-Wassermischungen wird mit Hilfe der bis dahin entwickelten Anschauungen, Erklärungen und Gleichungen in etwas ausführlicherer Weise als bei den später folgenden anderen Mischungen geschehen, weil hier die Gelegenheit wahrgenommen werden soll, manches noch gleichsam beispielsweise durch Zahlen aufzuklären, was früher durch bloße Formeln nicht so klar geworden sein mag.

Die spezifischen Gewichte s von Alkoholwassermischungen gibt die nachstehende Tabelle nach D. Mendeléef[1]):

Alkohol		Alkohol		Alkohol	
% Gew.	s	% Gew.	s	% Gew.	s
100	0,7936	65	0,8838	30	0,9570
95	0,8086	60	0,8953	25	0,9644
90	0,8225	55	0,9067	20	0,9707
85	0,8354	50	0,9179	15	0,9768
80	0,8479	45	0,9287	10	0,9831
75	0,8601	40	0,9389	5	0,9904
70	0,8719	35	0,9484		

Die spezifische Wärme des reinen Äthylalkohols ist nach Regnault bei $0^0 : \sigma = 0,54754$, bei $80^0 : \sigma = 0,76938$. Die spezifische

---

[1]) D. Mendeléef, Journ. of chem. Soc. 1887. Poggnd. Ann. **138**, 277, und 279 (1869). — W. Fresenius und L. Grünhut, Interpolation nach Mendeléef, Z. f. anal. Chem. **51**. 123 (1912).

Wärme seines Dampfes nach E. Wiedemann zwischen $217^0 \div$ $101^0 : \sigma = 0,4512$. Zwischen $223^0 \div 114^0 : \sigma = 0,4557$.

Die spezifische Wärme der Äthylalkohol-Wassermischungen ist nach Schüller[1]) zum Teil größer als die mit der Gleichung $\sigma_m = \dfrac{\sigma_1 p_1 + \sigma_2 \cdot p_2}{p_1 + p_2}$ berechnete, was von anderer Seite bestätigt wird. Die vom Verfasser durch Interpolation verdichtete Tabelle, in der die von J. H. Schüller mitgeteilten Zahlen fettgedruckt sind, zeigt die spezifischen Wärmen verschiedener Mischungen:

	Alkohol spezifische Wärme σ		Alkohol spezifische Wärme σ		Alkohol spezifische Wärme σ
% Gew.		% Gew.		% Gew.	
85	0,7100	58,17	**0,8590**	35,33	**1,0076**
83	0,7168	55	0,8700	30	1,0200
80	0,739	54,09	**0,8826**	**28,56**	**1,0354**
75	0,767	50	0,9030	25	1,0366
73,9	0,777	49,46	**0,9163**	22,56	**1,0436**
70	0,791	45	0,9400	20	1,0400
65	0,890	44,35	**0,9610**	14,9	**1,0391**
60	0,893	40	1,0070	10	1,0250
				5	1,0110

Die Verdampfungswärme des reinen Alkohols ist nach Regnault $a = 201,5$ W.E., nach Brix $a = 214$ W.E., nach Deprez $a = 208$ W.E. G. Zeuner[2]) bewertet die latente Wärme bei verschiedenen Temperaturen in nachstehender Weise:

^{0} C	W.E.	^{0} C	W.E.	^{0} C	W.E.
0	236,50	40	238,29	80	213,09
10	238,81	50	233,79	90	206,03
20	240,58	60	227,63	100	199,12
30	245,51	70	220,62		

Wenn für den Alkohol die Zahl von Brix zugrunde gelegt wird, so kann die latente Wärme für Alkohol-Wasserdämpfe wie in der Tabelle 2 geschehen, ausgerechnet werden, unter der Voraussetzung, daß die Verdampfungswärme der Dampfmischungen die Summe der latenten Wärmen der einzelnen Dämpfe sei. Im ersten Teil dieser Abhandlung ist berichtet,

---

[1]) J. H. Schüller, Pogg. Ann. 5, 116, 192 (1871), auch Wiedemanns Handb. d. Phys.
[2]) G. Zeuner, Grundzüge der mechanischen Wärmetheorie.

daß diese Annahmen nach den Untersuchungen Dan. Tyrers für gegeneinander neutrale Dämpfe wahrscheinlich zutrifft, daß aber die Frage offen ist für Dämpfe von Stoffen, die aufeinander einwirken, was zwischen Alkohol und Wasser wohl der Fall ist. Da aber Untersuchungen für Mischungen, die sich so verhalten, nicht bekannt geworden sind, so ist hier auch für sie die arithmetische Summe der beiden Verdampfungswärmen als die des Gesamtdampfes angenommen in der Hoffnung, daß der Fehler nicht unzulässig groß sein wird, wofür einige Anhaltspunkte gegeben sind. Es kann sein, daß die Summe der latenten Wärmen der Einzeldämpfe, die bei der zwischen 79° und 100° liegenden gemeinsamen Temperatur gelten, den vorläufig richtigsten Wert der latenten Wärme des Gesamtdampfes lehrt, die demnach veränderlich wäre. Es werden aber im folgenden die Verdampfungswärmen der Einzeldämpfe konstant, und zwar die des Alkohols $a = 205$ W.E. und die des Wassers $\beta = 544$ W.E. angenommen, weil die ohnehin schon etwas umständlichen Rechnungen, mit denen immer praktische Zwecke verfolgt werden, sonst zu kompliziert und unübersichtlich werden würden. Einen Vergleich und eine Kritik der mit und ohne Berücksichtigung der veränderlichen Temperatur berechneten Werte vor a und β erlauben die nachfolgenden Zahlen:

Alkoholgehalt. . .	5 %	25 %	50 %	75 %	95 %
Siedetemperatur. .	99,2	97	91	81	79° C.

Nach Zeuner ist dabei

$$a = 199 \qquad 202 \qquad 207 \qquad 214 \qquad 212 \text{ W.E.}$$
$$\beta = 536 \qquad 535 \qquad 542,8 \qquad 551 \qquad 550 \text{ W.E.}$$

Daraus die latente Wärme der Dampfmischung $a . a + w . \beta$:

$$508 \qquad 452 \qquad 375 \qquad 298 \qquad 228 \text{ W.E.}$$

Wird dagegen gesetzt konstant: $a = 205$, $\beta = 544$ W.E., so entsteht die latente Wärme der Dampfmischung:

$$527 \qquad 454 \qquad 380 \qquad 289,8 \qquad 222 \text{ W.E.}$$

Da nun selbst die latente Wärme des reinen Alkohols von verschiedenen Forschern zwischen 201,5 und 214 gefunden wurde, scheinen die hier hervortretenden Differenzen für unsere Rechnung nicht zu erheblich.

Die Siedetemperatur des reinen Äthylalkohols ist 78° C, die Siedetemperaturen seiner Mischung mit Wasser sind in der Tabelle 3 mitgeteilt.

Die Zusammensetzung des Dampfes, der sich aus Alkoholwassermischungen entwickelt, ist zu verschiedenen Zeiten von verschiedenen Forschern untersucht worden, allein die gefundenen Zahlen weichen voneinander ab. In der Tabelle 2 und in der Tafel 12 sind einige dieser Beobachtungen zusammengetragen. Die Abszisse gibt den Alkoholgehalt in der Flüssigkeit, die zugehörige Ordinate den Gehalt des Dampfes. Es sind bekannt geworden folgende Versuchsreihen: Die älteste von Gröning, ferner eine neuere von den Herren Blacher

und Raschewski[1]), sodann die Zahlen von M. Margules[2]). — Einige
Angaben rühren von Lord Rayleigh[3]) her, eine ziemlich dichte Tabelle
ist vor nicht langer Zeit von Hilding Bergström[4]) Stockholm veröffentlicht worden, die mit Blacher, Raylaigh gut übereinstimmt,
endlich gibt es die von Sorel[5]) mitgeteilte Beobachtung.

Die zweite, dritte und vierte Kurve weicht voneinander nicht wesentlich ab, nur die erste und fünfte nach Angaben Grönings und
Sorels sind zwischen 20⁰ und 70⁰ von den anderen stark unterschieden.
In den früheren Auflagen dieses Buches wurde die Gröningsche Tabelle
den Rechnungen zugrunde gelegt, bei der vorliegenden Arbeit ist dies mit
der Kurve von Sorel geschehen. Die mit ihr ausgeführten Rechnungen
führen wohl zu der Ansicht, daß auch sie nicht ganz der Wahrheit entspricht; sie wurde gewählt, um den Unterschied ihrer Resultate gegenüber denen mit Grönings Tabelle vor Augen zu führen, da diese beiden
die Grenzen der Versuchszahlen vorstellen. Wahrscheinlich liegt, wie
so oft, auch hier die Wahrheit in der Mitte, nämlich in den Linien der
vier anderen Forscher[6]).

Auch die Beobachtung Lord Rayleighs[3]), die von Bergström
bestätigt wird, daß Spiritus mit 95,5 % G. Alkohol einen Dampf ergebe, der schwächer sei, nämlich nur 95,45⁰/₀, daß also vorher ein Kulmi-
nationspunkt der Linie bestehe (wie ja auch praktisch die Konzentration
des Dampfes von 95,35 % durch Rektifikationen nicht überschritten
wird), scheint anzudeuten, daß die bis 100⁰/₀ führende Kurve Sorels
nicht der Wahrheit entspricht[7]).

[1]) Professor C. Blacher (Riga) Privatnachricht.
[2]) M. Margules, Wiener Berichte.
[3]) Lord Rayleigh, Phil. Mag. (6) 4, S. 521, 1902.
[4]) Hilding Bergström, Jernkontorets Annaler Bihang.
[5]) E. Sorel, Destillation et rectification industrielle 1899.
[6]) Siehe auch Noyes und Warfel (Journ. Amer. Chem. Soc. 1901, Bd. 28,
S. 463) und J. P. Künen: Theorie der Verdampfung und Verflüssigung von Ge-
mischen. 1906, S. 114.
[7]) M. Masing, St. Petersburg (Chemiker-Zeitung 1908, Nr. 63, S. 745).
Versuche über den Alkoholgehalt der aus flüssigen Alkohol-Wasser-Mischungen
entwickelten Dämpfe bei vermindertem Druck. Aus 1000 ccm wurden je 40 ccm
verdampft. Alles Gewichtsprozente.

Ursprüngliche Mischung %G.	bei atm. Druck	Alkoholgehalt des Dampfes		
		400 mm Druck (360 Vac.)	220 mm Druck (540 Vac.)	40 mm Druck (740 Vac.)
33,36	. . . 71,85⁰/₀	. . . 72,56⁰/₀	. . . 73,39⁰/₀	. . . 75,26⁰/₀
52,14	. . . 75,91 ,,	. . . 76,38 .,	. . . 76,87 ,.	. . . 78,18 ,,
73,50	. . . 83,00 ,,	. . . .	. . . .	. . . 84,13 ,,
85,66	. . . 88,00 ,,	. . . 88,26 ,,	. . . 88,53 ,,	. . . 89,06 ,,
88,26	. . . 89,81 ,,	. . . .	. . . .	. . . 90,70 ,,
90,98	. . . 91,68 ,,	. . . 91,89 ,,	. . . 92,00 ,,	. . . 92,39 ,,
93,83	. . . 94,04 ,,	. . . .	. . . .	. . . 94,57 ,,
96,82	. . . 96,73 ,,	. . . .	. . . .	. . . 97,05 ,,

In der Tabelle 2 finden sich in den Spalten 3 und 5 die Verhältnisse $\frac{w}{a} = f$ und $\frac{w_d}{a_d} = f_d$ und in den Spalten 6 und 7 die ausgerechneten Werte der Brüche $\frac{\alpha + f\beta}{f - f_d}$ und $\frac{\alpha + f_d\beta}{f - f_d}$, die in den späteren Rechnungen sehr häufig gebraucht werden.

B. Wärmeverbrauch der periodischen Alkohol-Rektifizierapparate.

Aus früher Dargelegtem ist bekannt geworden, daß zur Herstellung eines hochprozentigen Alkoholwasser-Dampfgewichtes $a_e + w_e$ (dessen Verhältnis $\frac{w_e}{a_e} = f_e$ ist) aus einer Dampfmischung mit dem Verhältnis $\frac{w_d}{a_d} = f_d$, eine bestimmte Wärmemenge $C_K = C_R = C_B$ dem Dampf im Kondensator entzogen und die hierdurch erzeugte Flüssigkeit wieder in die Säule zurückgeschickt werden muß. Es wurde gefunden:

$$C_B = \frac{a_e (f_a - f_e) (\alpha + f_B \beta)}{f_B - f_a} \tag{160}$$

Auch dies ist bekannt, daß C_B die theoretisch niedrigste Grenze erreicht, wenn der unterste Rücklauf f_B die gleiche Zusammensetzung hat, wie die Flüssigkeit in der Blase f, aus der sich der Ursprungsdampf f_a entwickelte. Praktisch ist diese Grenze nicht erreichbar, weil dann auch der erste Boden von unten und folglich auch alle folgenden Böden die gleiche Zusammensetzung haben müßten, ein Fortschritt in der Verstärkung also nicht erreichbar wäre. Deshalb muß immer etwas, oft viel mehr Wärme, als ihr theoretisches Minimum, im Kondensator entzogen werden. Aber je mehr sich f_B der Grenze f nähert, um so geringer ist der Wärmeaufwand C_K für den Rücklauf.

Beispiel: Es soll a = 1 Kilo Alkohol als Sprit von 94,61% G. ($f_e = 0,057$) erzielt werden, aus einer Flüssigkeit in der Blase von 10,63%, deren Verhältnis f = 8,414 ist, die also einen Dampf von 50% ($f_a = 1$) entwickelt.

Hat der Rücklauf in die Blase:

$$\begin{array}{ccc} 10,63\% & 20\% & 30\% \text{ Gas} \\ f_B = 8,44 & 4,0 & 2,333 \end{array}$$

so ist die Rücklaufwärme:

$$C_B = \frac{1(1 - 0,057)(205 + 8,414 \cdot 544)}{8,414 - 1}$$
$$= 608 \text{ W.E.}$$

$$C_B = \frac{1\,(1 - 0{,}057)\,(205 + 4 \cdot 544)}{4{,}0 - 1}$$

$$= 745 \ \text{W.E.}$$

$$C_B = \frac{1\,(1 - 0{,}057)\,(205 + 2{,}333 \cdot 544)}{2{,}333 - 1}$$

$$= 1043 \ \text{W.E.}$$

Der Wärmeaufwand für den Rücklauf wächst, wie hier zu erkennen, mit seiner Hochgrädigkeit bedeutend.

Um nun einen Überblick über die geringste (theoretisch erforderliche) im Kondensator zu entziehende Wärmemenge $C_B = C_R = C_K$ zu erhalten, mit deren Hilfe ein Kilo Alkohol als Sprit von 85,76 — 92,37 — 94,61 % G. aus Dampf von 93 % — 0,5 % oder aus Flüssigkeit von 92,79 — 0,052 % zu gewinnen ist, wurde mit Hilfe der Gleichung 160 die Tabelle 4 ausgerechnet und in Tafel 14 dargestellt. Auf der Abszisse ist der Alkoholgehalt des Dampfes der Ursprungsmischung aufgetragen, von der aus die Verstärkung beginnen soll. Die Ordinaten zeigen dann in ihrem Schnittpunkt mit den Kurven (die für die Verstärkung gelten) die Wärmeeinheiten an, welche für die Erzeugung von 1 Kilo Alkohol in der an die Kurve geschriebenen Hochgrädigkeit (94,61—92,37 — 95,76 %) wenigstens erforderlich ist. Tabelle und Tafel bestätigen, daß im allgemeinen wohl der Wärmeverbrauch für den Rücklauf C_R in der Verstärkungssäule um so größer ist, je schwächer die Ursprungsflüssigkeit war, daß er bei schwächeren Lösungen (von 6 % und weniger) fast unabhängig von der Hochgrädigkeit des zu erzielenden Produkts ist, daß aber hochprozentiger Sprit immer einen großen Wärmeaufwand erfordert, auch wenn die Ursprungsflüssigkeiten schon ziemlich stark sind. Sehr auffällig machen sich Schwankungen der erforderlichen Rücklaufwärme bemerkbar. Diese nimmt nicht dauernd mit zunehmendem Alkoholgehalt der Ursprungsflüssigkeit ab, sondern nur bis zu einem Gehalt von etwa 26 % der Flüssigkeit (60 % des Dampfes), um dann wieder sehr zu steigen, wenigstens wenn das Produkt sehr alkoholreich sein soll. Diese Erscheinung hat wohl wirklich ihren Grund in der Natur der Äthylalkoholwassermischungen, denn gleiche Rechnungen, die zur Ergründung der Ursache, auch mit von anderen Forschern gefundenen Dampfkurven des Äthylalkohols ausgeführt wurden, zeigen ähnliche Schwankungen. Auch ergaben sie sich bisweilen bei Mischungen anderer Stoffe.

Zur Berechnung der Apparatabmessungen ist natürlich der größte Wärmeverbrauch, der für den Intervall zwischen dem Gehalt der rohen Flüssigkeit und dem des zu erzielenden Produkts in der Tabelle 4 notiert ist, zugrunde zu legen. Der praktische Betrieb der Apparate wird aus bekannten Gründen immer etwas mehr als die theoretisch geringste in der Tabelle 4 angeführte Wärmemenge erfordern.

C. Die erforderliche Anzahl von Böden in den Säulen.

Wenn nun bekannt ist, daß durch Entziehung von etwas mehr als der theoretisch geringsten Wärmemenge im Kondensator, die die Tabelle 4 angibt, und durch wiederholte Verdampfung in einer Säule wirklich ein bestimmtes Produkt aus einer bestimmten Mischung erreicht werden kann, so geht auch aus den früheren Betrachtungen ohne weiteres hervor, daß der Fortschritt in der alkoholischen Verstärkung von einem Boden zum folgenden um so größer sein wird, je mehr hochprozentiger Rücklauf über diese herabfließt. Der Alkoholgehalt des Rücklaufs wächst mit seiner Menge (im Verhältnis zur Menge des Produkts) und es ist zu erwarten, daß die Zahl der erforderlichen Aufkochungen abnimmt, wenn für eine bestimmte Leistung die Rücklaufmenge (und Wärme) vergrößert wird. Aber die Frage, wieviel Aufkochungen (Böden) nun in jedem konkreten Fall erforderlich sind, ist noch zu beantworten.

Die Antwort auf diese Frage kann nun nicht durch Ausrechnung einer einzigen Gleichung gegeben werden, weil hierzu der Besitz eines mathematischen Ausdrucks für die Zusammensetzung des Dampfes aus bekannten Flüssigkeitsgemischen gehören würde. Solange diese Formel fehlt, muß man sich dazu bequemen, den Fortschritt der Verstärkung des Dampfes für jeden Fall von Boden zu Boden auszurechnen, wobei die Zusammensetzung der Ursprungsflüssigkeit ($a_D + w_D$), das beabsichtigte Produkt ($a_e + w_e$) und die dafür aufgewendete Rücklaufwärme C_R zu berücksichtigen sind. Wenn diese Arbeit für viele Lösungen und Produkte, sowie unter Anwendung verschiedener Rücklaufwärmen ausgeführt und hieraus die jedesmal nötige Anzahl von Böden gefunden ist, so lehrt ein Blick auf die gewonnenen Resultate leicht die zweckmäßigste Entscheidung zu fällen.

Die Tabellen 5a, 5b, 5c enthalten eine Anzahl solcher Resultate. Sie geben den Alkoholgehalt des Dampfes und der Flüssigkeit auf jedem Boden von Verstärkungs- (Rektifikations)Säulen, deren jede 10 Kilo Alkohol herstellt in Stärken von

$$85,76 - 92,46 - 94,61\% \text{ G.}$$
$$(90 - 95 - 96,5\% \text{ V.})$$

bei Aufwendung verschiedener Wärmemengen für den Rücklauf C_R von 4000 bis 60 000 W.E. Es zeigt sich hier, in welchem Maße die Anzahl der erforderlichen Aufkochungen von dem Alkoholgehalt der Ursprungsflüssigkeit abhängt, daß um so mehr Wärme erforderlich, je schwächer dieser und daß wenn der Wärmeaufwand C_R nur gleich dem kleinstmöglichen sein soll, die Bodenzahl leicht über ein zulässiges Maß wächst. Auch bestätigt es sich, daß der Wärmeaufwand der periodischen Apparate nicht konstant ist, sondern mit dem natürlich abnehmenden Alkoholgehalt der Blasenfüllung wächst. Bei gleichbleibender stündlicher Leistung wird der erforderliche Rücklaufbedarf allmählich größer oder bei gleichbleibender Rücklaufwärme die stündliche Leistung kleiner. Viele Böden verbilligen die Produktion.

Die Berechnung der Säulen kann mit der Blase beginnend von unten nach oben oder umgekehrt mit dem Kondensator beginnend erfolgen. Die zweite Richtung scheint die vorteilhaftere, weil sie gestattet, von dem Produkt auszugehen und deshalb sind hier alle Säulen auch in dieser Art berechnet worden. Ein Beispiel mag zur näheren Aufklärung der befolgten Methode dienlich sein. Bei diesem wird zunächst angenommen, daß die Zusammensetzung des Rücklaufs aus dem Kondensator sich zu der des erzeugten Produkts verhalte, wie die Ursprungsflüssigkeit zu dem über ihr schwebenden Dampf. Es sind zwei Säulen zur Erzeugung von etwas schwachgrädigem Sprit gewählt worden, weil bei diesen in lehrreicher Weise die Abnahme des Alkoholgehalts nach unten hin schon bei den obersten Böden merklicher ist als für sehr hochgrädige Produkte.

Beispiel: Herzustellen seien 11,67 Kilo Sprit von 85,76 % G. (90 % V, wobei $a_e = 10$ Kilo Alkohol und $w_e = 1,67$ Kilo Wasser ist. Dem aus der Säule kommenden Dampf sollen dazu im Verdichter (Kondensator) der einen Säule $C_R = 5000$ W.E. und dem der zweiten $C_R = 8000$ W.E. entzogen werden.

Die Rücklaufwärme ist: $C_R = 5000$ W.E. $C_R = 8000$ W.E.

Das Produkt (Sprit): $a_e = 10$ Kilo $a_e = 10$ Kilo

$+ w_e = 1,66$,, $+ w_e = 1,66$,,

Das Verhältnis: $f_e = 0,166$,, $f_e = 0,166$,,

Folglich ist das Verhältnis des Rücklaufs

$f_K = 0,219$ (d. i. $= 82$ %) $f_K = 0,219$ (d. i. 82 %)

Das Gewicht an Alkohol und Wasser im Rücklauf ergibt sich aus der Gleichung:

$$C_K = a_K (\alpha + f_K \beta) = a_K (205 + 0,219 \cdot 544) = 5000 \text{ resp. } 8000 \text{ W.E.}$$

hieraus: $a_K = \dfrac{5000}{324,1} = 15,43$ kg $a_K = \dfrac{8000}{324,1} = 24,69$ kg

$w_K = a_K \cdot f_K = 15,43 \cdot 0,219 = 3,379$ kg $w_K = 24,688 \cdot 0,219 = 5,407$ kg

Der Dampf aus der Säule ist die Summe von Rücklauf und Produkt

$a_c = 15,34 + 10 = 25,34$ kg $a_c = 24,688 + 10 = 34,688$ kg

$w_c = 3,379 + 1,67 = 5,049$ kg $w_c = 5,407 + 1,67 = 7,077$ kg

Das Verhältnis dieses Dampfes ist:

$$\frac{w_c}{a_c} = f_c = \frac{5,049}{25,34} = 0,1994 \text{ (d. i. } = 83,4 \text{ %)}$$

$$f_c = \frac{7,077}{34,688} = 0,2039 \text{ (d. i. } = 83,15 \text{ %)}$$

Der Dampf f_C entsteht aus der Flüssigkeit des obersten Bodens der Säule, deren Verhältnis nach Tabelle 2 ist:

$f_C = 0,298 \ (77,10\%)$ resp. $f_C = 0,299 \ (77\%($.

Der Rücklauf vom obersten Boden gleicht dieser Flüssigkeit. Sein Gewicht folgt aus der Gleichung: $C_R = a_R (\alpha + f_R \beta)$

$a_R (205 + 0,298 \cdot 544) = 5000$ W.E. $\quad a_R (205 + 0,299 \cdot 544) = 8000$ W.E.

$$a_R = \frac{5000}{367,1} = 13,60 \text{ kg} \qquad a_R = \frac{8000}{367,65} = 21,798 \text{ kg}$$

$w_R = a_R f_R = 13,60 \cdot 0,298 = 4,05 \text{ kg} \quad w_R = 21,798 \cdot 0,299 = 6,517 \text{ kg}$

Der Dampf aus dem zweiten Boden von oben ist die Summe von Rücklauf und Produkt:

$a_d = 13,60 + 10 = 23,60 \text{ kg} \qquad a_d = 21,798 + 10 = 31,798 \text{ kg}$

$w_d = 4,05 + 1,67 = 5,72 \text{ kg} \qquad w_d = 6,517 + 1,67 = 8,187 \text{ kg}$

Das Verhältnis dieses Dampfes ist:

$$\frac{w_d}{a_d} = f_d = \frac{5,72}{23,60} = 0,242 \ (80,7\%) \qquad \frac{w_d}{a_d} = f_d = \frac{8,187}{31,798} = 0,257 \ (79,5\%)$$

Der Dampf f_d entsteht aus der Flüssigkeit des zweiten Bodens von oben, deren Verhältnis nach Tabelle 2 ist:

$f_D = 0,370 \ (73\%) \qquad\qquad f_D = 0,409 \ (71\%)$

Der Rücklauf vom zweiten Boden von oben gleicht dieser Flüssigkeit. Sein Gewicht folgt aus der Gleichung:

$$C_R = a_R (\alpha + f_R \beta)$$

$a_R (205 + 0,370 \cdot 544) = 5000$ W.E. $\quad a_R (205 + 0,409 \cdot 544) = 8000$ W.E.

$$a_R = \frac{5000}{396} = 12,525 \text{ kg} \qquad a_R = \frac{8000}{429,7} = 18,62 \text{ kg}$$

$w_R = a_R f_R = 12,625 \cdot 0,370 = 4,671 \quad w_R = 18,620 \cdot 0,409 = 7,616 \text{ W.E.}$

Der Dampf aus dem dritten Boden von oben ist wieder die Summe von Rücklauf und Produkt usw.

In gleicher Weise fortfahrend gelangt man auf den 10. resp. 6. Boden, deren Flüssigkeiten 11,30 resp. 7,68 % Alkohol enthalten, und die dann die letzten untersten Böden dieser Säulen sind, weil mit der Rücklaufwärme von 5000 resp. 8000 W.E. ein niedrigerer Alkoholgehalt nicht erreicht werden kann.

Die Tabelle hat dazu gedient, die Tafel 15 herzustellen. Auf ihrer Abzisse ist für jeden Boden der Säule eine Ordinate errichtet, von denen die mit 1 bezeichnete den obersten und die mit 2 ÷ 50 bezeichneten die nach unten folgenden bedeuten. Auf jeder Ordinate ist dann der Alkoholgehalt des Dampfes vermerkt, der sich aus dem angegebenen Boden erhebt, wenn zur Herstellung von 10 Kilo Alkohol als Sprit mit 90% bis $96,5\%$ Vol. ein verschiedener Wärmeaufwand für den Rücklauf aufgewendet wird. Durch diese Darstellung wird es recht deutlich, daß schon wenige Böden genügen, um Spiritus von 90% zu erzeugen, daß aber ihre Zahl sehr vermehrt und die Rücklaufwärme sehr vergrößert werden muß, um solchen von $94,6\%$ zu gewinnen.

D. Der Kondensator.

Aus den im sechsten Abschnitt angeführten Gründen war erkannt worden, daß die Zusammensetzung der im Kondensator niedergeschlagenen Flüssigkeit zwischen der des ersten und der des letzten Tropfens liegen muß, daß sie aber nicht das arithmetische Mittel beider sein kann. Die angenähert richtige mittlere Zusammensetzung des Rücklaufs kann nur mühevoll durch Berechnung seiner Zusammensetzung an vielen nahe aneinander liegenden Stufen einigermaßen gefunden werden, weil bis jetzt sowohl die physikalischen Vorgänge selbst noch nicht genau genug bekannt sind, als auch, weil mancherlei äußere, in ihrer Wirkung nicht abschätzbare Ursachen die Regelmäßigkeit des Vorganges stören. Bei der Herstellung von sehr hochprozentigem Spiritus ist die Zusammensetzung des Rücklaufs aus dem Kondensator, da sie ja der des Produktes ganz nahe kommen muß, allerdings kaum zweifelhaft. Für solche Apparate sind die ganz geringen, gegen unsere Annahmen möglichen Abweichungen praktisch bedeutungslos. Nur bei den, meistens ununterbrochen arbeitenden Apparaten für schwachgradigen Spiritus von etwa $88-92\%$ V bewirkt die im Verdichter selbst stattfindende Verstärkung eine bemerkliche Erhöhung des Alkoholgehaltes im Produkt, und hier wäre die Möglichkeit genauer Vorherbestimmung der Rücklaufzusammensetzungen erwünscht. Aber wenn nun hier mangels genauerer Unterlagen das arithmetische Mittel zwischen der des ersten und letzten Tropfens gewählt wird, so kann auch dies von der Wahrheit wohl nicht zu weit abweichen.

Es sind in der Tabelle 6 zwei Säulen berechnet mit $C_R = 5000$ und $C_R = 6000$ W.E. für 10 Kilo Alkohol im Spiritus von $85,76\%$ G. Aus dem Vergleich mit den entsprechenden Spalten der Tabelle 5a für $C_R = 5000$ und 6000 wird erkannt, daß die Verstärkung des Spiritus im Kondensator in diesem Fall etwa einen Säulenboden ersetzt. Mit Hilfe der Gleichung

$$C_K = \frac{a_e \, (f_c - f_o) \, (\alpha + f_{R \, mittel} \, \beta)}{f_{R \, mittel} - f_c}$$

und der Tabelle 2 ist durch einiges Probieren gefunden worden, daß für $C_K = 5000$ W.E. der Wert von $f_{R\,mittel} = 0,296$ ist (siehe $72,1\%$ bis $80,4\%$) und daß für $C_K = 6000$ W.E. der Wert von $f_{R\,mittel} = 0,330$ ist (siehe $69-79\%$). Dabei ist dann auch der Wert von f_c bekannt geworden und die Berechnung der Verstärkungssäule konnte wie üblich geschehen.

E. Zahlenbeispiele für die verzögernde Wirkung mehrerer kleiner Kondensatoren, die statt eines einzelnen über der Säule, zwischen den Böden angeordnet werden. (Tabelle 7.)

Daß und weshalb es vorteilhafter ist, nur einen Kondensator über der Rektifikationssäule aufzustellen als mehrere zwischen die Böden zu schalten, deren Kühlwirkung zusammen gleich der des einzelnen ist, geht aus den früheren Betrachtungen hervor. Die Tabelle 7 soll diese Tatsache an einem Beispiel verdeutlichen. Sie zeigt Gewicht und Prozentgehalt der Dämpfe und Flüssigkeiten auf allen Böden zweier Säulen, deren erste nur einen Kondensator oben für die Entziehung von 8000 W.E. trägt, während die andere vier Kondensatoren führt, nämlich über dem 1., 3. und 5. Boden je einen, von denen jeder 1000 W.E. und oben den vierten, der 5000 W.E. aufnimmt. Beide Säulen leisten 10 Kilo Alkohol als Sprit von $88,38\%$ und beide haben einen untersten Rücklauf von $8,2\%$. Obgleich auch der zweite Apparat seine Hauptkühlung ganz oben erleidet, so ist doch die verzögernde Wirkung der Zwischenkühlung offenbar. Die Ausrechnung der notierten Zahlen ist ebenso erfolgt wie im Abschnitt 19 C gezeigt worden.

Daß der durch Ausstrahlung der heißen Säule an die Umgebung entstehende Wärmeverlust eine ähnlich schädliche Wirkung wie kleine Kondensatoren ausübt, ist hieraus begreiflich und leicht durch Rechnung nachzuweisen.

Rektifikationssäulen sollen stets nur **einen** Kondensator oben tragen und gegen Wärmeverluste durch Umkleidung geschützt sein.

F. Zahlenbeispiel dafür, daß bei der Rektifikation ohne Aufkochungen d. h. durch bloße Kondensation (Verflüssigung) die aufeinander folgenden Niederschlagsmengen so klein wie möglich sein müssen.

Die kleine Tabelle 8 zeigt, daß wenn aus 100 Kilo Alkohol-Wasserdampf von 50% G. durch sechsmal hintereinander folgende Entziehung von Wärme, nacheinander Dampf von 55, 60, 65, 70, 75, 80% erzeugt wird, schließlich als Restdampf 9,191 Kilo von 80% Gew. übrig bleiben; daß aber, wenn die Wärmeentziehung in so großen Absätzen erfolgt, daß nur zwei Zwischen-Dampfreste von $70-75\%$ entstehen, als Rest nur 2,226 Kilo von 80% Gew. übrig bleiben. Dieses Beispiel

lehrt, daß, wenn teilweise Kondensation bei sofortiger Trennung des
Niederschlags vom Rest ohne Aufkochungen zur Verstärkung von
Alkoholwasserdämpfen angewendet werden soll, die Kondensation ganz
allmählich in kleinen Mengen bewirkt werden muß. Geschieht dies, so
ist das Resultat fast genau demjenigen gleich, das erscheint, wenn
der in Kondensation befindliche Dampf dauernd über das Niedergeschlagene hinwegströmt.

G. Kontinuierliche Alkohol-Destillierapparate,

1. Die Abtriebs-Säule. Tabelle 9.

Die Abtriebs- (Entgeistungs-, Maische oder Lutter-) Säulen haben
den Zweck, den größten Teil des Wassers und etwaige feste Bestandteile unten aus der Mischung derart abzuscheiden, daß der Ablauf
nur ganz geringe Spuren von Alkohol fortführt und zugleich den Alkoholgehalt auf ihrem Einlaufsboden M so hochprozentig zu erhalten, wie
es die Umstände erlauben. Die dazu erforderliche Wärme wird der
Maischesäule meistens durch direkt eingeblasenen Dampf, bisweilen
durch Oberflächen-Heizkörper zugeführt, die den Dampf aus dem Ablaufwasser entwickeln und deshalb sein Gewicht nicht noch um ihr
eigenes vermehren. Der Wärmeverbrauch für 100 Kilo Maische wächst
dabei mit ihrem Alkoholgehalt (oder dem des Lutters) und es ergibt
sich die Frage: Wieviel Wärmeeinheiten C_a müssen einer Entgeistungssäule zugeführt werden, damit sie unten fast reines Wasser (etwa mit
für unsere Erörterungen bedeutungslosen, festen Körpern gemischt)
oben aber Alkohol von bestimmter Hochgrädigkeit (die vom Gehalt
und der ursprünglichen Temperatur der Maische bestimmt wird)
liefere. Die Antwort auf die Frage gibt die früher gefundene Gleichung:

$$C_a = \frac{(w - w_e)(\alpha + f_m \beta)}{f_M - f_m} \qquad (160)$$

in der $(w - w_e)$ das Gewicht des abzuscheidenden Wassers, f_M und
f_m die Verhältnisse der auf dem Boden M siedenden Mischung und ihres
Dampfes bedeuten. Sind diese Größen gegeben, so ist der Wärmeverbrauch der Maischesäule bestimmt. Die Gleichung hat dazu gedient, die Tabelle 9 auszurechnen, die nun angibt, wieviel Wärmeeinheiten erforderlich sind, um 100 Kilo Wasser aus Mischungen abzuscheiden, die $85 \div 0{,}5\%$ Alkohol enthalten, wobei es sich wieder
zeigt, daß dieser Wärmeverbrauch sehr viel größer bei alkoholreichen
als bei alkoholarmen Mischungen ist, was ja schon im früheren begründet wurde.

Auch in der Spalte 7 der Tabelle 2 sind die zur Abscheidung von
1 Kilo Wasser aus Mischungen auf dem Boden M, wie sie die Spalten 2

und 4 ergeben, erforderlichen Wärmeeinheiten verzeichnet. Die Multiplikation der Spalte 7 mit $(w - w_e)$ ergibt den Wärmebedarf für die Abscheidung dieses Wassergewichts aus 100 Kilo Maische.

Beispiel. Der Dampf aus dem Boden M habe:

$$24,8\,^0/_0 \qquad\qquad 48,61\,^0/_0 \qquad\qquad 70,63\,^0/_0 \ \ G$$

dann ist sein Verhältnis:

$$f_m = 3,01 \qquad\qquad 1,057 \qquad\qquad 0,416$$

folglich hat die Flüssigkeit auf dem Boden M:

$$3\,^0/_0 \qquad\qquad 10\,^0/_0 \qquad\qquad 50\,^0/_0 \ \ G$$

und deren Verhältnis ist:

$$f_m = 32,33 \qquad\qquad 9 \qquad\qquad 1$$

demnach sind für die Abscheidungen von 1 Kilo Wasser aus diesen Mischungen erforderlich:

$$C_a = \frac{1\,(205 + 3,01 \cdot 544)}{32,33 - 3,01} \qquad \frac{1\,(205 + 1,057 \cdot 544)}{9 - 1,057} \qquad \frac{1\,(205 + 0,416 \cdot 544)}{1 - 0,416}$$

$$C_a = \qquad 63,50 \qquad\qquad 98,0 \qquad\qquad 737 \ \text{W.E.}$$

Ebenso wie es für die Rektifikationssäule geschah, muß auch für die Entgeistungssäule die in jedem Fall erforderliche Zahl von Böden bestimmt werden, und ebenso wenig wie dort kann dies hier durch Ausrechnung einer einzelnen Formel geschehen. Auch hier muß die Veränderung der Flüssigkeiten und Dämpfe hinsichtlich ihres Gehaltes und Gewichtes von Boden zu Boden unter Anwendung bestimmter Wärmemengen verfolgt werden. Für solche Rechnungen gewährt die Tabelle 9 insofern Unterstützung, als sie in ihrer Spalte 2 angibt, bis zu welchem höchsten Alkoholgehalt der Dampf aus dem obersten Boden der Maischesäule durch Aufwendung der in Spalte 3 für 100 Kilo Ablaufwasser angegebenen Wärmemenge gelangen kann.

Zu ihrer Berechnung hat die eben genannte Gleichung 160 gedient: Das Ablaufwassergewicht $w - w_e$ ist dabei $= 100$ Kilo angenommen und für f_M und f_m die Verhältnisse der verschiedenen Alkoholmischungen auf dem Boden M eingeführt. Der Alkoholgehalt des Ablaufwassers wurde $= 0,01\,^0/_0$ gesetzt.

Die Tafel 14 enthält die Kurve des Wärmeverbrauchs der Äthylalkohol-Abtriebssäulen. Auf der Abszisse sind die Alkoholgehalte der Dämpfe aus dem Boden M abgesteckt. Die Schnittpunkte der Ordinaten mit der Kurve zeigen auf der rechten Seite der Tafel den für 100 Kilo Ablaufwasser erforderlichen Wärmeaufwand zur Erreichung des Alkoholgehalts auf dem Boden M, der die Abszisse angibt.

Die Tabelle 10 und Tafel 16 stellen die Resultate der Berechnung einer Anzahl von Abtriebs- (Maische, Lutter) Säulen dar, indem sie den prozentlichen Alkoholgehalt von Dampf und Flüssigkeit auf jedem ihrer Böden bei einem Verbrauch von 8000 bis 450 000 W.E. für 100 Kilo Ablaufwasser zeigen, wobei, wie angenommen wurde, dieses (die Schlempe) noch $0,01\%$ Alkohol enthalten soll.

Tabelle und Figur lassen erkennen, wie bei steigendem Wärmeaufwand die Anzahl der erforderlichen Böden zur Erzielung eines bestimmten Alkoholgehalts auf den obersten Böden abnimmt, und wie von ihm auch der erreichbare Grad der Hochgradigkeit bestimmt wird. Die Berechnung dieser Entgeistungssäulen kann ausgeführt werden, indem damit oben oder unten begonnen wird, allein vorteilhaft scheint nur, den Ausgangspunkt unten zu wählen, weil dann der zuzulassende Alkoholgehalt des Ablaufwassers, der ja immer ein Verlust ist, frei gewählt werden kann, während der oben erreichbare höchste Alkoholprozentgehalt des Dampfes schon beim Beginn der Rechnung aus der Tabelle 9 bekannt war.

Beispiel: In zwei Abtriebssäulen soll der Wärmeaufwand für $w - w_e = 100$ Kilo Ablaufwasser betragen:

$C_a = 10\,000$ W.E.	$200\,000$ W.E.
Der Abfluß hatte: $0,01\%$	$0,01\%$ Alkohol,
Der Dampf daraus: $0,1\%$	$0,1\ \%$,,
Dessen Verhältnis: $f_a = 1000$	$f_a = 1000$.

Das Gewicht der Komponenten in diesem Dampf:

$C_a = a_a\,(205 + 1000 \cdot 544) = 10\,000$ W.E. $= 200\,000$ W.E.

Alkohol: $a_a = 0,0184$ kg $a_a = 0,3676$ kg

Wasser: $w_a = 0,0184 \cdot 1000 = 18,4$ kg $w_a = 0,3676 \cdot 1000 = 367,4$

Der Rücklauf vom ersten Boden von unten ist die Summe dieses Dampfes plus 100 Kilo Ablaufwasser $(w - w_e)$:

$a_R = 0,0184$ kg	$a_R = 0,3676$ kg
$w_R = 118,4$,,	$w_R = 467,6$,,

Sein Verhältnis:

$$f_R = \frac{w_R}{a_R} = \frac{118,4}{0,0184} = 6440 \qquad\qquad f_R = \frac{467,6}{0,3676} = 1272$$

Der Rücklauf vom untersten Boden hat demnach

$0,0156\ \%$ $0,079\ \%$.

Der Dampf aus dem untersten Boden hat folglich:

$0,156\ \%$ $0,79\ \%$.

Sein Verhältnis ist:

$f_d = 640$ $f_d = 120$.

Das Gewicht der Komponenten in diesem Dampf:

$C_a = a_d (205 + 640 \cdot 544) = 10\,000 \quad a_d (205 + 126 \cdot 544) = 200\,000$ W.E.

Alkohol: $a_d = 0,0285$ kg $\qquad\qquad a_d = 2,908$ kg

Wasser: $w_d = a_d \cdot f_d = 0,0285 \cdot 640 = 18,4$ kg $\quad w_d = 2,908 \cdot 126 = 366,4$ kg

Der Rücklauf vom 2. Boden von unten ist die Summe dieses Dampfes plus 100 Kilo Ablaufwasser $(w - w_e)$:

$a_R = 0,0285$ kg $\qquad\qquad a_R = 2,908$ kg

$w_R = 118,40$,, $\qquad\qquad w_R = 366,4$,,

Sein Verhältnis:

$$f_R = \frac{w_R}{a_R} = \frac{118,4}{0,0285} = 4154 \qquad f_R = \frac{366,4}{2,904} = 125,6$$

$$(\text{d. i.} = 0,0241\,\%) \qquad\qquad (\text{d. i.} = 0,62\,\%)$$

Der Dampf aus dem 2. Boden von unten hat folglich:

$$0,241\,\% \qquad\qquad 6,2\,\% \qquad\qquad \text{usw.}$$

Nach diesen für alle Fälle geltenden Zusammenstellungen kann nun zur Bestimmung des Wärmeverbrauchs und der Bodenzahl von Apparaten für ununterbrochene Trennung bestimmter Alkoholwassermischungen übergegangen werden.

2. Die Verstärkungs-(Spiritus)säule steht über der Abtriebs-(Maische-)Säule.

Die Zusammensetzung der Flüssigkeit und des Dampfes auf dem Boden M hängt, wie gezeigt wurde, im günstigsten Fall nur vom Alkoholgehalt der Maische und der Wärmemenge C_h ab, die ihr auf diesem Boden zu ihrer Erwärmung von t_v bis auf ihre Siedetemperatur t_m zugeführt werden muß. Für diesen Zusammenhang war folgende Gleichung gefunden:

$$C_h = \frac{a_e (f - f_M)(\alpha + f_m \beta)}{f_M - f_m} \qquad (161)$$

Um einen Überblick darüber zu gewinnen, welche Erhöhung des Alkoholgehalts auf dem Boden M eintritt, wenn alkoholhaltige Flüssigkeiten mit 0,5 bis 80 % G. auf diesem Boden durch die von unten eintretenden Dämpfe mehr oder weniger anwärmt und bis zum Sieden gebracht werden, ist mit Hilfe der Gleichung 161 die Tabelle 11 berechnet und nach dieser die Tafel 17 gezeichnet worden. Beide zeigen, daß der Alkoholgehalt ursprünglich schwacher Lösungen durch die Nachwärmung in höherem Grade verstärkt wird als der Gehalt ursprünglich schon reicherer.

Die der Maische zum Sieden fehlende, ihr also zuzuführende Wärme
C_h wird gefunden aus der Differenz zwischen ihrer Siedetemperatur t_m
auf dem Boden M und der Temperatur t_v bis zu der sie in Vorwärmer
gebracht war. Die Vorwärmtemperatur t_v kann durch die Wahl der
Heizflächengröße der Vorwärmschlange nach Ermessen bestimmt werden,
doch wird sie immer einige Grade unterhalb derjenigen des zur Vorwärmung dienenden Dampfes (d. i. des aus der Verstärkungskolonne
kommenden, etwa $78 \div 85^0$ C), liegen müssen.

Demnach ist für die Erwärmung auf dem Boden M erforderlich:

$$C_h = (a + w)\,\sigma\,(t_m - t_v) \qquad\qquad (162)$$

Bis zu welcher Temperatur t_v soll nun wohl die Maische im Vorwärmer vorgewärmt werden, damit der Apparat wirtschaftlich am vorteilhaftesten arbeite? Offenbar kann die dem Dampf im Kondensator
zur Rücklaufbildung zu entziehende Wärme C_K für die Vorwärmung der
Maische benutzt werden, und sehr zweckmäßig wäre es, die beiden Wärmemengen C_v und C_K einander gleich zu wählen, wenn es anginge. Aber
da die Maische nur eine gewisse begrenzte Wärme C_v aufnehmen kann,
die wesentlich von ihrer Anfangstemperatur t abhängt, andererseits
die Rücklaufwärme C_K vom Alkoholgehalt der Maische und dem des
Produkts (Spiritus) bedingt wird, so müssen C_K und C_v nicht naturgesetz-
lich einander gleich sein und sind es folglich auch selten. Es kann sein und
ist meistens erforderlich, C_K größer als das mögliche C_v zu wählen, und
dann muß zusätzliche Wasserkühlung erfolgen. In der Tat verhält es
sich so, daß bei Maischen bis etwa $9^0/_0$ Alkoholgehalt das eigene Erwärmungsbedürfnis C_v für die Erzeugung der Rücklaufwärme C_K allein
ausreicht, wenn der Spiritus etwa $90 \div 92^0/_0$ Vol. haben soll, daß dies
aber nur noch bei Maischen bis etwa $3^0/_0$ Alkoholgehalt der Fall ist,
wenn der Sprit $94,6^0/_0$ haben soll. Es kann also nicht immer $C_v = C_K$
sein, aber in den möglichen Fällen können die Apparate zweckmäßig

---

Anmerkung. Die Größe der im Vorwärmer anzuordnenden Heizfläche kann
auf folgende Weise gefunden werden:

Das Maische-Gewicht $a + w$, mit der spezifischen Wärme σ, ist von seiner
ursprünglichen Temperatur t auf die höhere t_v zu erhitzen, wozu

$$C_v = (a + w)\,\sigma\,(t_v - t) \quad \text{W.E.}$$

erforderlich sind. Aus der Temperatur des heizenden Dampfes t_c und der mittleren Temperatur der Maische, die etwas ungenau als $\dfrac{t + t_v}{2}$ angenommen werden

darf, ergibt sich die mittlere Temperaturdifferenz[1] $\vartheta_m = t_c - \dfrac{t_v - t}{2}$ und die

erforderliche Vorwärmfläche $F_v = \dfrac{C_v}{\vartheta_m \cdot k}$, worin k[1] den Koeffizienten der
Wärmeübertragung bedeutet.

---

[1] Hierüber: E. Hausbrand, Verdampfen, Kondensieren und Kühlen. 1912.

dafür eingerichtet werden. Bisweilen genügt das Wärmebedürfnis der Maische auch noch für die Kühlung des Produkts.

Nun bedeutet $C_v + C_h$ die ganze der Maische von ihrer ursprünglichen Temperatur t bis auf ihre Siedetemperatur t_m auf dem Boden M zuzuwendende und ziemlich genau bekannte Wärme, denn sie ist:

$$C_v + C_h = (a + w)\, \sigma\, (t_m - t) \tag{163}$$

und da die Verdampfungswärme des Produktes C_e immer ohne weiteres gefunden werden kann:

$$C_e = a_e\, (\alpha + f_e \beta) = a_e\, (205 + f_e\, 544) \tag{164}$$

so wird erkannt, daß der wirtschaftlich günstigste, allerdings nur unter gewissen Umständen mögliche Wärmeverbrauch für die Destillation ausgedrückt wird durch die Formel:

$$C_a = C_v + C_h + C_e = \frac{a_e\,(f - f_e)\,(\alpha + f_m \beta)}{f_M - f_m} \tag{165}$$

die ja als Gleichung (86) bekannt ist, und in der nur C_K durch den Wert C_v ersetzt worden ist.

Sie kann dazu dienen, die Zusammensetzung von Dampf und Flüssigkeit auf dem Boden M für den wirtschaftlich günstigsten Fall zu bestimmen. Es kann naturgemäß bei der Destillation nicht weniger Wärme erforderlich sein als die Summe der zur Erwärmung der Flüssigkeit von ihrer Anfangs- bis zu ihrer Siedetemperatur $(t_m - t)$ plus der zur Verdampfung des Produkts nötigen, das ist $C_v + C_h + C_e$. Da der heizende Dampf im Vorwärmer stets eine niedrigere Temperatur haben muß als die auf dem Boden M siedende Mischung, so muß auf diesem auch stets eine gewisse Wärme C_h für die Nachwärmung aufgewendet werden, und folglich muß die Flüssigkeit auf M stets etwas alkoholreicher als die Maische sein. (Tabelle 11. Tafel 17.)

Sie ist um so alkoholreicher je größer C_h ist und die Tabelle 2 Spalte 7 (und ebenso die entsprechenden Tabellen für die anderen hier behandelten Mischungen) lehren, daß der Faktor $\dfrac{\alpha + f_m \beta}{f_M - f_m}$ gleichfalls dabei in gleichem Sinne wächst. Hieraus folgt der Schluß, daß der Wärmeverbrauch der Destillation abnimmt mit abnehmendem Wert von C_h, d. h. wenn die Vorwärmung (t_v) so hoch wie möglich bewirkt wird. Dies ist die Antwort auf die oben gestellte Frage.

Ist die Vorwärmetemperatur t_v einmal gewählt (so hoch wie erreichbar), so folgt aus Gleichung (162) C_h (so gering wie möglich) und die Gleichungen (86 und 161) ergeben die Werte von f_M und f_m. Die Formel 165 fördert $C_v + C_h + C_e$ heraus und da C_e und C_h bekannt sind, wird $C_v = C_R$ gefunden.

In den oben angedeuteten Fällen, in denen der gesamte Wärmeverbrauch gleich der Erwärmung der Mischung plus der Verdampfung des

Produkts ist, kann bei der Benutzung der Gleichung 165 auch von dem dann bekannten Wert von $C_a = C_v + C_h + C_e$ ausgegangen werden. Diese ergibt (durch einiges Probieren mit Hilfe der Tabelle 2) die Werte von f_M und f_m, welche in die Gleichung 161 eingesetzt C_h und hieraus die Vorwärmetemperatur t_v bestimmen. Durch Subtraktion $(C_v + C_h + C_e - C_e - C_h)$ wird dann C_v gefunden.

Ein Beispiel wird das eben Gesagte verdeutlichen.

Beispiel: Aus 100 Kilo Maische mit 10% Alkohol ($a = 10$, $w = 90$ Kilo) und $t = 20^0$ C Temperatur soll Spiritus von $85,76\%$ G. (90% V.) $f_e = 0,166$ gewonnen werden. Im Kondensator findet Vorwärmung bis $t_v = 70^0$ statt. Die spezifische Wärme sei $\sigma = 1,01$.

Es ist: $C_v = 100 \cdot 1,01 \; (70 - 20) = 5050$ W.E.

Auf dem Boden M siedet die Maische bei 90^0, und deshalb sind ihr dort noch zuzuführen

$$C_h = 100 \cdot 1,01 \; (90 - 70) \quad = 2020 \text{ W.E.}$$

Aus der Gleichung 161 folgt nach einigem Probieren mit Hilfe der Tabelle 2

$$\text{für } f_M = 0,7091 \qquad \text{und} \qquad f_m = 0,843$$

$$C_h = \frac{10 \; (9 - 7,091) \; (205 + 0,843 \cdot 544)}{7,091 - 0,843} = 2025 \text{ W.E. } (\sim 2020)$$

d. h. auf dem Boden M hat die Flüssigkeit $12,4\%$, ihr Dampf $54,25\%$ G. Die Verdampfungswärme des gewonnenen Spiritus ist:

$$C_e = 10 \; (205 + 0,166 \cdot 544) = 2953 \text{ W.E.}$$

Der wirksame Wärmeaufwand ist daher:

$$C_a = C_v + C_h + C_e = 5050 + 2020 + 2953 = 10023 \text{ W.E.}$$

Der gesamte Wärmeaufwand C_g erfordert noch die Berücksichtigung der Hälfte der Nachwärmung des Rücklaufs von t_K auf t_a (C_o und C_u) und des Strahlungsverlustes (C_{st}).

[Nach der Gleichung (60), in die die eben gefundenen Werte von f_m und f_M eingesetzt werden

$$C_R = \frac{a_e \; (f_m - f_e) \; (\alpha + f_M \beta)}{f_M - f_m} = 4400 \text{ W.E.}$$

ist, wie sich zeigt, die theoretisch geringste Rücklaufwärme $C_K = 4400$, also kleiner als die vorhandene $C_v = 5050$, was nur zur Verkürzung der Säule beiträgt].

[Um die für die Spiritus(verstärkungs)säule erforderliche geringste Rücklaufwärme C_R zu finden, kann man noch ein anderes Verfahren anwenden, indem man sich der Gleichung **55** bedient. Es ist:

$$C_a = C_R + C_h + C_e = \frac{a_e\,(f - f_e)\,(\alpha + f_m\beta)}{f_M - f_m}$$

Wird nämlich für die Lösung dieser Gleichung der durch die vorhergegangene Berechnung bekannte Alkoholgehalt der Stoffe auf dem Boden M verwendet, so ergibt sich:

$$C_a = C_R + C_h + C_e = \frac{10\,(9 - 0{,}166)\,(205 + 0{,}840 \cdot 544)}{7{,}091 - 0{,}843} = 9390 \text{ W.E.}$$

und da

$$C_h + C_e = 2020 + 2953 = 4973 \text{ W.E.}$$

ist, so bleibt für C_R die theoretisch kleinste Rücklaufwärme: 4417 W.E. übrig, wie eben auch auf anderem Wege gefunden wurde.]

———

Für die Nachwärmung des Kondensator-Rücklaufs von seiner Temperatur t_K bis auf die des Bodens M: t_m ist: $C_o = \dfrac{C_K}{c_K} \cdot \sigma_K\,(t_m - t_K)$, worin σ_K die spezifische und c_K die Verdampfungswärme der Rücklaufflüssigkeit bedeutet. Da diese nun ihre Zusammensetzung von Boden zu Boden verändert, dürfen σ_K und c_K wohl, wenn auch etwas ungenau, als die arithmetischen Mittel der oben und unten geltenden Werte angenommen werden, um so mehr, als der ganze Wärmebetrag nur gering ist und genaue Rechnung äußerst umständlich sein würde.

Auch die Berechnung der Nachwärmung des Rücklaufwassers $w - w_e$ und die des auf dem Boden M niedergeschlagenen Dampfes $a_h + w_h + a_x + w_x$ in der Abtriebsäule von der Temperatur t_m auf die des Ablaufs (der Schlempe) t_a ($= 102^0$) darf wohl in ähnlicher Weise erfolgen. Diese ist dann:

$$C_u = \left(\left(\frac{C_h + C_x}{c_{M \text{ mittel}}} \right) \sigma_{M \text{ mittel}} + (w - w_e) \right) (t_a - t_m)$$

Beispiel: Die Flüssigkeit auf dem obersten Säulenboden habe 85% G. (d. h. $f_K = 0{,}167$), auf dem Boden M habe sie $12{,}5\%$ (d. i. $f_M = 7{,}091$), daher im Mittel $\dfrac{0{,}167 + 7{,}091}{2} = 3{,}629$ d. h. $21{,}5\%$ folglich ist ihre mittlere Verdampfungswärme:

$$c_{K \text{ mittel}} = \frac{21{,}5 \cdot 205 + 78{,}5 \cdot 544}{100} = 471\,1 \text{ W.E.}$$

Die spezifische Wärme ist: $\sigma_K = 1,04$

ferner $t_m - t_K = 90,2^0 - 80^0 = 10,2^0$ C,

daher ist, weil $C_R = 5050$ W.E.

$$C_o = \frac{5050}{471,1} \cdot 1,04 \cdot 10,2 = 113,8 \text{ W.E.}$$

Die Wärme des auf dem Boden M niedergeschlagenen Dampfes ist $C_v + C_h + C_e = 4920 + 2050 + 2953 = 10\,023$ W.E.   Der Alkoholgehalt ist auf dem Boden M $= 12,5^0/_0$, beim Ablauf unten $= 0^0/_0$, im Mittel $6,25^0/_0$, daher die Verdampfungswärme:

$$c_{M\,\text{mittel}} = \frac{6,25 \cdot 205 + 93,75 \cdot 544}{100} = 512,8 \text{ W.E.}$$

Die spezifische Wärme $\sigma_{M\,\text{mittel}} = 1,01$

Ferner ist $f_a - f_m = 102^0 - 90,2^0 = 11,8^0$ C

$w = 90$ kg, $w_e = 1,66$ kg, $w - w_e = 88,34$ kg,   daher sind in der Abtriebssäule zur Nachwärmung des Rücklaufs erforderlich:

$$C_u = \left(\frac{9923}{512,8} \cdot 1,01 + 88,34\right) 11,8 = 1273,0 \text{ W.E.}$$

Die Erzeugung von $10 + 1,66 = 11,66$ Kilo Spiritus von $85,76^0/_0$ G. erfordert also folgende Wärmemengen:

Wärme des Produkts . . . . . $C_e =$ 2953 W.E.

Erwärmung auf dem Boden M . $C_h =$ 2020   ,,

Rücklaufwärme (Vorwärmung) . $C_v =$ 5050   ,,

Nachwärmung des Rücklaufs oben $C_o =$ 113,8 W.E.

Nachwärmung des Rücklaufs unten $C_u =$ 1273,0 W.E.

Strahlungsverlust . . . . $C_{st} =$ 175,0 W.E.

                                         1561,8 W.E.

Davon die Hälfte   780,9   ,,

                            Summa   10 804,0 W.E.

oder für 100 Kilo Ablaufwasser aus der Maische:

$$\frac{10804}{88,54} = 12208,5 \text{ W.E.}$$

Hieraus ergeben sich nach den Tabellen 5 und 10 für die Spiritussäule 8 Böden, für die Maischesäule 14 Böden.

Soll aus derselben Maische nicht Spiritus von $85,76^0/_0$ G. sondern solcher von $94,6^0/_0$ G. hergestellt werden, so ist für den Rücklauf in der Verstärkungssäule mehr Wärme aufzuwenden, nämlich die größte Menge, die in der Tabelle 4 für den Intervall aus Dampf von $54,25^0/_0$ (der auf dem Boden M entsteht) bis zum Produktkampf von 94,6 % G. angegeben, das ist für 1 Kilo Alkohol $= 1048$ W.E.

Für die Erzeugung von $10 + 0,57 = 10,57$ Kilo Spiritus von $94,6\%$ G. sind folgende Wärmeeinheiten wenigstens erforderlich:

$$C_e = 10\,(205 + 0,057\,.\,544) \qquad\quad = 2\,360 \text{ W.E.}$$
$$C_h \qquad\qquad\qquad\qquad\qquad = 2\,020 \text{ ,,}$$
$$C_K \qquad\qquad\qquad\qquad\qquad = 10\,480 \text{ ,,}$$

$$\text{Zusammen } 14\,860 \text{ W.E.}$$

Die Erwärmung des Rücklaufs oben:

$$C_o = \frac{10\,480}{470} \cdot 1,04 \cdot 10,3 = 236,55 \text{ W.E.}$$

Davon die Hälfte: . . . . $= 118,28$

Die Erwärmung des Rücklaufs unten:

$$C_u = \left(\frac{14\,860}{513} \cdot 1,01 + 89,43\right)(102 - 90) = 1424 \text{ W.E.}$$

Davon die Hälfte . . . . $= 712$,,

Die Ausstrahlung:

$$C_{st} = 200 \text{ W.E.} \sim \quad . \quad . \quad . \quad . \quad 100 \text{ ,,}$$

Daher die Gesamtwärme

$$C_a = \qquad\qquad\qquad\qquad\qquad 15\,790 \text{ W.E.}$$

oder für 1000 Kilo Rücklaufwasser aus der Maische:

$$C_a = \frac{15\,790 \cdot 100}{89,43} = 17\,653 \text{ W.E.}$$

Hieraus ergeben sich nach Tabelle 5 und 10 für die Spiritussäule 41 Böden, für die Maischesäule 11 Böden.

Werden der Vorsicht wegen 1000 W.E. für 100 Kilo Maische mehr aufgewendet, so reichen in der Spiritussäule 37 und in der Maischesäule 9 Böden aus.

3. Die Verstärkungs-(Spiritus)Säule steht neben der Abtriebs-(Maische)Säule.

Wenn sich über der Maischesäule keine Verstärkungssäule befindet, so ändert dies die Zusammensetzung der Flüssigkeit auf ihrem obersten Boden M dennoch, unter sonst gleichen Umständen nicht, denn diese Zusammensetzung hängt nur von der notwendigen Erwärmung C_h ab, die offenbar in beiden Fällen die gleiche sein kann. Der die Abtriebssäule verlassende Dampf muß allen Alkohol der Maische a mit dem früheren Verhältnis f_m enthalten und der Alkoholgehalt der Flüssigkeit auf dem Boden

M ergibt sich auch hier ebenso groß wie vorher aus der bekannten Gleichung 161:

$$C_h = \frac{a_e \, (f - f_M) \, (\alpha + f_m \beta)}{f_M - f_m}$$

Die in der Maischesäule wirkende Wärme ist wie vorher:

$$C_a = C_h + C_m = \frac{a_e \, (f - f_M) \, (\alpha + f_m \beta)}{f_M - f_m} + a_e \, (\alpha + f_m \beta)$$

$$= \frac{a_e \, (f - f_m) \, (\alpha + f_m \beta)}{f_M - f_m} \qquad (165\,a)$$

Beispiel: Die Maische, ihr Produkt und ihre Nachwärmung seien der des vorhergehenden Beispiels gleich, d. h. für 90% Vol. $C_e = 2953$, $C_h = 2025$, dann ist $f_m = 0,843$ und

$$C_m = 10 \, (205 + 0,843 . 544) = 6636 \text{ W.E.}$$

folglich $\qquad C_e + C_m = 8661 \text{ W.E.}$

Das gleiche Resultat muß naturgemäß auch die folgende Gleichung hervorbringen:

$$C_h + C_m = \frac{10 \, (9 - 0,843) \, (205 + 0,843 \cdot 544)}{7,091 - 0,843} = 8662 \text{ W.E.}$$

Das die Maischesäule verlassende Dampfgewicht ist:

$$a = 10 \text{ kg} \quad w = 10.0,843 = 8,43 \text{ kg.}$$

Das Rücklaufwasser in der Maischesäule:

$$w - w_m = 90 - 8,43 = 81,57 \text{ Kilo}$$

Die Nachwärmung ihres Rücklaufs:

$$C_u = \left(\frac{8661}{572,8} \cdot 1,01 + 81,57\right)(102 - 90,2) = 1073,5 \text{ W.E.}$$

Die Ausstrahlung: $\qquad C_{st} = 150 \text{ W.E.}$

Die Maischesäule braucht daher:

$$C_a = 8662 + \frac{1073,5 + 150}{2} = 9273,5 \text{ W.E.}$$

oder für 100 Kilo Rücklaufwasser:

$$C_a = \frac{9273,5 \cdot 100}{81,57} = 11369 \text{ W.E.}$$

Nach der Tabelle 10 muß diese Säule also 15 Böden haben.

Der aus dem Boden M kommende Dampf strömt nun auf den untersten Boden der nebenstehenden Verstärkungssäule, in gleicher Zusammensetzung aber mit geringerem Gewicht, wie wenn er in die darüberstehende Säule stiege. Um aus diesem Dampf in der nebenstehenden Säule das gleiche Gewicht des gleichen Produktes wie in der vorher berechneten darüberstehenden Säule zu erzielen, muß natürlich die Rücklaufwärme C_K in beiden Fällen gleich sein, d. i. $C_K = 5050$ W.E. und da auch das Produkt die gleiche Wärme wie vorher enthalten und der Rücklauf die gleiche Nachwärmung erfordern muß, so ist:

$$C_e = 2953 \text{ und } C_e + C_R + \frac{C_0}{2} = 2953 + 5050 + \frac{114}{2} = 8060 \text{ W.E.}$$

Die Verstärkungssäulen haben demnach bei beiden Aufstellungsarten die gleichen Abmessungen und ebenso ist es beim Vorwärmer oder Kondensator der Fall. Da aber nun der aus der Maischesäule kommende Dampf auf den obersten Boden der Luttersäule L nur die zur Bildung des Rücklaufs unzureichende Wärme $C_m = 6636$ W.E. mit sich führt, so muß die unter der Verstärkungssäule angeordnete Luttersäule diesem Dampf noch die fehlende Wärme:

$$C_z = 8060 - 6636 = 1424 \text{ W.E.}$$

in Form eines aus dem Boden L emporsteigenden gleichen Dampfes (d. i. hier von $54,25^0/_0$) hinzufügen.

Die Nachwärmung des Rücklaufs in der Luttersäule erfordert:

$$C_u = \left(\frac{1424}{512,8} \cdot 1,01 + 6,69\right)(102 - 90,2) = 112 \text{ W.E.}$$

Der aus der Maischesäule kommende Dampf enthält:

$$a_e = 10 \text{ und } w_m = 10 \cdot 0,843 = 8,43 \text{ Kilo.}$$

Das aus diesem zu bildende Produkt besteht aus:

$$a_e = 10 \text{ kg} \quad w_e = 10 \cdot 0,166 = 1,66 \text{ Kilo.}$$

Demnach muß in der Luttersäule abgeschieden werden:

$$w_m - w_e = 8,43 - 1,66 = 6,77 \text{ Kilo Wasser.}$$

Nach der Tabelle 9 müssen, um 100 Kilo Wasser aus einer Entgeistungssäule unten zu entfernen und zugleich oben Dampf von $54,25^0/_0$ Alkohol zu erzeugen, wenigstens 10600 W.E. aufgewendet werden, hier also wenigstens $\dfrac{6,77 \cdot 10600}{100} = 717,16$ W.E.

Zur Verfügung stehen aber die oben genannten 1424 W.E., die auf 100 Kilo Ablaufwasser bezogen

$$\frac{1424 \cdot 100}{6,77} = 21034 \text{ W.E. darstellen.}$$

Deshalb hat die Luttersäule nach Tabelle 10 acht Böden. Der Gesamtwärmeaufwand des zweiteiligen kontinuierlichen Apparates, der aus 100 Kilo Maische mit 10% Alkohol einen Spiritus von 90% V erzeugen kann, ist demnach:

$$C_h + C_m + \frac{C_u + C_{st}}{2} = 9273{,}5 \ \text{W.E.}$$

$$C_z = 1424 \quad ,,$$

$$C_u = \frac{112}{2} = 56 \quad ,,$$

$$C_{st} = \frac{150}{2} = 75 \quad ,,$$

Zusammen $\overline{10\,828{,}5 \ \text{W.E.}}$

Dies ist ein wenig mehr als für den Apparat mit übereinander stehenden Säulen errechnet wurde (10 804 W.E.), weil wegen der etwas größeren Oberfläche des zweiteiligen Apparates die Ausstrahlung auch etwas größer sein wird.

Soll der zweiteilige Apparat nicht Spiritus von 85,76% G., sondern solchen von 94,6% liefern, so ist natürlich der Wämeaufwand genau um ebensoviel größer, wie es bei dem einteiligen Apparat für die gleiche Forderung der Fall war.

In der Tabelle 11 und der Tafel 17 ist der Alkoholgehalt der Flüssigkeit und des Dampfes auf dem obersten Boden M der Abtriebssäulen dargestellt, wenn Mischungen von 0.5 ÷ 80% G. Alkoholgehalt mit Temperaturen von 0 ÷ 90° C unterhalb ihres Siedepunktes auf deren Boden fließen

---

20. Methylalkohol und Wasser. (Tabelle 14. Tafel 18.)

A. Physikalische Eigenschaften.

Die in den vorhergehenden Abschnitten dargelegten Betrachtungen und gefundenen Formeln können auch für die Bestimmung der Abmessungen von Apparaten zur Trennung von Methylalkohol und Wasser Anwendung finden, wenn die für diese Stoffe gültigen Konstanten in die Gleichungen eingeführt werden.

Das spezifische Gewicht des Methylalkohols ist $s = 0{,}7984$. Die spezifischen Gewichte seiner Mischungen mit Wasser sind etwa denen des Äthylalkohols gleich.

Die spezifische Wärme des reinen Methylalkohols ist nach M. A. v. Reis: $\sigma = 0{,}6587$

zwischen	5 ÷ 10°	10 ÷ 15°	15 ÷ 20°	23 ÷ 43° C
$\sigma =$	0,5901	0,5868	0,6009	0,6450

(Es wird auch angegeben im Mittel: $\sigma = 0{,}62425$.)

Die spezifische Wärme der Methylalkohol-Wasser-Mischungen ist
nach E. Lacher [1])

bei 12%	20%	31%
$\sigma = 1,073$	1,072	0,980

Die Siedetemperatur des reinen Methylalkohols ist: $= 66^0$ C.
Die Verdampfungswärme des reinen Methylalkohols vom Siedepunkt an ist ungefähr nach der Troutonschen Regel:

$$L = \frac{24,67 \cdot T}{\mu} = 261,4 \text{ W.E.}$$

worin T die absolute Temperatur und μ das Molekulargewicht $= 32$
bedeutet.

Nach Wirtz ist die Verdampfungswärme:

von	0^0	$= 307,01$ W.E.	von	70^0	$= 264,50$ W.E.
,,	50^0	$= 274,00$,,	,,	100^0	$= 246,00$,,
,,	60^0	$= 269,7$,,	,,	200^0	$= 151,84$,,
,,	$64,7^0$	$= 267,45$,,	,,	230^0	$= 84,47$,,

Die Kenntnis der Zusammensetzung des Dampfes, der sich
aus Methylalkohol-Wasser-Gemischen entwickelt, verdanke ich Herrn
Ingenieur Hilding Bergström (Stockholm) und den Herren Professor
Dr. C. Blacher und Trschetziak (Riga). Die Angaben der Genannten weichen nicht erheblich voneinander ab, wie ersichtlich wird
aus dem Diagramm Tafel 12, in der die Zusammensetzung der Lösungen
auf der Abszisse, diejenige der Dämpfe auf den Ordinaten nach beiden
Gewährsmännern nebeneinander aufgetragen sind. In der Tabelle 14
sind die Zusammensetzungen der Flüssigkeiten und ihrer Dämpfe nach
den (mit Hilfe des Diagramms vom Verfasser interpolierten) Angaben
von H. Bergström zusammengetragen und darin noch einige Werte
vermerkt, die für spätere Rechnung von Vorteil sind, wie es ähnlich
in der Tabelle 2 für Äthylalkohol geschah. a bedeutet auch hier das
Methylalkoholgewicht, w das Wassergewicht in der Mischung. Die
Verhältnisse $\frac{w}{a} = f$ und $\frac{w_d}{a_d} = f_d$ der Flüssigkeiten und der aus ihnen
entwickelten Dämpfe sind neben die Alkoholprozente a und a_d gesetzt.
Wie in der entsprechenden Tabelle 2 finden sich auch hier ausgerechnet,
weil ihre Kenntnis spätere Rechnungen sehr erleichtert, die jeder
Mischung mit 1 Kilo Methylalkohol zugehörigen Faktoren: $\frac{(\alpha + f\beta)}{f - f_d}$
und $\frac{(\alpha + f_d\beta)}{f - f_d}$, in denen die Verdampfungswärme des reinen Methylalkohols konstant $\alpha = 255$ W.E., des Wassers $\beta = 550$ W.E. angenommen wurde. Da der Siedepunkt der Mischung sich von $66 \div 100^0$

---

[1]) E. Lacher, Wiener Berichte 76, 1, 1877.

verändern kann, so hat offenbar jede Mischung eine andere, zwischen
diesen Grenzen liegende Temperatur. Aber abgesehen davon, daß die
Siedetemperaturen der verschiedenen Mischungen zurzeit nicht genau
bekannt sind, ist auch hier aus demselben Grunde, der bei der Erörte-
rung des Äthylalkohols maßgebend war (d. i. weil durch die Einführung
der genauen Verdampfungswärme, die jeder Änderung der Zusammensetzung und Temperatur folgt, die Rechnung zu kompliziert und unübersichtlich werden würde), die Vernachlässigung begangen, nur eine
mittlere Verdampfungswärme jeder Komponente anzunehmen, die
etwa der bei 85⁰ C geltenden entsprechen mag. Die durch diese Ver-
einfachung bedingte Verschiebung der Resultate ist nicht sehr groß,
und wenn erforderlich, schätzungsweise zu berücksichtigen.

B. Periodische Rektifizierapparate.

Der Inhalt der Blase sei im Verhältnis zur stündlichen Produktion
so groß wie möglich, damit ihr Abtrieb recht lange Zeit hindurch ununterbrochen währen könne, denn hierdurch wird das Gewicht des
rein gewonnenen Produktes im Verhältnis zum Ganzen vergrößert,
wie dies früher dargelegt worden ist.

Zur Bestimmung der Abmessungen der Säule und des Kondensators verhilft die Tabelle 15 und die Tafel 14, in denen die Resultate
der früher gefundenen Gleichung (160) zusammengestellt sind für den
Fall, daß a = 10 ist. Diese Gleichung lautet:

$$C_a = \frac{a_e\,(f_a - f_e)\,(\alpha + f_B\,\beta)}{f_B - f_a} \qquad (166)$$

und lehrt den Wärmeaufwand kennen, der erforderlich ist, um aus
einer Mischung a + w, deren Dampf das Verhältnis f_a hat, als Produkt
den Dampf $a_e + w_e$ mit dem Verhältnis f_e herzustellen, während der
Rücklauf vom untersten Boden in die Mischung das Verhältnis f_B hat.
Je mehr sich f_B dem Verhältnis $\dfrac{w}{a} = f$ nähert, desto kleiner wird C_a,
und zur Berechnung des geringst möglichen Wärmeaufwandes wird in
die Gleichung 166 in der Tat $f_B = f$ gesetzt.

Aus der Tabelle 15, Fig. 14 wird erkannt, wieviel Wärmeeinheiten
gebraucht werden, um aus Flüssigkeiten von 0,07 ÷ 94,69% G. ein
Produkt mit 1 Kilo Methylalkohol in Form eines Dampfes von 80%
oder 90% oder 99% zu gewinnen. Sie zeigt, daß hierzu um so mehr
Wärme gehört, je geringer der Gehalt der Ursprungsflüssigkeit an
Methylalkohol ist, und daß, wenn dieser ganz unbedeutend wird, fast
ebensoviel Wärme erforderlich ist, das Produkt mit 80% als mit
99% zu gewinnen.

Beispiel: Die Ursprungsflüssigkeit habe

$$50\,\% \qquad\qquad 2\,\%\ \text{Methylalkohol}$$

So ist nach Tabelle 14: $f = 1{,}0 \qquad\qquad 49$

$$f_a = 0{,}216 \qquad\qquad 5{,}759$$

Soll der Produktdampf $99\,\%$ haben und 10 Kilo Methylalkohol enthalten, so ist:

$$a_e = 10 \qquad\qquad 10$$

$$f_e = 0{,}0101 \qquad\qquad 0{,}0101$$

folglich $C_a = \dfrac{10\,(0{,}216 - 0{,}0101)\,(255 - 1\cdot 550)}{1 - 0{,}216}$

$$C_a = 2125\ \text{W.E.}$$

$$C_a = \frac{10\,(5{,}759 - 0{,}0101)\,(255 - 49\cdot 550)}{49 - 5{,}759}$$

$$C_a = 36\,178\ \text{W.E.}$$

Des gegen das Ende der Operation sehr verminderten Alkoholgehalts der Blase wegen muß die Säule selbst, die Anzahl ihrer Böden und die Kühlfläche des Kondensators so bemessen werden, daß beide noch für den zu erwartenden kleinsten Alkoholgehalt des Blaseninhaltes ausreichen. Nun hängt, wie wir ja wissen, der Wärmeverbrauch und die Leistung der Säule wesentlich ab von der Anzahl ihrer eingebauten Böden, und deshalb ist in der Tabelle 16 und in der Tafel 19 eine Darstellung des Alkoholgehaltes der Dämpfe und Flüssigkeiten auf jedem Boden von Verstärkungssäulen gegeben, für die zur Erzielung von 10 Kilo Methylalkohol in Form eines Produktes von $99\,\%$ Gehalt $10\,000 \div 250\,000$ W.E. im Kondensator niedergeschlagen werden. Ihre Berechnung fand in der nachstehend gezeigten Weise statt und die Tafel 19 ist mit ihrer Hilfe gezeichnet.

Beispiel: Den Kondensator verlassen 10 Kilo Methylalkohol als Dampf mit $99\,\%$ Methyl. Daher ist:

$$a_e = 10\ \text{kg},$$

$$w_e = 0{,}0999\ \text{kg};$$

das Verhältnis: $f_e = 0{,}0101.$

Das Verhältnis der Rücklaufs muß dann nach Tabelle 14 sein $f_K = 0{,}0303$ und daraus ergibt sich, wenn im Kondensator $C_K = 250\,000$ W.E. entzogen werden, der Rücklauf $a_K + w_K$:

$$a_K = \frac{250\,000}{255 + 0{,}0303\cdot 550} = 922{,}70\ \text{kg}$$

$$w_K = 922{,}7\cdot 0{,}0303 \qquad = 27{,}95\ \text{,,}$$

Vom obersten Boden der Säule muß Dampf aufsteigen, der neben dem Rücklauf noch den Produktdampf enthält. Daher besteht dieser Dampf aus dem obersten Boden aus:

$$a_c = a_K + a_e = 922{,}7 + 10 = 932{,}7 \text{ kg}$$
$$w_c = w_K + w_e = 27{,}95 + 0{,}101 = 28{,}05 \text{ kg}$$

Sein Verhältnis ist $\dfrac{w_c}{a_c} = f_c = 0{,}02996$ (d. i. $97{,}11\,^0/_0$). Dieser Dampf muß entstanden sein aus einer Flüssigkeit auf dem obersten Boden, deren Verhältnis nach Tabelle 14 ist: $f_C = 0{,}0925$.

Folglich besteht der Rücklauf vom obersten Boden aus:

$$a_R = \frac{250\,000}{255 + 0{,}0925 \cdot 550} = 818 \text{ kg}$$
$$w_R = 818 \cdot 0{,}0925 \qquad = 75{,}66 \text{ kg}$$

und so fort.

Wird in dieser Weise weiter gerechnet, so ergibt sich über dem 7. Boden ein Dampf von $2{,}61\,^0/_0$ und eine Flüssigkeit von $0{,}35\,^0/_0$. Aus Tabelle 15 ist bekannt, daß der mit der Rücklaufwärme $C_R = 250\,000$ W.E. zu erreichende kleinste Alkoholgehalt des aus der Blase entwickelten Dampfes nicht weniger als $2{,}6\,^0/_0$ betragen kann.

Die Tabelle 16 zeigt, daß, wenn eine geringere Rücklaufwärme C_K zur Verwendung kommt, der erreichbar kleinste Alkoholgehalt größer ist, und daß bei einem Aufwand von nur $C_K = 10\,000$ W.E. (für 10 Kilo Methyl) der Erzeugungsdampf nicht weniger als $39{,}5\,^0/_0$ haben darf. Sie lehrt auch, daß, anders als beim Äthylalkohol, hier die Wirkung der Säule sich schon mit sehr wenig Böden erschöpft, daß die Methyl-Wasser-Rektifikationssäulen deshalb nur wenige Böden erfordern; ferner daß die Menge der nötigen Rücklaufswärme C_R fast allein durch den Methylgehalt der Ursprungsflüssigkeit bestimmt wird, und daß diese für gleiche Leistung größer als beim Äthylalkohol ist. Der Methylalkoholgehalt des Blaseninhalts ist hier fast allein für den zur Gewinnung des Produktes in reinem Zustande erforderlichen Wärmeaufwand maßgebend. Die Oberfläche des Kondensators muß so groß sein, daß sie, unter Berücksichtigung der niedrigen Siedetemperatur des Methyls (66°), imstande ist, dem Dampf die Wärme C_K zu entziehen, wobei es, bekannten Prinzipien entsprechend, vorteilhafter ist, den Dampf durch den Kondensator von unten nach oben als von oben nach unten strömen zu lassen.

C. Kontinuierliche Destillierapparate (ununterbrochene Trennung).

Der Ausgangspunkt für die Berechnung der kontinuierlichen Destillierapparate ist der Eintrittsboden M der Flüssigkeit, und das zunächst

Festzustellende ist der Alkoholgehalt der auf diesem Boden siedenden Flüssigkeit. Wir wissen, daß ihr Alkoholgehalt im günstigsten Fall allein abhängt von der Wärmemenge, die der von unten, aus der Entgeistungssäule, steigende Dampf in ihr abgeben muß, um sie auf ihre Siedetemperatur t_m zu erwärmen. Diese Wärmemenge wird durch die Anzahl von Temperaturgraden bestimmt, die der Flüssigkeit bis zu ihrem Siedepunkt fehlen, und mit C_h bezeichnet. Sie ist nach früherem:

$$C_h = \frac{a_e \, (f - f_M) \, (\alpha + f_m \, \beta)}{f_M - f_m} \qquad (167)$$

worin bedeutet: f_M das Verhältnis der siedenden Flüssigkeit auf dem Boden M, f_m das ihres Dampfes. Gegeben ist immer die Zusammensetzung der zu verarbeitenden Flüssigkeit f und das darin enthaltene und zu gewinnende Gewicht Methylalkohol a. Auch die Temperatur t der kalten oder mehr oder weniger vorgewärmten Flüssigkeit t_v und ihre Siedetemperatur t_m auf dem Boden M sind bekannt oder können angenommen werden, woraus sich dann die zu ihrer Erwärmung auf den Siedepunkt erforderliche Wärme C_h leicht ergibt. Endlich ist auch die gegenseitige Beziehung zwischen f_M und f_m bestimmt, da dies ja, für den günstigsten Fall, die Verhältnisse der Flüssigkeit und des aus ihr entstehenden Dampfes sind. Mit diesen Angaben ausgerüstet, können durch einiges Probieren und mit Hilfe der Tabelle 14 (Tafel 12), in deren Spalte 6 schon die ausgerechneten Werte für den Faktor $\dfrac{\alpha + f_m \, \beta}{f_M - f_m}$ stehen, die richtigen Zahlen für f_M und f_m gefunden werden.

Beispiel: 100 Kilo einer Mischung mit $1\,\%$ Methylalkohol treten auf den Boden M, nachdem sie im Kondensator bis auf $t_v = 60^0$ vorgewärmt sind. Da die Mischung sich hier wenig verändert, so ist ihr Siedepunkt sehr nahe 100^0, folglich die ihr zuzuführende Wärme:

$$C_h = 100 \, (100 - 60) = 4000 \text{ W.E.}$$

weil die Flüssigkeit $1\,\%$ Methyl enthält, so ist nach Tabelle 14 : f = 99

$$C_h = \frac{10 \, (99 - f_M) \, (255 - f_m \cdot 550)}{f_M - f_m} = 4000 \text{ W.E.}$$

Einiges Probieren lehrt, daß die Gleichung für $f_M = 48$, $f_m = 5{,}70$ stimmt:

$$C_h = \frac{10 \, (90 - 48) \, (255 - 5{,}70 \cdot 550)}{45 - 5{,}7} = 4010 \text{ W.E.}$$

Der wirkliche Alkoholgehalt der Flüssigkeit auf dem Boden M ist also etwa $1{,}99\,\%$ und der des Dampfes etwa $14{,}90\,\%$.

Die Tabelle 17 und die Tafel 20 zeigen die Zusammensetzung von Flüssigkeit und Dampf auf dem Boden M für Ursprungslösungen mit

$0,5 \div 15\%$ Methylalkohol, wenn sie mit $0^0 \div 90^0$ C unter ihrem Siedepunkt auf diesen Boden gelangen, und gereichen zu einer nützlichen
Hilfe bei der Bestimmung der Hauptabmessungen solcher Apparate.

Um nun in dem Bemühen, die Abmessungen der kontinuierlichen
Apparate zu bestimmen, fortzufahren, erinnern wir uns der Gleichung 55:

$$C_e + C_R + C_h = \frac{a_e\,(f - f_e)\,(\alpha + f_m\,\beta)}{f_M - f_m} \qquad (168)$$

durch die der gesamte Wärmeaufwand des Apparates in Beziehung
gesetzt wird zu den Verhältnissen von Dampf und Flüssigkeit auf dem
Boden M und in der die Bezeichnungen f, f_e, f_M, f_m dieselbe Bedeutung
haben, wie in der Gleichung 167. Werden in diese die nun bekannten
Werte eingesetzt, so ergibt sich die für den Rücklauf in die Verstärkungssäule erforderliche Wärme C_K nach dem von der errechneten
Summe die bekannten Werte von C_e und C_h abgezogen sind. Dabei
ist aber zu beachten, daß durch diese Gleichung der Fall bestimmt wird,
in dem zur Erzielung des gewünschten Produktes aus gegebenem Roh-
material die theoretisch geringste Wärmemenge verbraucht wird. Die
Frage, was geschehen muß, wenn dieser theoretisch günstigste Zustand
nicht erreichbar ist, wird sogleich beantwortet werden. Zunächst
sollen nur einige Beispiele für die Gleichungen 167 und 168 ausgerechnet
werden.

Beispiel: Die 100 Kilo der rohen Methylalkohol-Wassermischungen,
aus denen ein Produkt von 99 % G. ($f_e = 0,0101$) hergestellt werden
soll, haben einen Alkoholgehalt von

	0,5%	1,5%	2%	7%	15%
dann ist der Wert von:					
$f =$	199	65,67	49	13,286	5,66
$f - f_e =$	198,99	65,66	48,99	13,276	5,65

Die latente Wärme des Produkts ist für je 1 Kilo Methylalkohol:
$255 + 0,0101 \cdot 550 = 260,55$ W.E.

| $C_e =$ | 133,28 | 390,82 | 521,1 | 1823,85 | 3908 W.E. |

Gelangt die rohe Flüssigkeit siedend auf den Boden M, so fehlen
ihr bis zum Sieden 0 W.E., d. h. $C_h = 0$. Die Flüssigkeit auf dem
Boden M bleibt dann unverändert der rohen gleich und der Dampf hat:

| | 3,8% | 11,1% | 14,8% | 36,3% | 57% |

Der Gesamtwärmeaufwand nach der Gleichung 168 ist dann:

| $C_e + C_R + 0 =$ | 8110 | 8110 | 8110 | 9828 | 11 597 W.E. |

Die Rücklaufwärme: $C_e + C_R + C_h - C_e - C_h = C_R$

| $C_R =$ | 7977 | 7720 | 7589 | 8004 | 7689 W.E. |

Für 100 Kilo Ablaufwasser nach Gleichung 160:

$C_a =$	8150	8230	8272	10 564	13 638 W.E.

Fehlen der Flüssigkeit ca. 10^0 zum Sieden: $C_h = 1000$ W.E.

Dampf aus M:	4,2	12,5	16,1	39,4	$58,6^0/_0$
$C_e + C_R + C_h =$	8130	8130	8420	10 227	12 225 W.E.
$C_K \quad =$	6997	6740	6200	7 404	7 317 ,,
$C_a \quad =$	8200	8560	8588	11 003	14 377 ,,

Fehlen der Flüssigkeit ca. 30^0 zum Sieden: $C_h = 3000$ W.E.

Dampf aus M:	6,65	15,5	18,8	45	$62^0/_0$
$C_e + C_R + C_h =$	8210	8130	9222	10 409	13 413 W.E.
$C_R \quad =$	4523	4991	5700	5 585	6 327 ,,
$C_a \quad =$	8300	8560	9404	11 189	15 127 ,,

Fehlen der Flüssigkeit ca 50⁰ zum Sieden: $C_h = 5000$ W.E.

Dampf aus M:	9,95	19,6	24	50,8	$65^0/_0$
$C_e + C_R + C_h =$	8300	9329	9604	11 627	14 708 W.E.
$C_R \quad =$	2970	3876	4094	4 800	5 800 ,,
$C_a \quad =$	8400	9469	9796	12 498	17 287 ,,

Fehlen der Flüssigkeit ca. 90^0 zum Sieden: $C_h = 9000$ W.E.

Dampf aus M:	$29^0/_0$	$39^0/_0$	46	60,5	$69,6^0/_0$
$C_e + C_R + C_h =$	9 930	10 920	10 976	14 091	17 775 W.E.
$C_R \quad =$	797	1 530	1 555	3 270	4 863 ,,
a $\quad = $	10 000	11 100	12 216	15 141	20 940 ,,

Um zu prüfen, ob die hier angegebenen Werte von C_R und C_a auch mit denen aus den Einzelbestimmungen berechneten übereinstimmen, mögen die folgenden Beispiele dienen:

Beispiel: Das Produkt $a_e + w_e$ soll wie oben $99^0/_0$ und 10 Kilo Methylalkohol enthalten ($f_e = 0,0101$). Der Dampf auf dem Boden M habe:

	$29^0/_0$	$46^0/_0$	$69,6^0/_0$
d. h.: $f_M = 18,2$		9,202	2,847
$f_m = 2,449$		1,174	0,439

Dann ist nach Gleichung (24) die Rücklaufwärme C_R:

$$C_R = 0,5 . (2,449 - 0,0101) . 653,9 = 797 \text{ W.E.}$$
$$C_R = 2,0 . (1,1711 - 0,0101) . 661,8 = 1555 \text{ ,}$$
$$C_R = 15,0 . (0,439 - 0,0101) . 755,7 = 4866 \text{ ,,}$$

was mit eben gefundenen Werten genau stimmt.

Die für die Entgeistung in der Maischesäule aufzuwendende Wärme C_a ist, wenn der Dampf aus dem Boden M den eben genannten Alkoholgehalt haben soll:

$$C_a = C_e + C_R + C_h = \frac{(99,5 - 0,015)\,(255 + 2,449 \cdot 550)}{18,20 - 2,449} = 9945 \text{ W.E.}$$

$$C_a = C_e + C_R + C_h = \frac{(98 - 0,0202)\,(255 + 1,174 \cdot 550)}{9,202 - 1,174} = 10\,976 \quad ,,$$

$$C_a = C_e + C_R + C_h = \frac{(85 - 0,1515)\,(255 + 0,439 \cdot 550)}{2,847 - 0,439} = 17\,734 \quad ,,$$

Auch hier ist die Übereinstimmung mit den früher für $C_e + C_R + C_h = C_a$ gefundenen Werten offenbar.

Diese Zusammenstellung zeigt nun in der Tat, daß die Gleichungen 167 und 168 zu solchen Werten sowohl für die Rücklaufwärme C_R aus dem Kondensator als auch für die Gesamtwärme $C_e + C_R + C_h$ in der Abtriebssäule führen, die theoretisch zusammengehören, d. h., daß die Gleichungen wirklich die kleinste Wärmemenge ergeben, die ausreicht, sowohl um in der Abtriebssäule das Wasser abzuscheiden und schwachen Alkoholdampf zu bilden, als auch in der Verstärkungssäule diesen Dampf in hochprozentiges Produkt zu verwandeln.

Unstimmigkeiten, die sich hier und da, besonders bei den alkoholschwachen Dämpfen bemerklich machen (bei denen es scheint, als ob die erforderliche Wärme kaum von ihrem Alkoholgehalt abhängt), rühren offenbar von Ungenauigkeiten der Tabelle 14 her, die bei der Schwierigkeit der experimentellen Herstellung gewiß kaum vermeidlich scheinen. Glücklicherweise sind diese Mängel praktisch nicht von großer Bedeutung.

Nachdem die für den Rücklauf dienliche Wärme C_R bestimmt ist, kann die Verstärkungssäule berechnet werden, genau ebenso, wie es bei der Besprechung des periodischen Rektifizierapparates gezeigt wurde. Die Rechnung muß so lange fortgesetzt werden, bis der für den Einlaufboden M gefundene Alkoholgehalt erscheint.

Eine Anzahl solcher Verstärkungssäulen ist in der Tabelle 16 zusammengestellt und ihre zeichnerische Darstellung auf der Tafel 19 bewirkt.

Die unter der Voraussetzung des geringsten theoretischen Wärmeaufwandes ausgeführten Berechnungen von Säulen haben gezeigt, daß die beabsichtigte Wirkung mit den gefundenen Abmessungen auch wirklich erreicht werden kann, allein es hat sich wohl auch gezeigt, daß bisweilen sowohl zur vollkommenen Entgeistung, als auch zur Hervorbringung eines Dampfes von erforderlichem Gehalt auf dem Boden M, endlich auch zur Gewinnung des beabsichtigten hochprozentigen Produktdampfes öfter eine größere Bodenzahl erforderlich wird, als praktisch erwünscht ist. Dann bietet sich für die praktische Ausführung das einfache Auskunftsmittel eines etwas größeren Wärmeaufwandes, der die Zahl der Böden verringert. Um bei der Wahl der Anzahl von Böden, die die Säulen erhalten sollen, und des dabei erforderlichen Wärmebedarfs dienlich zu sein, ist die Tabelle 18, (von unten beginnend) berechnet und mit ihrer Hilfe die Tafel 21 gezeichnet worden, aus denen hervorgeht, wie sich in Abtriebssäulen beim Aufwande von $C_a = 13\,000 \div 100\,000$ W.E. für je 100 Kilo Ablaufwasser der Alkoholgehalt des Dampfes auf jedem Boden dieser Säulen einstellt.

Beispiel: Es wird der Anfang der Berechnung einer Abtriebssäule gezeigt, bei der für 100 Kilo Ablaufwasser 25 000 W.E. aufgewendet werden, während dieses etwa $0{,}01\%$ Alkohol enthält.

Der Dampf aus dem Ablaufwasser hat dann $0{,}06\%$ und sein Verhältnis ist: $f_a = 1667$. Das Alkoholgewicht in diesem Dampf ergibt sich aus der Gleichung:

$$C_a = a_a\,(255 + 1667 . 550) = 25\,000 \text{ W.E.}$$
$$a_a = 0{,}02725 \text{ kg Methylalkohol.}$$
$$w_a = 1667 . 0{,}02725 = 45{,}426 \text{ Kilo Wasser.}$$

Der vom untersten Boden herabkommende Rücklauf enthält 100 Kilo Wasser mehr als dieses Dampfgewicht, daher:

$$a_R = 0{,}02725 \text{ kg}$$
$$w_R = 145{,}426 \text{ ,,}$$

Sein Verhältnis $\dfrac{w_R}{a_R} = f_R = 5333$ ist auch das der Flüssigkeit auf dem untersten Boden.

Aus diesem erhebt sich ein Dampf mit dem Verhältnis: $f_d = 888$, deshalb ist sein Gewicht:

$$C_d = a_d\,(255 + 888 . 550) = 25\,000 \text{ W.E.}$$
$$a_d = 0{,}05116 \text{ Kilo (d. i. } 0{,}08\%)$$
$$w = 45{,}430 \text{ Kilo.}$$

Der Rückfluß aus dem zweiten Boden von unten enthält 100 Kilo Wasser mehr, daher ist sein Gewicht:

$$a_R = 0{,}05116 \text{ kg}$$
$$w_R = 145{,}430 \text{ ,,}$$

Sein Verhältnis $\dfrac{w_R}{a_R} = f_R = 2840$

ist auch das der Flüssigkeit auf dem zweiten Boden von unten. Aus diesem erhebt sich ein Dampf mit dem Verhältnis: $f_d = 431$, daher ist sein Gewicht:

$$C_a = a_d \, (255 + 431 \, . \, 550) = 25\,000 \text{ W.E.}$$
$$a_d = 0,1054 \text{ Kilo}$$
$$w_d = 45,248 \text{ ,,}$$
$$\frac{w_d}{a_d} = f_d \; 1387 \quad (\text{d. i. } 0,26\,^0/_0) \qquad \text{usw.}$$

Die Tabellen 16 und 18 und die Tafeln 19 und 21 haben dazu gedient, die Tafel 22 zu zeichnen. Diese kann dazu verwendet werden,
den Alkoholgehalt auf jedem Boden solcher Säulen zu erfahren, bei
denen der Wärmeaufwand zwischen denen liegt, für die die Tabellen 16
und 18 berechnet wurden. Jede Kurve in der Tafel 22 gibt den Alkoholgehalt des Dampfes auf den gleich hoch numerierten Böden an für jede
Rücklaufwärme zwischen $C_R = 10\,000 \div 250\,000$ W.E. bezogen auf
1 Kilo Alkohol in der Verstärkungssäule, und für jede Gesamtwärme
zwischen $C_a = 1400 \div 100\,000$ bezogen auf 100 Kilo Rücklaufwasser
in der Abtriebssäule. Die Linien für die untersten Böden sind nicht
gezeichnet worden, weil der dort vorkommende geringe Alkoholgehalt
dies ausschließt.

Die Berechnung der gewünschten Werte für die kontinuierlichen
Destillierapparate, mit denen gegebene Gewichte $(a + w)$ bekannter
Flüssigkeitsmischungen von gegebenen Temperaturen (t) zu einem
Produkt von bestimmter Zusammensetzung $(a_e + w_e)$ verarbeitet
werden können, geht also in folgender Reihenfolge vor sich. Feststellung des Alkoholgehaltes auf dem Boden M aus Gleichung 167 mit
Hilfe der Tabelle 14 und der Tafel 20. Die Gleichung 168 liefert sodann
den geringst möglichen Gesamtwärmeverbrauch $C_a = C_e + C_h + C_K$.
Durch Subtraktion von C_e und C_h ergibt sich die Rücklaufwärme C_R.
Endlich wird C_R auf 10 Kilo Alkohol und C_a auf 100 Kilo Ablaufwasser
$(w - w_e)$ umgerechnet und dann kann aus den beigegebenen Tabellen
erkannt werden, ob diese geringsten Wärmemengen ausreichen, um,
unter Anwendung einer angemessenen Anzahl von Böden, sowohl in
der Abtriebssäule auf den erwarteten Alkoholgehalt des Dampfes auf
dem Boden M zu kommen, als auch von diesem Alkoholgehalt aus in
der Verstärkungssäule die gewünschte Konzentration des Produktdampfes zu erhalten. Ist dies für die untere oder obere Säule nicht
der Fall, so kann der Wärmeaufwand C_a so weit vergrößert werden, wie
es die erwünschte Anzahl der Böden fordert, wobei dann der der einen
Säule gewährte Wärmezuschlag natürlich auch der anderen zugute
kommt.

21. Aceton und Wasser. (Tabellen 21 ÷ 24. Tafeln 12. 23.)

A. Physikalische Eigenschaften.

Das spezifische Gewicht der reinen Acetonflüssigkeit ist $s = 0,7921$.

Die spezifische Wärme der Flüssigkeit beträgt nach Weidner, zwischen $26,2^0$ und 110^0: $\sigma = 0,3468$, zwischen $27,3^0$ und $179,3^0$: $\sigma = 0,3740$.

Die spezifische Wärme des Dampfes nach Regnault: $\sigma = 0,4125$.

Die Siedetemperatur bei normalem Druck ist: $= 56,7^0$ C.

Die Verdampfungswärme des Acetons wird $\alpha = 125,28$, des Wasser $\beta = 537$ angenommen.

Die Zusammensetzung des aus Aceton-Wasser-Lösungen entwickelten Dampfes ist von Herrn Hilding Bergström[1]). Stockholm, experimentell gefunden und veröffentlicht.

B. Kontinuierliche Destillierapparate.

Die eben zusammengestellten Angaben sind den folgenden Rechnungen zugrunde gelegt, mit Hilfe der beigegebenen Kurve, Tafel 12, vom Verfasser etwas verdichtet, in der Tabelle 21 zusammengetragen und in dieser die Originalzahlen fettgedruckt. In üblicher Weise enthält diese Tabelle auch die Verhältnisse $\dfrac{w}{a} = f$ und $\dfrac{w_d}{a_d} = f_d$, sowie die ausgerechneten Werte von $\dfrac{\alpha + f\beta}{f - f_d}$ und $\dfrac{a + f_d \beta}{f - f_d}$. Die Zahlen der Spalte 7 stellen, wie bekannt, den für 1 kg Ablaufwasser in der Abtriebssäule erforderlichen Wärmeaufwand C_a dar, wenn die zu entgeistende Flüssigkeit die in der gleichen Zeile angegebene Zusammensetzung hat. Werden diese Zahlen mit dem Gewicht des Ablaufwassers $(w - w_e)$ multipliziert, so geben sie den Wärmeverbrauch der Abtriebssäule für 100 Kilo Ursprungsmischung.

Die latente Wärme des erforderlichen Rücklaufs für die Verstärkungssäule liefert die bekannte Gleichung:

$$C_R = C_K = \frac{a_e (f_d - f_e) (\alpha + f_R \beta)}{f_R - f_d} \qquad (169)$$

deren Resultate durch Multiplikation der Spalte 6 der Tabelle 21 mit $f_d - f_e$ erhalten werden und die in der Tabelle 22 und Figur 23 zusammengetragen sind. Diese enthält außer den Angaben über die Rücklaufwärme in der Verstärkungssäule für 1 Kilo Aceton (als

---

[1]) Hilding Bergström, Aftryk ur Bihang til Jern-Kontorets Annaler för är 1912. Siehe auch Hector R. Carveth (Journ. Phys. Chem. 3, 193, 1899) und J. H. Petit (Journ. Phys. Chem. 3, 349, 1899).

95 und 99,75 %) auch die erforderliche Dampfwärme der Abtriebssäule
für 100 Kilo Ablaufwasser. Es mag auch hier auf die Schwankungen
der erforderlichen Rücklaufwärme in der Verstärkungssäule hin-
gewiesen werden, die sich bei der Herstellung sehr hochprozentigen
Acetons bemerklich machen. Sie sind, wie schon früher angegeben,
wahrscheinlich in den physikalischen Eigenschaften der Stoffe begründet. Für die Bestimmung der Apparateabmessungen kommt der
größte Wert für C_R, den die Tabelle 22 in dem Intervall zwischen dem
Gehalt der Ursprungsflüssigkeit und dem des Produktes angibt, in
Betracht.

Um die in den Verstärkungs- und Entgeistungssäulen unter
verschiedenen Umständen anzuordnende Zahl von Böden leicht über-
blicken zu können, sind die Tabellen 23 und 24 beigegeben worden,
deren Berechnung in bekannter Weise von Boden zu Boden erfolgt ist.
Sie zeigen, daß die Entgeistung (der Abtrieb) verhältnismäßig mehr
Wärme als die Verstärkung erfordert. Die Verwertung der Tabellen
für die Berechnung kontinuierlicher Destillierapparate zur Trennung
von Aceton und Wasser mögen die folgenden drei Beispiele zeigen.

Beispiel:

Das Gewicht der Aceton-Wasser- mischung ist . . . . . =	100	100	100 Kilo
Es enthält Aceton . . . . =	5 %	10 %	20 %
Sein Verhältnis $f =$	19,2	9,0	4,0
Das Produkt soll enthalten Aceton . . . . =	99,75 %	99,75 %	99,75 %
das ist: Aceton a_e . =	5	10	20　Kilo
Wasser w_e . =	0,01257	0,02515	0,0503　,,
Ablaufwasser $w - w_e$ . . =	94,4875	89,973	79,949　,,
100 Kilo der Mischung fehlen zum Sieden C_h . . . . =	3000	3000	3000 W.E.
Die Flüssigkeit auf dem Bo- den M enthält Aceton . =	15,75	21,5	31,4 %
Ihr Verhältnis $f_M =$	5,30	3,651	2,19
Der Dampf aus dem Boden M enthält Aceton . . . . =	84,7	88,29	91,2 %
Sein Verhältnis $f_m =$	0,18	0,133	0,0975
Verhältnis des Produktdampfes $f_e =$	0,002515	0,002525	0,002515

Wärme des Produktdampfes $C_e = a_e \,(125{,}28 + 0{,}002515 \cdot 537)$

$C_e =$	633	1266	2522 W.E.

Der Gesamtwärmeaufwand: $C_a = \dfrac{a_e \,(f - f_e)\,(\alpha + f_m \,\beta)}{f_M - f_m}$

$C_e + C_h + C_R = C_a =$	4120	5000	6714　,,

Folglich Rücklaufwärme

$$C_R = C_a - C_e - C_h = \qquad 487 \qquad 733 \qquad 1181 \text{ W.E.}$$

oder C_R für 10 Kilo Aceton

$$C_R = \qquad 974 \qquad 733 \qquad 591 \quad \text{,,}$$

Die Gesamtwärme f. 100 Kilo

Ablaufwasser $\qquad C_a = \qquad 4320 \qquad 5570 \qquad 8540 \quad \text{,,}$

Diese Resultate stimmen ganz wohl mit den Angaben der Tabellen 21 und 22 überein, allein für die wirkliche Ausführung ist doch zu berücksichtigen, was oben angedeutet wurde, nämlich, daß auf Grund der sehr konvexen Form der Dampfzusammensetzungskurve die Rücklaufswärme C_R größer angenommen werden muß, und zwar bis auf den größten Wert von C_R zwischen den Intervallen zwischen dem schwächeren Dampf von 84,70 resp. 89,97 resp. 91,2% und dem stärksten Dampf von 99,75%, das ist nach Tabelle 22 $C_R = 1330$ W.E. für 10 Kilo Aceton. Hieraus folgt der wirkliche kleinste Wärmeverbrauch für 100 Kilo der oben genannten ursprünglichen Mischungen

$$\begin{array}{rccc} C_e = & 633 & 1266 & 2502 \text{ W.E.} \\ C_h = & 3000 & 3000 & 3000 \quad \text{,,} \\ C_R = & 665 & 1332 & 2660 \quad \text{,,} \\ \hline & 4298 & 5596 & 8162 \text{ W.E.} \end{array}$$

Diese Zahlen bedeuten für 100 Kilo Ablaufwasser $(w - w_e)$ einen kleinsten Wärmeaufwand von:

$$C_a = \qquad 4547 \qquad 6217 \qquad 10\,203 \text{ W.E.}$$

Die Tabellen 23 und 24 geben einen Hinweis darauf, daß es wohl vorzuziehen ist, den Wärmeaufwand beim Betriebe etwas zu erhöhen, um Säulen von geringerer Bodenzahl, also geringerer Höhe verwenden zu können, als der berechnete kleinste Aufwand erfordern würde.

---

22. Aceton und Methylalkohol. (Tabellen 25 ÷ 28. Tafel 24.)

Die physikalischen Eigenschaften der beiden Flüssigkeiten sind bei den Aceton-Wasser- und Methylalkohol-Wasser-Mischungen angegeben. Über die Zusammensetzung des Dampfes aus Aceton-Methylalkohollösung sind zwei Veröffentlichungen bekannt geworden. Eine ältere von I. H. Petit[1]). Von diesem Forscher sind zunächst die Siedepunkte der flüssigen Mischungen bei 760 mm Barometer untersucht und wie folgt gefunden.

---

[1]) J. H. Petit (Journ. Phys. Chem. 3, 340, 1890).

Methyl-alkohol %/0 Gew.	Siede-temperatur °C	Methyl-alkohol %/0 Gew.	Siede-temperatur °C	Methyl-alkohol %/0 Gew.	Siede-temperatur °C
100	65,52	51,9	58,34	18,6	56,09
89,1	63,44	49,0	58,02	13,2	55,99
80,5	61,98	45,0	57,65	6,6	56,09
58,6	58,96	31,0	56,68	0,0	56,62
53,7	58,52	23,1	56,29		

Sodann wurden während der Abdestillation der Mischungen zu gleicher Zeit die sich ändernden Siedepunkte der siedenden flüssigen Mischung und die der daraus entwickelten verflüssigten Dämpfe bestimmt.

Siedepunkte		Siedepunkte		Siedepunkte	
der Lösung °C	des verflüssigten Dampfes daraus °C	der Lösung °C	des verflüssigten Dampfes daraus °C	der Lösung °C	des verflüssigten Dampfes daraus °C
56,67	56,40	56,54	56,08	61,67	59,29
56,48	56,30	56,94	56,15	62,47	60,17
56,28	56,14	57,04	56,27	62,89	60,63
56,22	56,10	57,46	56,45	63,33	61,31
56,17	56,08	58,52	56,91	63,77	61,83
56,02	55,98	58,77	57,07	64,46	62,93
56,16	55,93	59,17	57,47	64,76	63,43
56,30	55,95	59,77	57,71	64,97	63,77
56,40	55,95	60,77	58,47	65,42	64,49

Hieraus ist dann vom Verfasser das Diagramm Tafel 24, darstellend die den Temperaturen entsprechenden Methylalkoholgehalte, aufgezeichnet und aus diesem die in der Tabelle 25 aufgeschriebenen Werte der Spalten 2 und 4 abgegriffen. Aus diesen Daten scheint hervorzugehen, daß bei einem Acetongehalt der Lösung von etwa 12 bis 15%/0 die Siedetemperaturen (also auch die Zusammensetzung) von Flüssigkeit und Dampf die gleichen seien, daß deshalb die Trennung der beiden Stoffe durch wiederholte Verdampfung nur bis zu diesem Gehalt möglich ist.

Die Tabelle 26 gibt die für die Erzielung von je 1 Kilo Aceton in Produkten von 50—60—70%/0 Aceton in der Verstärkungssäule erforderliche Rücklaufwärme C_R an, während die ganze, in der Abtriebssäule für je 1 Kilo Methylalkohol im unteren Ablauf nötige Wärme C_a aus der Spalte 7 der Tabelle 25 entnommen werden kann.

In den Tabellen 27 und 28 finden sich die Resultate der auf bekannte

Weise berechneten Verstärkungs- und Abtriebs- (Entgeistungs-) Säulen zusammengestellt. Beide geben den Acetongehalt der Flüssigkeit und des Dampfes auf jedem Boden solcher Säulen an. Die erste für Produkte von 50—60—70 $^0/_0$ Aceton, wenn für je 10 Kilo Aceton $C_R = 8000 \div 48\,000$ W.E. im Rücklauf, die zweite, wenn für je 100 Kilo fast acetonfreien Methylalkohols $C_a = 10\,000 \div 50\,000$ W.E. aufgewendet werden. Beide Tabellen dienen für die Bestimmung der in jedem Fall erforderlichen Anzahl von Böden in herzustellendeu Apparaten.

Neuerdings hat Herr Hilding Bergström[1]), Stockholm, eine wohl durch direkte Beobachtung gefundene, also recht vertrauenswürdige Kurve des Acetongehaltes der Dämpfe aus Aceton-Methylalkoholflüssigkeiten veröffentlicht, die in der Tabelle 25 und Tafel 24, neben der von I. A. Petit angegebenen, aufgezeichnet ist. Sie zeigt den Acetongehalt der Dämpfe etwas geringer als die ältere an. Da der Unterschied zwischen beiden Kurven nicht sehr groß ist, so wird er auch nur eine geringe Veränderung im Verlauf der Trennungsarbeit, wie sie durch die gegebenen Tabellen vorgeführt wird, bewirken, die ohne Schwierigkeit durch Rechnung gefunden werden könnte.

---

23. Essigsäure und Wasser. (Tabellen 29 ÷ 31. Tafeln 12, 14.)

Das spezifische Gewicht der Essigsäure bei 20 ^{0} ist s = 1,0497.

Die spezifische Wärme der reinen flüssigen Essigsäure ist $\sigma = 0,5265$ (bei 18 ÷ 111 ^{0} wird auch $\sigma = 0,5357$ und zwischen 26 ÷ 96 ^{0} $\sigma = 0,522$ angegeben. Berthelot).

Die spezifische Wärme ihrer Lösungen nach Schmidt[2]).

Essigsäure $^0/_0$ Gew.	Spezifische Wärme	Essigsäure $^0/_0$ Gew.	Spezifische Wärme	Essigsäure $^0/_0$ Gew.	Spezifische Wärme
100	0,5265	60	0,7159	10	0,9527
90	0,5738	50	0,7632	1	0,999
85	0,5901	40	0,8106	0	1,000
80	0,6212	30	0,8579		
70	0,6685	20	0,9053		

Die spezifische Wärme ihres Dampfes ist $\sigma = 0,4008$.
Die Siedetemperatur ist 118,7 ÷ 119,2 ^{0} C.

[1]) Hilding Bergström (Aftryck ur Bihang till Jern-Kontorets Annaler för är 1913).
[2]) C. G. Schmidt (Zeitschr. f. phys. Chem. 7, 1891, S. 434. (Siehe auch E. Lieber (Wiener Berichte 76, I, 1877) und M. A. von Reis (Wiedemanns Ann. 13, 1881, S. 447).

Die Verdampfungswärme wird verschieden angenommen. Brown[1]) gibt an: = 97,05 W.E., Berthelot: 84,9 W.E.[2]). Nach Dorothea Marshal und W. Ramsay[3]) ist sie = 97 W.E. Für die Rechnungen ist hier die Verdampfungswärme des Wassers (hier des leichter siedenden) $\alpha = 529$ W.E., der Essigsäure $\beta = 75,5$ W.E. (vielleicht etwas zu klein) angenommen.

Die Dampfzusammensetzung aus Essigwassermischung ist bekannt aus Versuchen von Herrn Professor Blacher[4]), Riga, von Herrn Hilding Bergström[5]), Stockholm und Lord Rayleigh[6]), deren Resultate sehr gut übereinstimmen, wie aus der nach diesen Angaben vom Verfasser etwas verdichteten Tabelle 29 und der Tafel 12 erkennbar ist. Da die Dämpfe aus flüssigen Essigwasserlösungen mehr Wasser als die Lösungen enthalten, so ist in der Tabelle 29 und dem Diagramm der Wassergehalt (nicht der Essiggehalt) der Flüssigkeit und des Dampfes zusammengestellt. Die Spalten 6 und 7 dieser Tabelle 29 geben, wie es ja auch bei den entsprechenden früheren geschehen, noch zweckmäßige Teilausrechnungen wichtiger Faktoren.

Die Tabelle 30 und die Tafel 14 vermitteln, wie üblich, die Kenntnis der erforderlichen Wärmemengen, sowohl für den Rücklauf C_R in der Verstärkungssäule, um aus Flüssigkeiten mit $97 \div 0,5\%$ Wasser (d. h. mit $3 \div 99,5\%$ Essig) das Wasser als Dampf mit nur $0,1\%$ Essig aus der Säule oben entweichen zu lassen, als auch die erforderlichen Wärmeeinheiten C_a, um in der Abtriebssäule unten eine fast wasserfreie Essigsäure als Ablauf zu gewinnen, während auf den Einlaufboden M die Mischung mit $0,5 \div 97\%$ Wasser strömt. Der nötige Wärmeaufwand stellt sich gegenüber anderen Flüssigkeitsmischungen recht groß dar.

Endlich ist in der Tabelle 31 der prozentliche Wassergehalt der Flüssigkeiten und Dämpfe auf den Böden von fünf Verstärkungssäulen angegeben, deren jede 10 Kilo Wasser mit 0,1 Kilo Essig als Produkt liefert, mit dem Aufwande von $C_R = 20\,000 - 23\,000 - 40\,000 - 50\,000 - 150\,000$ W.E. Rücklauf aus Mischungen von $8,0 - 4,85 - 2,33 - 0,99 - 0,58\%$ Wasser (d. h. $92 - 95,15 - 97,67 - 99,01 - 99,42\%$ Essigsäure). Diese Tabelle lehrt, ebenso wie die Nr. 30,

---

[1]) J. G. Brown (Journ. chem. Society 83, 1903, S. 987) Troutons Regel $\frac{\mu \cdot L}{T} = 14,88$.

[2]) M. Berthelot und Ogier (Ann. Chem. Phys. (5) 30, 1883, S. 382, 400, 410).

[3]) Phil. Mag. 4,1 896. Siehe auch W. Longuinine (Ann. Chem. Phys. (7) 7. 231, 1896—13. 289, 1896. (7) 27, 195, 1902.) Auch: Archive de Genève 9. (5) 1900. Troutons Regenl $\frac{\mu \cdot L}{T} = 13,74$.

[4]) Privatmitteilung 1903.

[5]) Aftryk ur Bihang till Jern-Kontorets Annaler för är 1912.

[6]) Phil. Mag. 4, 1902, S. 521.

daß zur Trennung von Wasser und Essigsäure stets erhebliche Wärmemengen aufgewendet werden müssen. Weil es nicht üblich ist, diese
Trennung in ununterbrochen arbeitenden Apparaten zu bewirken,
sind hier Ausrechnungen für Abtriebssäulen nicht mitgeteilt, es unterliegt aber keinem Zweifel, daß diese, ebenso wie bei anderen Mischungen
Anwendung finden könnten.

24. Ameisensäure und Wasser. (Tabellen 32 ÷ 36. Tafeln 12, 23.)

1. Spezifisches Gewicht s = 1,2273.
2. Die spezifische Wärme der flüssigen Säure ist σ = 0,552 (Berthelot).
3. Der Siedepunkt der Ameisensäure bei 760 mm Barometerstand
   liegt bei 99,9° C (es wird auch 100,4° C angegeben).
4. Ihre Verdampfungswärme dabei ist = 103,7 W.E. (Berthelot).

In den ausgeführten Rechnungen ist für die Mischungen angenommen worden

für Wasser: α = 537 W.E.
für Ameisensäure: β = 103,7 W.E.

Der aus einer flüssigen Mischung von Ameisensäure und Wasser
entwickelte Dampf hat im allgemeinen einen höheren Wassergehalt
als diese. Die Trennung der beiden Komponenten muß daher, ebenso
wie bei der Essigsäure, so geschehen, daß das möglichst säurefreie
Wasser den Kondensator dampfförmig verläßt, während die Ameisensäure in der Blase zurückbleibt oder aus der Abtriebssäule unten möglichst vom Wasser befreit abfließt. Die Tabelle 32 und die dazu gehörige Linie der Tafel 12 über den Wassergehalt des aus der Mischung
von Ameisensäure und Wasser entstandenen Dampfes sind nach Angaben von Hilding Bergström[1]) hergestellt. Dabei wurde, weil es
nach der Art unserer Betrachtungen zweckmäßig ist, das Leichtsiedende
voranzustellen, die Bergströmsche Tabelle und die dazu gehörige
Linie vom Verfasser etwas verdichtet und so umgestaltet, daß beide
nun den Wassergehalt und nicht den Ameisensäuregehalt der Flüssigkeit und des zugehörigen Dampfes in den Mischungen angeben. In der
Tabelle 32 sind die Originaldaten (reziprok) fettgedruckt. Sie gibt,
wie üblich, auch die ausgerechneten Werte für:

$$f, \quad f_d, \quad \frac{\alpha + f\beta}{f - f_d} \text{ und } \frac{\alpha + f_d\beta}{f - f_d}$$

---

[1]) H. Bergström, Aftryk ur Bihang till Jern-Kontorets Annaler för
är 1912.

Aus den hier mitgeteilten Untersuchungen Bergströms geht
hervor, daß nur die flüssigen Mischungen mit 25% oder mehr Wasser,
Dämpfe mit noch höherem Wassergehalt bilden, daß dagegen die Zusammensetzung der Dämpfe aus flüssigen Mischungen mit weniger als
25% Wasser, der Zusammensetzung der Flüssigkeit gleich ist. Hier-
von ist die Folge, daß der höchste Gehalt an Ameisensäure in der
Rektifikationsblase oder in der aus kontinuierlichen Apparaten unten
ablaufenden Mischung 75% betragen kann. Die Abdestillation von
10 Kilo Wasser mit 0,4% Ameisensäure aus schwächeren Mischungen
erfordert, wie die Tabelle 33 lehrt, sehr viel Rücklaufwärme, wird daher
in allen Fällen kostspielig. Bemerkenswert ist auch der große und in
weiten Grenzen schwankende Wärmeverbrauch zum Abscheiden von
1 Kilo Ameisensäure in der Abtriebssäule, wie ihn die letzte Spalte 6
der Tabelle 32 angibt, und wie er für 100 Kilo Ameisensäure aus der
Tabelle 34 erkannt wird.

Die Tabellen 35 und 36 stellen in der üblichen Weise einige Ver-
stärkungs- und Abtriebssäulen dar. Die ersten mit Rücklaufwärmen
von $C_R = 5000 \div 200\,000$ W.E. für 10 Kilo Wasserabdampfung mit
0,04 Kilo Ameisensäure (0,4%), die letzteren mit Gesamtdampfwärme
von $C_a = 150\,000 \div 700\,000$ W.E. für 100 Kilo ablaufende Ameisensäure mit 33,3 Kilo Wasser (75%).

25. Ammoniak und Wasser. (Tabellen 37 ÷ 41. Tafeln 12, 23.)

A. Physikalische Eigenschaften.

Das spezifische Gewicht des Ammoniakgases (NH_3) ist
$s = 0,58957$ (auch 0,5894 wird angegeben).

Die spezifische Wärme des Gases bei konstantem Druck ist
nach Regnault: $\sigma = 0,5084$. Nach E. Wiedemann ist bei 0°
$\sigma = 0,5009$ bei 100°: $\sigma = 0,5317$.

Die spezifische Wärme des flüssigen Ammoniaks ist nach
Drewes:

°C	σ	°C	σ	°C	σ
0°	0,876	30°	1,218	60°	1,240
10°	1,140	40°	1,231	70°	1,233
20°	1,190	50°	1,239		

Die Dampfspannung nach L. Grätz (Winkelmanns Handbuch der Physik):

°C	mm	°C	mm	°C	mm
− 30	866,1	+ 10	4574	+ 50	15 158
− 20	1392,1	+ 20	6387,8	+ 60	19 482
− 10	2144	+ 30	8700	+ 70	24 670
0	3280	+ 40	11595	+ 80	30 840

Die Lösungswärme für 1 Kilo Ammoniak in viel Wasser ist nach Thomson[1] = 201 W.E. Die Kondensations- und Mischungswärme in viel Wasser ist nach Raoult[2] = 492 W.E.

Die Verdampfungswärme des reinen Ammoniak ist nach Regnault = 295 W.E. (andere geben zwischen 7° und 16° auch 291,3 bis 297,38 W.E. an). Die Verdampfungswärme der Ammoniakwassermischungen ist nach Perman[3] von 13° an = der Summe der beiden Einzel-Verdampfwärmen, weil die Komponenten im Dampfzustande gegeneinander indifferent sind. Sie ist nach Perman bei Mischungen von:

% Amm.	W.E.	% Amm.	W.E.	% Amm.	W.E.
10	560	17,5	537	25	515
12,5	552	20	530	27,5	508
15	545	22,5	523	30	501

Die Löslichkeit des Ammoniaks in Wasser folgt nach Bunsen (Gasometrische Methoden) dem Koeffizienten·

$$c = 1049 - 29,496\, t + 0,67687\, t^2 - 0,0095621\, t^3.$$

Tabellen darüber geben auch Sims[4] und Roscoe und Dittmar[5], auch Raoult. Zum Vergleich der verschiedenen Angaben kann folgende kleine Tabelle dienen:

Temperatur	0	4	8	12	16	20	24°
Bunsen	44,44	41,744	37,186	35,186	35,186	33,278	31,388%
Raoult	49,74	42,049	39,758	37,403	35,154	34,105	31,258%

[1] J. Thomson, Thermochemische Untersuchungen. Vol. 2, S. 68.
[2] F. M. Raoult, Annales de Chem. et Phys. 1874, S. 262.
[3] E. P. Perman, Journ. of chem. Soc. 1903, S. 1168.
[4] Sims, Annales de Chem. et de Pharm. Bd. 117, 1861, S. 348.
[5] Roscoe und Dittmar, Journ. of chem. Soc. J. XII. 147.

Über den Ammoniakgehalt des Dampfes, der sich aus Ammoniak-Wassermischungen verschiedener Zusammensetzung erhebt, finden sich, soweit bekannt, nur in einem von Lord Rayleigh[1]) herrührenden Diagramm, Figur 12, das vom Forscher selbst als nicht sehr genau angesehen wird, einige Angaben, die, aus Mangel an anderen Quellen, allein zur Herstellung der Tabelle 37 benutzt wurden.

Da die zur Destillation gelangenden Mischungen selten mehr als $4^0/_0$, deren Dämpfe deshalb selten mehr als $30^0/_0$ Ammoniak enthalten, so liegt die Siedetemperatur der zu verarbeitenden Flüssigkeit wohl auch meistens nahe an 100^0, und daher darf die Verdampfungsmenge des Wassers in der Mischung mit $\beta = 540$ W.E. angenommen werden. Beim Ammoniak können Zweifel über den Wert seiner Verdampfungswärme entstehen, weil diese bei den hier in Betracht kommenden Siedetemperaturen nicht bekannt ist, und ferner deshalb, weil die Lösungswärme die Umstände verwickelt. Diese ist natürlich aufzuwenden, wenn Ammoniak, wie es auf jedem Boden der Fall ist, aus Wasser entfernt werden soll. Allein auf jedem Boden wird auch Ammoniak in Wasser gelöst, also Wärme frei. Folglich kann bezüglich der Wärmebilanz auf jedem Boden nur das aus ihm mehr entwickelte als niedergeschlagene Ammoniak eine Rolle spielen, und da in der Abtriebssäule immer Flüssigkeiten mit nur geringem Ammoniakgehalt vorkommen, so kann in dieser die Lösungswärme des Ammoniaks kaum von erheblicher Bedeutung für den Destillationsprozeß sein. Aber auch in der Verstärkungssäule sind die Flüssigkeiten ziemlich schwachgradig und die Dämpfe, wenn auch ammoniakreicher, doch nur in begrenztem Maße voneinander verschieden. Im Hinblick auf den über zwei aufeinander folgende Böden stattfindenden Kreislauf des Rückflusses darf also wohl vorläufig angenommen werden, daß die Lösungswärme den Fortschritt der Verstärkung in der Säule nur wenig beeinflußt, daß sie aber den Gesamtwärmeaufwand um ihren ganzen Betrag erhöht. Die Verdampfungswärme des Ammoniaks wird hier konstant $\alpha = 295$ W.E. angenommen werden, wie sie für Temperaturen von 13^0 gilt. Es schien dies um so mehr erlaubt, als die auch mit $\alpha = 495$ ganz durchgeführte Rechnung aller Tabellen praktisch erhebliche Differenzen gegenüber den hier mitgeteilten nicht ergab.

B. Kontinuierliche Destillierapparate.

Für die Verstärkungssäule ist mit der Gleichung:

$$C_R = \frac{a_e \, (f_d - f_e) \, (\alpha + f_R \beta)}{f_R - f_d} \qquad (170)$$

der Wärmebedarf des Rücklaufs (C_R) zur Erzeugung von 1 Kilo Ammoniak, in Form eines Dampfes von $20-25-30^0/_0$ aus Flüssigkeiten von

---

[1]) Lord Rayleigh, Phil. Mag. (6) **4**, 1902, S. 521.

verschiedenster Zusammensetzung ausgerechnet und in der Tabelle 38 zusammengestellt. Diese zeigt die starke Zunahme des Wärmeverbrauchs mit abnehmendem Gasgehalt der Ursprungsflüssigkeit und zunehmender Hochgrädigkeit des Produktes.

Die in der Abtriebssäule für 100 Kilo Ablaufwasser nötige Wärme wurde durch die Gleichung:

$$C_u = \frac{100\,(\alpha + f_d\,\beta)}{f_R - f_d} \qquad (171)$$

gefunden und in die Spalte 6 dieser Tabelle 38 eingetragen. Bemerkenswert ist, daß diese Wärmemenge sich wenig verändert. Sie bleibt fast die gleiche, ob aus fast ammoniakfreiem Ablaufwasser auf dem obersten Boden M Dampf von 1% oder von 30% entstehen soll. 100 Kilo Ablaufwasser erfordern danach theoretisch etwa 7000 W.E.

Die Tabelle 39 soll die in der Verstärkungssäule für je 10 Kilo Ammoniak erforderliche Anzahl von Aufkochungen angeben, wenn zur Erzeugung von 20% und 30% Dampf $C_R = 3500 - 5000 - 10\,000 - 15\,000 - 20\,000 - 25\,000 - 50\,000$ W.E. aufgewendet werden. Sie zeigt, daß in allen diesen Fällen drei Böden genügen, die gewünschte Produktstärke zu erreichen, daß aber der kleinste Wert von $C_R = 3500$ W.E. nur anwendbar ist, wenn die Ursprungsflüssigkeit auf dem Boden M einen Gehalt von wenigstens $2,26\%$ Ammoniak aufweist, während die größte Rücklaufwärme ($C_R = 50\,000$ W.E.) gestattet, aus einer Flüssigkeit von $1,05\%$ das hochgrädige Produkt zu erzielen.

Die mit verschiedenem Wärmeaufwand von $C_a = 8000$ bis $10\,000$ W.E. für je 100 Kilo Rücklaufwasser berechnete Abtriebssäule (Tabelle 40) läßt erkennen, daß, wenn die Anzahl der erforderlichen Böden innerhalb brauchbarer Grenzen bleiben soll, die aufgewendete Wärme die theoretisch niedrigste Grenze erheblich überschreiten muß und daß die Abtriebssäulen der ununterbrochenen Ammoniak-Trennungsapparate niemals sehr niedrig sein dürfen.

Endlich sind noch in der Tabelle 41 die hauptsächlichsten Angaben für solche Apparate, die aus Flüssigkeiten von $1,5 - 2 - 2,5 - 3\%$ als Produkt Dämpfe von $20 - 25 - 30\%$ erzeugen sollen, vereinigt. Ihre Herstellung ist auf dem schon früher beschriebenen und deshalb wohlbekannten Wege erfolgt. Bei jeder Kombination sind die Werte für zwei verschiedene Eintrittstemperaturen des Ammoniakwassers berechnet, nämlich:

a) Wenn dies beim Eintritt schon die auf dem Boden M herrschende Temperatur besitzt, wenn also $t = t_m$ und $C_h = 0$ ist. Dann bleibt die Zusammensetzung der Flüssigkeit auf dem Boden M unverändert. f ist gleich f_M und mit Hilfe der Gleichung 170 wird C_R ohne weiteres gefunden.

b) Wenn die ursprüngliche Flüssigkeit nur so wenig vorgewärmt ist, daß sie auf dem Boden M durch die von unten kommenden und auf ihm niedergeschlagenen Dämpfe $a_h + w_h$ erheblich angereichert wird. Diese Anreicherung, wird angenommen, sei so bedeutend, daß die Flüssigkeit nun einen Dampf zu entwickeln vermag, der den Ammoniakgehalt des Produktes besitzt. Der Wert für C_h fand sich dazu aus der Gleichung 77, in welche die auf Grund der eben genannten Annahme bekannten Werte von f_M und f_m eingesetzt werden.

Die 7. und 8. Zeilen der Tabelle 4 geben jedesmal die Rücklaufwärme C_R für 10 Kilo Ammoniak und die Gesamtwärme C_a für 100 Kilo Ablaufwasser.

Aus den vorgeführten Zahlen wird erkannt, 1. daß der Gesamtwärmeverbrauch für 100 Kilo Ammoniakwasser fast aller betrachteter Fälle der gleiche ist und theoretisch etwa 7000 W.E. beträgt, 2. daß weder die Verdampfungswärme des Produktes C_e allein, noch auch die von Produkt und Rücklauf $C_e + C_R$ zusammen ausreichen, um die Rohflüssigkeit auf ihren Siedepunkt zu erhöhen.

------

26. Stickstoff und Sauerstoff (Luft) [1]. (Tabellen 42 ÷ 46. Tafeln 23, 25.)

Auch Mischungen verflüssigter Gase können ganz ebenso wie andere Flüssigkeiten durch wiederholte Verdampfung getrennt werden und auch die bei der allgemeinen Betrachtung über Destillation gewonnenen Anschauungen über die Erfordernisse und Wirkungen der diesen Zwecken dienenden Apparate bleiben in Geltung. Allein weil die Destillation dieser Stoffe bei sehr niedrigen Temperaturen, deren Herstellung und Erhaltung Mühe und Kosten verursacht, vor sich gehen muß, während die sonst kostspielige Wärmezuführung hier kostenlos geschieht, so treten doch bei der Destillation verflüssigter Gase andere sehr zu berücksichtigende Umstände in Wirkung. Wenn aus normaler Luft einer der beiden Bestandteile rein gewonnen werden soll, so geschieht dies stets durch ununterbrochen arbeitende Apparate, weil diese gegenüber periodischen Apparaten den Vorteil bieten, nur geringe Flüssigkeitsmengen zu enthalten, weil die Wärmeverwendung bei ihnen eine günstigere sein kann und weil die Verarbeitung der Nachprodukte fortfällt.

Im Nachstehenden werden nur die Hauptbestandteile der Luft, Sauerstoff (o) und Stickstoff (n) in Betrachtung gezogen, während die geringen Beimengungen anderer Gase unberücksichtigt bleiben

------

[1] Siehe auch Dr. H. Alt, Die Kälte, ihr Wesen, ihre Erzeugung und Verwertung.

Der Weg der folgenden Betrachtung führt durchaus parallel dem früher gewiesenen, und deshalb bedarf es wohl nur der Angabe einiger wesentlicher Merkmale, um ihn leicht zu verfolgen.

Hier seien einige physikalische Konstante der Luft und ihrer Bestandteile vermerkt:

Bezeichnung	Luft l	Sauerstoff o	Stickstoff n
Gehalt der Luft an Gas (Gewichtsprozent	100	23,1	76,9
Gehalt der Luft an Gas (Volumenprozent)	100	20,99	78,03
Atomgewicht	14,44	15,88	14,04
Spezifisches Gewicht des Gases . . .	1	1,1056	0,9713
„ „ der Flüssigkeit .	1	1,131	0,791
Spezifische Wärme des Gases bei konstantem Druck	0,2375	0,2175	0,2438
Spezifische Wärme des Gases bei konstantem Volumen	0,169	0,1548	0,1735
Spezifische Wärme der Flüssigkeit . .	—	0,347	0,430
Ein Kubikmeter Gas wiegt bei 0° und 760 mm Quecksilber, Kilo	1,293	1,429	1,2543
Absolute Siedetemperatur bei 760 mm	77—90°	90,2°	77,3°
Siedetemperatur unter 0° C	— 183 bis — 194	— 182,8°	— 195,7°
Absolute kritische Temperatur	133	154,2	127
Absoluter kritischer Druck mm Q. . .	39	50,8	72,9
Absolute Erstarrungstemperatur . . .	—	46	62,5
Druck dabei in mm Q.	—	0,9	94

Das Gewicht eines cbm und das Volumen von 1 Kilo der drei Gase bei den niedrigen hier in Betracht kommenden Temperaturen steht in der Tabelle 42. Wie diese Zusammenstellung lehrt, ist der Stickstoff der leichter siedende Körper, und deshalb ist er auch in den Formeln vorausgestellt. Eine Tabelle von Baly[1]) gibt die Siedetemperatur und den Sauerstoffgehalt des Dampfes, der sich aus Stickstoff-Sauerstoffmischungen verschiedener Zusammensetzung erhebt. Die Balysche für Sauerstoff geltende Tabelle ist vom Verfasser für Stickstoff umgerechnet und mit Hilfe eines Diagramms (Tafel 25) erweitert, wie es die Spalten 1, 2 und 4 der Tabelle 43, in der die Angaben Balys fettgedruckt sind, zeigen. Über die Verhältnisse f und f_d finden sich in den Spalten 3, 5, 6, 7 die üblichen Angaben.

---

[1]) Baly, Phil. Mag. XLIX, 1900, S. 517.

Die Verdampfungswärme des Stickstoffs α und des Sauerstoffs β ist für viele Temperaturen in der sorgfältigsten Weise von Dr. H. Alt[1]) untersucht worden. Seine Angaben sind für die Spalte 8 verwertet. Die Verdampfungswärme ihrer Gemische[2]) wurde nach der Gleichung $C_d = n\,\alpha + o \cdot \beta$ bestimmt, wobei der Wert von α schwankend zwischen 44,01 und 47,64 W.E. und β schwankend zwischen 50,7 und 53,51 W.E. angenommen sind, entsprechend der gemeinsamen Dampftemperatur. Die an sich geringen Verdampfungswärmen erleiden zwar innerhalb der kleinen Siedepunktsschwankungen, um die es sich hier handelt (77^0 bis 90^0 abs.) ($- 183$ bis $- 196^0$ C) keine sehr großen Änderungen, sie sind jedoch prinzipiell berücksichtigt, was bei den anderen früheren Flüssigkeitsmischungen meistens nicht geschehen konnte, weil bei jenen die erforderliche genaue Kenntnis der physikalischen Konstanten mangelte.

Die Spalten 6 und 7 sind, wie bekannt, die Resultate gewisser Formelteile, deren Beifügung zur Bequemlichkeit für weitere Berechnung geschah. Im ersten Teil der Tabelle 44 ist, wie es auch früher bei anderen Mischungen ausgeführt worden ist, nach der Gleichung:

$$C_R = \frac{n\,(f_m - f_e)\,(\alpha + f_e\,\beta)}{f_M - f_m} \qquad (172)$$

in den Spalten 3, 4, 5 die theoretisch erforderliche Rücklaufwärme (C_R) angegeben, um 10 Kilo Stickstoff in Form eines Gases mit 95%–98% –$99,5\%$ n-Gehalt aus Flüssigkeitsmischungen mit 10% bis 80% Stickstoff (90% bis 20% Sauerstoff) zu gewinnen. Es wird daraus erkannt, daß die größere oder geringere Reinheit des gewonnenen Stickstoffes, d. h. seine mehr oder weniger vollkommene Freiheit von Sauerstoff keinen großen Unterschied des Wärmeaufwandes bedingt. Die Zunahme des Wärmeverbrauchs findet aber regelmäßig und ohne Schwankungen mit der Verminderung des Stickstoffgehaltes in der Ursprungsflüssigkeit statt.

Der zweite Teil dieser Tabelle 44 zeigt die erforderliche Wärme, um Flüssigkeitsgemische von $1,9\%$ bis 83% Stickstoff in Abtriebssäulen von Sauerstoff fast zu befreien. Er gilt für 100 Kilo Sauerstoff, der mit $0,3\%$ Stickstoff behaftet, als Ablaufflüssigkeit den Apparat unten verläßt. Im Vergleich mit anderen Flüssigkeiten ist die für die Trennung der Luft erforderliche Wärme gering.

Die durch diese Tabellen gewonnene Kenntnis des theoretischen Wärmebedarfs für die Reindarstellung des Stickstoffes und die Absonderung des Sauerstoffes innerhalb bestimmter Grenzen veranlaßt nun dazu, auch hier nach der schon geläufigen Methode die in jedem Fall

---

[1]) Abhandlungen der Kgl. bayer. Akademie d. Wiss. II. Kl., XXII. Bd., III. Abt.

[2]) Hierüber verdanke ich Herrn Dr. H. Alt wertvolle Mitteilungen.

erforderliche Anzahl von Dampfumsetzung, d. h. die Anzahl der Aufkochungen oder Böden zu berechnen. Über die Erfolge der ausgeführten
Rechnung berichten die Tabellen 45 und 46. Tabelle 45 zeigt den Stickstoffgehalt in Prozenten der Flüssigkeit und des Dampfs auf jedem Boden
von 5 Verstärkungssäulen, wenn zur Erzeugung von 10 Kilo Stickstoff
mit $0,5\%$ Sauerstoff für den Rücklauf $C_R = 800$ bis 2500 W.E. aufgewendet werden. Im allgemeinen genügen 9 Böden, aber je nach der
aufgebrauchten Wärme darf die Ursprungsmischung nicht weniger als
10,25 bis $28,8\%$ Stickstoff enthalten.

Die Tabelle 46 läßt erkennen, daß in Abtriebssäulen mit $C_a = 25\,000$
bis 85 000 W.E. bei Anwendung von 10 Böden 100 Kilo Sauerstoff ver-
bunden mit $0,3\%$ Stickstoff abgeschieden werden können aus Mischungen,
die $76,69\%$ bis $92,19\%$ Stickstoff enthalten. Da die atmosphärische
Luft aus $23,1\%$ Sauerstoff und $76,9\%$ Stickstoff zusammengesetzt ist,
so genügen, um diese flüssige Mischung bei ihrer normalen Siedetemperatur vom Stickstoff zu befreien, unter Aufwand der genannten Wärme
für 100 Kilo Sauerstoff, theoretisch 4 bis 6 Böden. Die Berechnung
aller dieser Tabellen erfolgte nach dem früher erklärten Verfahren.

Soll das soeben Dargelegte dazu benutzt werden festzustellen,
welche Wärmezuführung oder Wärmeentziehung in einem kontinuierlichen
Destillierapparate stattfinden muß, um aus 100 Kilo atmosphärischer
Luft 76,83 Kilo Stickstoff + 0,38 Kilo Sauerstoff ($99,5\%$ Sauerstoff)
und 22,720 Kilo Sauerstoff, + 0,071 Kilo Stickstoff ($99,7\%$ Sauerstoff)
herzustellen, unter der Voraussetzung, daß flüssige Luft von normaler
Siedetemperatur zugeführt wird, so kann die bekannte Gleichung:

$$C_a = C_e + C_R + C_h = \frac{n\,(f - f_e)\,(\alpha + f_m\beta)}{f_M - f_m} \qquad (173$$

dazu dienen. In dieser ist $C_h = 0$, weil die flüssige Luft, wie angenommen
wird, siedend eintritt und folglich auf dem Eintrittsboden $f = f_M$ bleibt.

Dritter Teil.

Tabellen.

Tabelle 1 (Tafel 1).

Vergleich der von Dan. Tyrer gefundenen (T), mit der nach der
Dampfgemischen, deren Componenten

In der Flüssigkeit Gew. % Tetrachlorkohlenstoff Chloroform	Tetrachlorkohlenstoff im Dampf Gew. %	Latente Wärme T WE	Latente Wärme H WE	Siedetemperatur °C	Chloroform im Dampf Gew. %	Latente Wärme T WE	Latente Wärme H WE	Siedetemperatur °C
				Tetrachlorkohlenstoff und Äther				**Chloroform und Benzin**
100	100	46,85		77,73	100	59,29		61,52
90	67,8	61,60	59,60	64,65	96,1	61,83	60,59	64,30
80	47,2	68,47	65,64	55,77	90	64,50	62,79	67,00
70	34,6	73,00	72,75	50,80	83,0	67,15	64,26	69,50
60	25,4	76,75	76,39	47,25	75,0	70,13	68,04	71,75
50	18,5	79,85	79,09	44,25	65,0	73,40	71,55	73,80
40	12,7	82,15	81,41	41,65	53,0	77,15	75,76	75,58
30	8,0	84,05	83,25	39,40	40,6	81,25	80,10	77,12
20	4,28	85,50	84,70	37,60	27,2	85,55	84,82	78,40
10	1,72	86,30	85,74	36,15	13,6	90,00	89,55	79,58
0	0	86,44 [1])		34,75	0	94,35		80,65

In der Flüssigkeit Gew. % Tetrachlorkohlenstoff Äthylbrom.	Tetrachlorkohlenstoff im Dampf Gew. %	Latente Wärme T WE	Latente Wärme H WE	Siedetemperatur °C	Äthylbromid im Dampf Gew. %	Latente Wärme T WE	Latente Wärme H WE	Siedetemperatur °C
				Tetrachlorkohlenstoff und Äthylacetat				**Äthylbromid und Benzin**
100	100	47,20		75,92	100	59,85		38,38
90	90,2	51,20	50,97	74,83	97,6	60,85	60,70	49,90
80	80,4	55,22	54,72	74,29	94,6	61,85	61,74	56,72
70	70,4	59,20	59,00	74,10	91,0	63,0	62,98	61,76
60	60,4	63,25	63,14	74,10	86,4	64,6	64,34	65,86
50	51,1	67,35	66,86	74,35	80,4	66,7	66,63	69,10
40	41,2	71,35	71,02	74,72	72,0	69,9	69,52	71,75
30	31,2	75,45	75,08	75,12	61,4	74,1	73,18	74,13
20	21,1	79,60	79,28	75,58	46,8	79,80	78,21	76,30
10	10,7	83,70	83,56	76,05	26,6	86,60	85,17	78,33
0	0	87,97		76,50	0	94,35		80,25

[1]) Wird von anderen auch = 84,5 bis 91,11 angegeben.
Spezifische Wärme bei 20° C
Tetrachlorkohlenstoff = 0,62724   Chloroform = 0,67219
Äther   = 1,4015   Benzin   = 1,13815.

Tabelle 1 (Tafel 1).

Gleichung C = a α + bβ berechneten (H) Verdampfungswärme von auf einander nicht einwirken.

Benzin und Äthylalkohol					Chloroform und Methylalkohol			
In der Flüssigkeit	Benzin im Dampf	Latente Wärme T	Latente Wärme H	Siedetemperatur	Chloroform im Dampf	Latente Wärme T	Latente Wärme H	Siedetemperatur
Gew. %	Gew. %	WE	WE	°C	Gew. %	WE	WE	°C
100	100	94,45	94,43	79,75	100	59,32	59,32	61,37
90	76,4	101,0	105,05	69,54	88,7	80,0	79,72	53,65
80	71,4	111,6	115,56	68,20	84,2	104,0	100,1	53,66
70	68,7	124,5	126,11	67,76	81,5	125,2	120,54	54,52
60	66,0	137,4	136,67	67,97	78,0	143,4	140,95	55,94
50	62,4	150,6	147,22	68,41	72,3	161,6	161,36	57,52
40	58,2	163,9	157,78	69,00	64,0	180,2	181,76	59,07
30	52,4	176,7	168,33	70,26	54,1	200,6	201,1	60,68
20	44,0	188,3	178,60	71,86	41,7	221,0	222,5	62,38
10	31,4	195,8	189,44	74,40	25,2	242,3	242,99	64,05
0	0	200,3	200,3[1])	78,12	0	263,4[2])	263,4	64,86

Chloroform und Aceton					Tetrachlorkohlenstoff und Äthylalkohol			
In der Flüssigkeit	Chloroform im Dampf	Latente Wärme T	Latente Wärme H	Siedetemperatur	Tetrachlorkohlenstoff im Dampf	Latente Wärme T	Latente Wärme H	Siedetemperatur
Gew. %	Gew. %	WE	WE	°C	Gew. %	WE	WE	°C
100	100	59,34	59,32	61,25	100	46,85	46,85	75,92
90	94,7	72,3	65,77	63,02	87,1	67,1	60,17	64,30
80	81,5	78,1	72,23	63,84	83,2	82,5	77,48	63,88
70	65,9	83,7	78,69	63,41	81,5	97,7	92,79	64,42
60	52,3	90,2	85,14	62,19	79,4	112,5	108,11	65,32
50	39,8	96,8	91,60	61,03	76,8	127,2	123,42	66,64
40	29,4	103,1	98,06	59,91	72,0	141,7	138,74	68,35
30	20,3	108,9	104,57	58,83	64,7	157,0	154,05	70,25
20	12,35	114,1	110,97	57,79	54,6	171,5	169,37	72,44
10	5,30	119,1	117,43	57,00	40,0	186,0	184,68	74,82
0	0	123,88	123,88	55,97	0	200,3	200,3	77,91

[1]) Andrews = 202,4 — Wirtz = 205,1 — Brown 216,4.
[2]) Andrews = 263,7 — Wirtz = 267,5 — Brown 262,2.
Das Leichtersiedende ist ge sperrt.

Tabelle 2 (Tafel 12).

Äthylalkohol und Wasser.

Alkoholgehalt der flüssigen Alkoholwassermischungen und der aus ihnen entstehenden Dämpfe; Verhältnisse der Flüssigkeiten $\dfrac{w}{a} = f$ und der

Dämpfe $\dfrac{w_d}{a_d} = f_d$; Werte von $\dfrac{a + f\beta}{f - f_d}$ und $\dfrac{a + f_d\beta}{f - f_d}$.

Die eckigen Klammern [ ] geben die Alkoholgehalte nach M. Margules (Wiener Berichte), die runden Klammern ( ) nach Blacher, die doppelt geklammerten (( )) nach Lord Rayleigh (Phil. Mag.), die eckig geklammerten [ ] Temperaturen rühren von J. K. Haywood (J. Phys. Chem. 3. 317. 1899) her.

Die Prozentzahlen nach Sorel vom Verfasser verdichtet.

Siede-Temperatur °C	Alkohol in der Flüssigkeit Gew. %	$\dfrac{w}{a}=f$	Alkohol im Dampf (Sorell) Gew. %	$\dfrac{w_d}{a_d}=f_d$	$\dfrac{205+f.544}{f-f_d}$	$\dfrac{205+f_d.544}{f-f_d}$	Alkoholgehalt des Dampfes ((Rayleigh)) (Blacher) [Margules] Gew. %	Groening Gew. %
	94	0,0638	94,61	0,057	183792	179307	((99,234=99,239))	
	93,51	0,0688	94	0,0638	484002	47940	((95,55=95,45))	
	93	0,0752	93,41	0,0700	46000	45459		
	92,79	0,0809	93	0,0753	44954	44445		
	92,29	0,0833	92,50	0,0810	43674	43415	((92,41=92,84))	
	92	0,0869	92,37	0,0820	38602	38188		
	91,38	0,0944	92	0,0869	34171	33662		
	91	0,099	91,6	0,0921	21598	31110		
	90	0,111	91	0,099	22182	21582	(91,18) [91,4]	
	89	0,123	90,38	0,1064	16374	15886		
	88,32	0,132	90	0,111	13187	12619		
	88	0,136	89,76	0,114	12681	12135		
	87	0,149	89	0,123	11540	10880		
	86	0,160	88,27	0,132	10499	9885		
79,1 [78,4]	85,69	0,168	88	0,136	9251	8719		89,25
	85	0,176	87,65	0,141	8628	8048	(88,36)	
							((85,94=88,49))	
	84	0,190	87,06	0,148	7333	6798		88,7
	83,90	0,192	87	0,149	7197	6652		
	83	0,205	86,49	0,156	6460	5917	(87,30)	88,3
79,2	82,14	0,213	86	0,162	6295	5765	((82,21=86,22))	
79,3	82	0,219	85,70	0,167	6230	5672		88,1
79,4	81	0,234	85,37	0,171	5269	4629		
	80,13	0,245	85	0,176	4898	4376		87,8
	80	0,250	84,80	0,179	4815	4232	[85,8]	87,8
79,55	79	0,266	84,3	0,186	4375	3825		87,6
	78,49	0,273	84	0,191	4307	3758		

Siede-temperatur °C	Alkohol in der Flüssigkeit Gew. %	$w = \dfrac{f}{a}$	Alkohol im Dampf (Sorell) Gew. %	$w_d = \dfrac{f_d}{a_d}$	$\dfrac{205 + f \cdot 544}{f - f_d}$	$\dfrac{205 + f_d \cdot 544}{f - f_d}$	Alkoholgehalt des Dampfes ((Rayleigh)) (Blacher) [Margules] Gew. %	Groening Gew. %
	78	0,282	83,70	0,194	4067	3572		87,2
79,7	77	0,299	83,25	0,201	3749	3203	((77,39 = 84,14))	87,1
	76,70	0,306	83	0,205	3673	3138		
	76	0,316	82,59	0,211	3623	3073		87,0
79,75	75	0,333	82,08	0,218	3367	2815		
[79,2]	74,89	0,335	82	0,219	3345	2793	(83,32)	
	74	0,352	81,45	0,228	3193	2653		86,9
	73,19	0,366	81	0,234	3062	2517		
79,95	73	0,370	80,90	0,236	2929	2414		86,5
	72	0,389	80,38	0,244	2877	2330		86,2
80,1	71,20	0,398	80	0,250	2847	2312		
	71	0,409	79,9	0,257	2816	2235		85,9
80,2	70	0,429	79,36	0,259	2575	2040	[82,3]	85,8
80,3	69	0,449	79	0,266	2452	1961		85,7
80,4	68	0,472	78,42	0,275	2347	1801	(80,80)	85,6
	67,12	0,489	78	0,282	2284	1736		
	67	0,493	77,93	0,283	2261	1716		
80,5	66	0,515	77,45	0,291	2163	1619	((66,06 = 79,76))	85,1
	65,08	0,536	77	0,299	2096	1549		
80,6	65	0,538	76,98	0,300	2091	1546		
80,65	64	0,563	76,50	0,307	1998	1455	(79,40)	84,7
80,75	63	0,587	76,08	0,314	1914	1375		84,5
80,8	62,99	0,588	76	0,316	1905	1353		
[80,35]	62	0,613	75,60	0,323	1853	1306		84,3
80,95	61	0,639	75,1	0,331	1819	1280		84,1
81	60,84	0,643	75	0,333	1793	1229		
	60	0,666	74,61	0,340	1742	1223	[80]	83,9
81,1	59	0,695	74,19	0,348	1679	1135		83,7
	58,58	0,708	74	0,352	1658	1114		83,6
81,2	58	0,724	73,76	0,355	1623	1079	((78,59))	83,5
	57	0,754	73,76	0,363	1574	1029		83,3
81,3	56,12	0,783	73	0,370	1539	996		83,2
	56	0,785	72,85	0,372	1529	985		82,9
81,4	55	0,818	72,56	0,377	1474	930		82,75
[80,9]	54	0,851	72,13	0,386	1436	890		82,6
81,55	53,56	0,866	72	0,389	1420	876		82,5
81,6	53	0,887	71,78	0,393	1386	846	(76,41)	82,4
81,7	52	0,923	71,38	0,400	1352	812		82,3
[81,5]	51	0,961	71	0,408	1316	773		82,2
81,8	50,93	0,963	70,99	0,409	1300	745		

Siede-temperatur °C	Alkohol in der Flüssigkeit Gew. %	$w = \dfrac{f}{a}$	Alkohol im Dampf (Sorell) Gew. %	$wd = \dfrac{fd}{ad}$	$\dfrac{205 + f.544}{f - fd}$	$\dfrac{205 + fd.544}{f - fd}$	Alkoholgehalt des Dampfes ((Rayleigh)) (Blacher) [Margules] Gew. %	Groening Gew. %
81,9	50	1,00	70,63	0,416	1261	738	[78]	81,7
82	49	1,041	70,25	0,423	1248	704		81,4
	48,31	1,076	70	0,429	1224	679		
[81,8]	48	1,082	69,88	0,431	1220	672		
82,28	47	1,128	69,50	0,439	1198	633		80,9
	46	1,174	69,13	0,446	1163	613		
82,50	45,62	1,190	69	0,449	1150	606	((74,12))	
[82,1]	45	1,522	68,76	0,453	1130	586		80,3
82,6	44	1,273	68,38	0,462	1105	561		
82,65	43,05	1,323	68,1	0,472	1091	540,5		
82,75	43	1,326	68	0,475	1083	538		79,8
[82,35]	42	1,380	67,67	0,477	1051	511		
82,95	41	1,439	67,29	0,485	1039	480	(73)	79,4
83	40,71	1,455	67	0,489	1036	491,9		79
83,1	40	1,500	66,94	0,490	1021	471,5	[75,4]	78,8
83,3	39	1,564	66,61	0,500	992,6	448		78,7
83,4	38	1,630	66,36	0,505	970,7	443,8		78,3
[83]	37,07	1,664	66	0,515	967,9	422,9		
83,5	37	1,703	65,87	0,519	956,9	412,0		77,8
83,7	36	1,778	65,43	0,528	936,8	393,6		77,2
	35	1,857	65,04	0,537	921	376,1	(71,45)	77,0
83,9	34,71	1,880	65	0,538	916,1	371,5		
83,85	34	1,941	64,74	0,544	902	358,7		76,6
84,15	33	2,033	64,42	0,552	886	341,3		
84,3	32	2,124	64,12	0,559	869	325,3		
	31,16	2,195	64	0,563	857,5	313,2		75,2
[83,9]	31	2,225	63,79	0,567	855,6	307,8		
84,7	30	2,333	63,44	0,576	838,7	294,7	[71,1] (70,9)	
84,8	29	2,449	63,10	0,582	822,3	278,7		74,1
	28,69	2,486	63	0,587	818,9	275,6		73,8
85	28	2,570	62,72	0,593	813,4	266,2		73,3
85,2	27	2,704	62,30	0,600	796,1	252,4		73
	26	2,847	62,08	0,605	776,5	238,2		72,4
85,4	25,97	2,893	62	0,613	772,6	236,1	((25,86=68,03))	
85,7	25	3,0	61,75	0,619	771,5	227,6		71,6
[85,4]	24	3,167	61,44	0,627	759,0	215,2		
86,2	23	3,348	61,12	0,637	747,6	203,3	(65)	70,2
[85,9]	22,42	3,493	61	0,639	740,0	194,1		
86,4	22	3,542	60,80	0,645	735,5	191,7		69,2
86,7	21	3,762	60,54	0,653	725,1	180,3		

Siedetemperatur °C	Alkoholinder Flüssigkeit Gew. %	$w = \dfrac{f}{a}$	Alkohol im Dampf (Sorell) Gew. %	$w_d = \dfrac{f_d}{a_d}$	$\dfrac{205 + f \cdot 544}{f - f_d}$	$\dfrac{205 + f_d \cdot 544}{f - f_d}$	Alkoholgehalt des Dampfes ((Rayleigh)) (Blacher) [Margules] Gew. %	Groening Gew. %
87,00	20	4,0	60,14	0,663	714,3	170,1	[65]	67,7
87,05	19,91	4,024	60	0,666	713	169.2		
87,4	19	4,261	59,75	0,673	703,9	159,3		67,3
[87,3]	18,28	4,577	59,5	0,681	697,4	152,7		
87,7	18	4,550	59,3	0,686	694,1	149,6		66,0
87,9	17	4,882	58,82	0,700	683,8	140	(62)	64,4
88,25	16	5,250	58,39	0,712	673,4	130,2		62,7
88,55	15,57	5,425	58	0,724	672,2	127,6		63,3
	15	5,660	57,50	0,739	666	123,2	(59,5)	
89	14,4	5,910	57	0,754	663,5	119,3		61
	14	6,143	56,47	0,771	659,7	116,1		60,3
89,4	13,63	6,339	56	0,785	657,5	113,7		
89,7	13	6,692	55,17	0,812	649,6	110		59,1
	12,89	6,730	55	0,818	648,5	107,5		
90,18	12,32	7,176	54	0,851	646,3	105,5		58,3
	12	7,333	53,36	0,874	646	101	55,95	57,36
	11,83	7,466	53	0,887	645,5	100,5		
90,6	11,3	7,849	52	0,923	645,0	100		56,5
	11	8,104	51	0,961	644	100		
91,05	10,63	8,414	50	1,000	643,5	100		55,5
	10,17	8,850	49,35	1,031	643	99		
	10	9,0	48,61	1,057	642,5	98	[50,5]	53,6
91,5	9,66	9,340	48	1,082	642	97	((9,88=51,45))	53
	9,29	9,764	47	1,128	642	96,5		
	9	10,111	46,13	1,167	641,5	96,5		
92,1	8,95	10,183	46	1,174	641,5	96	(50,52)	51,45
	8,55	10,65	45	1,222	640	95,5		
	8,21	11,19	44	1,273	638	95		49,61
92,6	8	11,50	43,66	1,290	637	95		49,4
	7,88	11,70	43	1,326	635	93		
	7,66	12,07	42	1,380	633	91		
	7,47	12,47	41	1,439	631,2	88,8		
93,29	7,28	12,82	40	1,500	629	87		47,5
	7,0	13,28	39,54	1,528	628	86		46,28
	6,74	13,87	39	1,564	627	85		
93,8	6,3	14,89	38	1,630	626	84		44
	6	15,79	37	1,703	624	81	((6,01 = 39,79))	
94,4	5,76	16,56	36	1,778	622,5	79	(38,3)	42,5
	5,41	17,54	35	1,857	621	78		
	5,13	18,59	34	1,940	620	77		

Siede-Temperatur °C	Alkohol in der Flüssigkeit Gew. %	$\frac{w}{a} = f$	Alkohol im Dampf (Sorell) Gew. %	$\frac{wd}{ad} = fd$	$\frac{205 + f \cdot 544}{f - fd}$	$\frac{205 + fd \cdot 544}{f - fd}$	Alkoholgehalt des Dampfes ((Rayleigh)) (Blacher) [Margules] Gew. %	Groening Gew. %
	5,0	19,20	33,49	1,986	619	76		40,4
95,15	4,87	19,55	33	2,033	617	75	((3,98 = 31,59))	39,6
	4,54	21,02	32	2,105	615	71		
	4,348	22,43	31	2,226	613,1	68		
	4,19	23,67	30	2,333	611,3	67		
95,8	4,00	24	29,54	2,385	610	66		36,5
	3,71	25,05	29	2,449	610	65		
	3,50	26,70	28	2,571	609	64,5		
96,6	3,32	28,10	27	2,704	608	64		33,7
	3,09	29,66	26	2,847	607,5	63,5		
	3,03	31,84	25	3,01	607,5	63,5		
	3,00	32,33	24,8	3,032	607,5	63	(25,21)	32,12
	2,88	34,53	24	3,167	607	63		31,0
	2,79	35,83	23	3,348	606,5	62,5		
	2,60	38,14	22	3,542	605,5	62,5		
97,44	2,446	40,14	21	3,762	605	62,5		29
	2,31	42,99	20	4,00	605	62		
	2,19	46,19	19	4,266	604,5	61,5		
	2,07	47,31	18	4,55	604	61		
	2,00	49	17,5	4,71	603,5	60,5		
	1,91	53,39	17,0	4,882	600	60	(15,14)	
	1,79	56,39	16	5,25	602,5	59,5	((1,97 = 17,5))	
	1,67	59,73	15	5,66	602	59		23,6
	1,52	64,80	14	6,143	601,5	59		
98,2	1,50	65,70	13,8	6,246	601	58,5		21,87
	1,42	69,38	13	6,692	601	58,5		
	1,35	73,10	12	7,333	600	58,5		
	1,20	82,40	11	8,091	600	58		
	1,07	92,46	10	9,0	600	57,5		
	1,00	99	9,52	9,504	600	57,5		
	0,900	114	9	10,11	600	57		
99,0	0,840	123,7	8	11,50	600	57		11,0
	0,735	135	7	13,286	603	56		
	0,630	158	6	15,66	606,5	56		
	0,525	188	5	19,20	609,7	56		
	0,500	198,83	4,96	19,25	602,4	56		
	0,420	237	4	24,0	605,6	56		
	0,315	316	3	32,333	602,6	56		
	0,25	398,83	2,48	38,91	603,58	56		
	0,210	475	2	49	607	56		
	0,105	951	1	99	605,5	56		

Tabelle 3.
Verdampfungswärme, Flüssigkeitswärme und Gesamtwärme der Äthylalkohol-Wasser-Mischungen.

Die Mischung enthält		Siede-temperatur	Verdampfungswärme			Flüssigkeitswärme von 0°C bis zum Siedepunkt			von 12°C	Gesamtwärme der Mischung bis 12°C
Alkohol	Wasser		des Alkohols	des Wassers	der Mischung	des Alkohls	des Wassers	der Mischg.	des Alkohls	
Gew.%	Gew.%	°C	Kal.	Kal.	Kal.	Kal.	Kal.	Kal.	Kal.	Kal.
100	0	78	214,5	552	214,5	50,32	78	50,32	44,73	259,2
95	5	78,33	214,3	551,6	231,1	50,6	78,33	51,98	45,02	276,1
90	10	78,66	214	551,3	247,7	50,88	78,66	53,65	46,42	294,1
85	15	79	213,8	551	264,4	51,36	79	55,55	48,06	312,4
80	20	79,5	213,4	550,9	280,7	51,73	79,5	57,28	49,52	330,2
75	25	79,8	213,1	550,7	297,5	51,96	79,8	58,91	50,59	348,10
70	30	80,1	213	550,6	314,3	52	80,1	59,43	51,14	365,4
65	35	80,6	212,6	550,3	330,8	52,51	80,6	62,04	53,49	384,3
60	40	81	212,3	550	347,4	52,89	81	64,12	58,30	402,7
55	45	81,4	212	549,5	363,8	53,19	81,4	65,78	56,70	420,5
50	50	81,9	211,6	549,1	380,3	53,59	81,9	67,49	53,14	438,4
45	55	82,5	211,3	548,9	396,9	54,91	82,5	69,65	60,03	456,9
40	60	83	210,9	548,5	413,5	54,37	83	71,54	61,96	475,4
35	65	83,8	210,3	547,8	429,6	55,06	83,8	73,74	63,60	493,2
30	70	84,7	209,7	547,5	446,1	55,58	84,7	75,96	65,55	511,6
25	75	85,6	209,1	546,6	462,2	56,20	85,6	78,25	67,58	529,8
20	80	87	208,1	545,7	478,1	57,83	87	81,16	70,22	548,3
15	85	88,5	207,1	544,9	494,1	59,00	88,5	84,07	72,87	566,9
10	90	91,3	205,1	542,6	508,8	60.90	91,3	88,26	76,83	585,6
5	95	95,1	201,1	540	523,1	63,90	95,1	93,53	81,81	604,9
0	100	100	199,1	537	537	68,18	100	100	88,00	625,0

Spezifische Wärme der Maische mit 3% Trockengehalt.

Alkoholgehalt	4	5	6	7	8	9	10	11	12 %
Spezifische Wärme	0,967	0,964	0,960	0,957	0,954	0,951	0,948	0 945	0,941

ohne Trockengehalt

Alkoholgehalt	1,5	3
Spezifische Wärme	1,00	0,99

Spezifische Wärme des Wassers . . . = 1
„ „ des Alkohols . . . = 0,68
„ „ der Trockensubstanz = 0,333

9*

Tabelle 4 (Tafel 14).

Äthylalkohol und Wasser.

In Verstärkungssäulen erforderliche Rücklaufwärme C_R um 1 Kilo Alkohol als Spiritus von 85,76—92,37—94,61 % G (90—95—96,5 % V) zu gewinnen aus Wassermischungen mit 92,79—0,059 % V Alkohol.

Ursprünglicher Alkoholgehalt		Es soll gewonnen werden 1 Kilo Alkohol als Spiritus von			Ursprünglicher Alkoholgehalt		Es soll gewonnen werden 1 Kilo Alkohol als Spiritus von		
der Flüssigkeit	des Dampfes	85,76% (90) C_R	92,37% (95) C_R	94,61% (96,5) C_R	der Flüssigkeit	des Dampfes	85,76% (90) C_R	92,37% (95) C_R	94,61% (96,5) C_R
% G	% G	WE	WE	WE	% G	% G	WE	WE	WE
92,79	93	—	—	819	8,95	46	641	701	717
92,29	92,5	—	—	1048	8,21	44	701	759	775
91,38	92	—	170	1022	7,66	42	765	816	837
88,32	90	—	382	870	7,28	40	836	892	907
85,69	88	—	499	731	6,30	38	913	969	977
82,14	86	—	504	661	5,76	36	1003	1058	1070
78,49	84	103	469	577	5,13	34	1091	1152	1167
74,89	82	140	458	542	4,54	32	1190	1245	1259
71,2	80	236	458	530	4,19	30	1320	1375	1400
67,12	78	262	457	514	3,50	28	1460	1515	1531
62,99	76	284	457	494	3,09	26	1626	1680	1695
58,58	74	307	448	489	2,88	24	1821	1870	1888
53,56	72	315	435	457	2,60	22	2038	2094	2108
48,31	70	322	425	455	2,31	20	2320	2374	2380
43,00	68	327	425	452	2,07	18	2646	2698	2690
37,07	66	337	418	443	1,79	16	3064	3118	3116
31,16	64	337	413	434	1,52	14	3598	3646	3635
25,97	62	335	410	430	1,35	12	4298	4350	4364
19,91	60	346	416	435	1,07	10	5329	5350	5365
15,57	58	374	432	448	0,84	8	6799	6850	6865
13,63	56	407	462	478	0,63	6	9370	9412	9450
12,37	54	442	497	512	0,42	4	14420	14482	14490
11,30	52	488	543	559	0,21	2	29620	29686	29690
10,63	50	536	591	607	0,105	1	59800	59930	59950
9,66	48	587	642	658	0,052	0,5	119900	120000	120000

Tabelle 5a (Tafel 18).

Äthylalkohol und Wasser.

Verstärkungssäulen.

Alkoholgehalt der Flüssigkeit und des Dampfes auf jedem Boden der Verstärkungssäulen zur Gewinnung von Dampf mit **85,76** % **G** (**90** % **Vol.**) Alkohol beim Aufwand von $C_R = 5000 \div 25000$ WE Rücklaufwärme für je 10 Kilo Alkohol.

Nummern der Böden von oben beginnend	Rücklaufwärme C_R für 10 Kilo Alkohol							
	5000 WE		6000 WE		7000 WE		8000 WE	
	Fl %	D %	Fl %	D %	Fl %	D %	Fl %	D %
	82	85,76	82,0	85,76	82	85,76	82	85,76
1	77,1	83,4	77,1	83,30	77,1	83,20	77,06	83,15
2	73,0	80,7	72,9	80,70	71,01	79,85	71,0	79,5
3	67,5	78,2	66,1	77,65	62,0	75,66	60,0	74,59
4	61,39	75,2	57,7	73,60	50,7	71,00	46,4	69,5
5	55,18	72,2	45,34	68,90	41,35	67,42	21,33	60,6
6	45,60	69,10	28,12	62,70	17,94	59,29	10,85	50,5
7	33,70	64,70	12,97	55,01	9,89	48,25	7,68	42,7
8	18,80	59,78	10,09	48,87	8,5	44,85	—	—
9	12,50	54,25	—	—	—	—	—	—
10	11,3	51,90	—	—	—	—	—	—

Nummern der Böden von oben beginnend	Rücklaufwärme C_R für 10 Kilo Alkohol							
	9000 WE		11000 WE		15000 WE		25000 WE	
	Fl %	D %	Fl %	D %	Fl %	D %	Fl %	D %
	82	85,76	82	85,76	82	85,76	82	85,76
1	76,6	83,0	76,5	83,0	76,1	82,8	63	76,2
2	69,2	79,0	68,5	78,7	67,2	78,0	56,3	71,7
3	58,6	74,0	55,5	72,7	50,6	70,9	43,1	65,8
4	40,7	67,2	31,0	64,0	19,0	59,6	10,63	50,0
5	14,0	56,3	10,0	48,8	6,15	37,2	3,125	25 0
6	7,66	42,0	5,85	36,38	3,71	28,98	2,25	19,47
7	6,3	37,87	5,06	33,8	3,20	27,85	2,20	19,08

Tabelle 5 b (Tafel 18).

Äthylalkohol und Wasser.

Verstärkungssäulen.

Alkoholgehalt der Flüssigkeit und des Dampfes auf jedem Boden der Verstärkungssäule zur Gewinnung von Dampf mit 92,46 % G (95 % V) Alkohol beim Aufwand von $C_R = 9000 \div 60000$ WE Rücklaufwärme für je 10 Kilo Alkohol.

Nummern der Böden von oben beginnend	Rücklaufwärme C_R für 10 Kilo Alkohol												
	9000 WE		10000 WE		11000 WE		13000 WE		20000 WE		40000 WE		60000 WE	
	Fl %	D %	Fl %	D %	Fl %	D %	El %	D %	Fl %	D %	Fl %	D %	Fl %	D %
	92	92,46	92	92,46	92	92,46	92	92,46	92	92,46	92	92,46	92	92,41
1	92,18	92,4	91,70	92,15	92,17	92,4	92,16	92,35	91,65	92,13	91,53	92,1	91,0	91,7
2	91,5	92,1	91,30	91,90	91,6	92,1	91,5	92,1	91,1	91,8	90,5	91,2	90,25	91,15
3	91,3	92,0	91,1	91,50	91,2	91,8	91,0	91,7	91,0	91,6	89,5	90,7	89,0	90,4
4	91,0	91,7	90,66	91,40	90,9	91,4	90,7	91,0	90,12	91,1	88,2	89,82	87,5	89,39
5	90,9	91,3	90,50	91,30	90,0	91,1	90,0	90,9	89,85	90,9	86,18	88,4	84,8	87,5
6	90,0	91,0	89,66	90,80	89,7	90,9	89,4	90,4	88,66	90,12	83,8	86,95	80,33	85,1
7	89,3	90,8	88,60	90,10	88,0	90,8	87,8	89,9	87,65	89,5	78,8	84,2	72,8	80,8
8	88,5	90,1	87,67	89,50	87,7	89,5	86,7	88,7	86,0	88,21	71,0	79,9	58,2	73,9
9	87,8	89,6	86,80	88,87	86,9	88,7	85,4	87,9	83,8	86,93	55,0	72,5	21,0	60,5
10	86,9	88,8	85,30	87,80	85,8	88,0	83,2	86,8	80,0	84,8	16,5	58,5	3,25	26,7
11	86,2	88,2	84,10	87,10	84,0	87,0	80,0	84,9	74,2	81,68	3,04	25,25	1,21	11,1
12	84,8	87,7	80,90	85,27	81,9	85,9	75,5	82,3	65,0	76,9	1,56	14,27	0,966	9,35
13	83,0	86,8	77,80	83,50	78,9	82,0	68,9	78,9	46,4	67,27	1,49	13,57	—	—
14	82,1	85,7	73,60	81,24	74,6	81,8	58,2	73,9	12,5	54,4	1,42	13,05	—	—
15	79,9	84,6	68,30	78,67	68,3	78,5	37,59	66,5	4,0	29,6	—	—	—	—
16	76,9	83,2	59,50	74,42	58,8	74,0	11,2	51,8	2,85	23,71	—	—	—	—
17	73,0	81,0	46,00	69,15	41,1	67,5	5,55	35,3	2,80	23,54	—	—	—	—
18	67,5	78,1	19,91	59,95	13,3	55,7	4,47	31,5	—	—	—	—	—	—
19	59,2	74,2	8,33	44,58	6,86	39,25	4,4	31,4	—	—	—	—	—	—
20	45,0	68,9	6,15	37,66	5,5	35,2	—	—	—	—	—	—	—	—
21	20,49	60,23	6,0	36,99	—	—	—	—	—	—	—	—	—	—
22	9,17	44,64	—	—	—	—	—	—	—	—	—	—	—	—
23	7,47	40,98	—	—	—	—	—	—	—	—	—	—	—	—
24	7,33	40,2	—	—	—	—	—	—	—	—	—	—	—	—

Tabelle 5c.

$a_e = 10$
$w_e = 0,565$

Äthylalkohol und Wasser.

Alkoholgehalt der Flüssigkeit (Fl) und des Dampfes (D) auf jedem Boden der Verstärkungssäulen zur Gewinnung von Dampf mit **94,61 % G (96,5 % Vol.)** Alkohol beim Aufwand von $C_R = 9000$ bis 30000 WE Rücklaufwärme für je 10 Kilo Alkohol.

Nr.d.Böden von ob. beg.	9000 WE		10000 WE		12000 WE		16000 WE		20000 WE		25000 WE		30000 WE	
	Fl %	D %	Fl %	D %	Fl %	D %	Fl %	D %	Fl %	D %	Fl %	D %	Fl %	D %
	94,35	94,61	94,35	94,61	94,35	94,61	93,77	94,61	93,77	94,61	93,77	94,61	93,77	94,61
1	93,85	94,32	94,00	94,35	94,11	94,41	93,75	94,00	93,75	94,00	93,75	94,00	93,75	94,00
2	93,85	94,30	93,80	94,27	93,75	94,26	93,56	93,90	93,47	93,82	93,44	93,80	93,52	93,77
3	93,25	93,98	93,29	93,90	93,28	93,80	93,33	93,70	93,31	93,68	93,29	93,66	93,27	93,62
4	93,25	93,90	93,20	93,80	93,10	93,80	93,28	93,63	93,18	93,53	93,13	93,48	92,24	92,74
5	93,40	93,50	93,40	93,70	93,13	93,50	93,41	93,54	93,10	93,41	92,60	93,40	92,00	92,52
6	93,20	93,60	93,13	93,50	92,85	93,30	93,15	93,49	92,92	93,27	92,25	92,79	91,00	91,58
7	93,00	93,40	92,80	93,30	92,65	93,10	92,90	93,35	92,66	93,14	91,96	92,54	90,80	94,46
8	92,80	93,34	92,70	93,24	92,40	92,85	92,73	93,16	92,50	92,74	91,61	92,22	90,20	91,10
9	92,78	93,20	92,63	93,10	92,30	92,80	92,45	92,97	92,16	92,70	91,35	92,00	89,75	90,65
10	92,65	93,10	92,40	92,90	92,10	92,56	92,25	92,75	92,00	92,50	91,10	91,80	88,50	90,19
11	92,50	93,00	92,40	92,90	91,80	92,40	92,08	92,64	91,49	92,45	90,47	91,44	87,10	89,10
12	92,40	92,90	92,30	92,80	91,75	92,30	91,43	92,45	91,15	91,85	90,10	91,00	85,00	87,73
13	92,30	92,80	92,15	92,70	91,65	92,20	91,35	92,00	90,71	91,56	89,20	90,52	81,90	85,85
14	92,15	92,60	92,00	92,56	91,38	92,09	91,24	91,91	90,32	91,17	87,88	89,74	77,00	83,07
15	91,80	92,40	91,60	92,38	91,30	92,00	91,00	91,74	89,80	90,90	86,70	88,66	68,00	78,62
16	91,50	92,30	91,40	92,10	91,04	91,80	90,54	91,65	89,42	90,51	85,26	87,52	50,18	70,70
17	91,40	92,27	91,30	92,00	90,85	91,62	90,20	91,06	88,32	90,00	83,99	86,32	13,00	55,30
18	91,30	92,18	91,20	91,90	90,70	91,50	89,81	90,90	87,10	89,10	80,27	85,03	3,20	25,20
19	91,20	92,00	91,00	91,80	90,56	91,40	89,41	90,50	85,70	88,07	74,35	81,70	1,99	17,72
20	91,10	91,80	90,84	91,60	90,35	91,00	88,32	90,00	84,00	86,80	64,00	76,64	—	—
21	91,00	91,73	90,65	91,50	90,00	90,83	87,20	89,20	81,00	85,20	42,00	67,75	—	—
22	89,90	91,70	89,35	91,20	89,00	90,30	86,20	88,40	76,40	82,80	10,51	49,70	—	—
23	89,30	91,18	89,70	90,80	87,91	89,70	85,20	87,40	69,00	78,80	3,20	25,40	—	—
24	89,00	90,89	89,60	90,70	87,00	89,06	83,20	86,60	55,18	72,60	2,20	19,60	—	—
25	88,80	90,43	88,60	90,00	86,20	88,40	80,15	84,90	24,08	61,50	—	—	—	—
26	88,60	90,40	88,30	90,01	85,10	87,70	77,50	83,40	6,42	38 30	—	—	—	—
27	88,50	90,36	87,70	89,53	83,91	86,93	71,80	80,20	3,35	27,20	—	—	—	—
28	88,40	90,10	87,50	89,30	81,90	85,75	62,45	75,70	—	—	—	—	—	—
29	88,32	89,99	86,80	88,91	76,17	82,67	43,75	68,30	—	—	—	—	—	—
30	88,20	89,84	86,40	88,70	70,02	79,64	12,57	54,40	—	—	—	—	—	—
31	87,50	89,40	86,10	88,32	63,85	75,92	4,09	33,02	—	—	—	—	—	—
32	87,40	89,35	85,00	87,76	49,20	70,37	—	—	—	—	—	—	—	—
33	85,00	87,75	84,00	87,03	21,72	60,74	—	—	—	—	—	—	—	—
34	84,50	87,40	82,25	86,07	8,01	42,72	—	—	—	—	—	—	—	—
35	84,10	87,10	80,47	85,08	5,46	35,10	—	—	—	—	—	—	—	—
36	83,21	86,70	78,14	83,76	5,00	33,70	—	—	—	—	—	—	—	—
37	82,40	85,91	74,70	81,90	4,98	33,41	—	—	—	—	—	—	—	—
38	80,87	85,30	70,41	79,60	—	—	—	—	—	—	—	—	—	—
39	78,55	84,00	63,61	76,30	—	—	—	—	—	—	—	—	—	—
40	74,34	81,70	52,76	71,70	—	—	—	—	—	—	—	—	—	—
41	71,15	79,95	32,93	64,40	—	—	—	—	—	—	—	—	—	—
42	65,91	77,40	11,60	52,45	—	—	—	—	—	—	—	—	—	—
43	57,85	73,63	7,38	40,50	—	—	—	—	—	—	—	—	—	—
44	45,34	68,80	6,42	38,30	—	—	—	—	—	—	—	—	—	—
45	23,84	61,32	6,20	37,70	—	—	—	—	—	—	—	—	—	—
46	10,09	48,80	—	—	—	—	—	—	—	—	—	—	—	—
47	7,65	42,11	—	—	—	—	—	—	—	—	—	—	—	—
48	7,40	40,60	—	—	—	—	—	—	—	—	—	—	—	—

Tabelle 6.
Äthylalkohol und Wasser.

Verstärkende Wirkung des Kondensators bei der Herstellung von 10 Kilo Alkohol als Spiritus von 85,76 % G (90 % Vol.).

Nummern der Böden von oben beginnend	Im Kondensator werden entzogen:				Nummern der Böden von oben beginnend	Im Kondensator werden entzogen:			
	C_K=5000WE		= 6000 WE			C_K=5000WE		= 6000 WE	
	Fl %	D %	Fl %	D %		Fl %	D %	Fl %	D %
	77,25	85,76	75,2	85,76	5	43,1	68,0	17,9	58,9
1	72,6	80,5	69,5	79,0	6	29,9	63,6	11,8	52,6
2	67,2	78,1	61,7	75,4	7	16,0	58,3	10,0	48,4
3	60,7	74,8	51,3	70,8	8	11,8	53,2	9,5	47,6
4	53,0	71.9	36,9	65,5	9	11,2	51,7		

Tabelle 7.
Äthylalkohol und Wasser.

Erforderliche Bodenzahl der Verstärkungssäulen um 10 kg Alkohol von 88,38 % G (92 % Vol.) aus 8,2 % Flüssigkeit zu erzeugen mit 8000 WE; wenn innerhalb der Säule Wärme entzogen wird und wenn dies nicht der Fall ist.

Kolonne gegen Wärmeverlust geschützt mit nur einem Kondensator über dem obersten Boden bei Entziehung von C_K = 8000 WE für 10 kg Alkohol im Produkt		Kolonne gegen Wärmeverlust geschützt mit 3 Kondensatoren bei Entziehung von je 1000 WE über dem 1., 3., 5. Boden und 1 Kondensator von C_R = 5000 WE über dem obersten Boden für 10 kg Alkohol im Produkt			
Dampf	Rücklauf	Dampf	Rücklauf	Dampf	Rücklauf
$a_e = 10$ $w_e = 1,3$ $\}$ 11,3 Produkt 88,38 % .— 86,1 % Kond. $f_R = 0,160$ 8000 $a_R = 27,39$ WE $w_R = 4,482$		$a_e = 10$ $w_e = 1,3$ $\}$ 11,3 kg Produkt 88,38 % — 86,1 % Kond. $f_R = 0,160$ 5000 $a_R = 17$ WE $w_R = 2,72$		$a_d = 22,78$ $w_d = 7,335$ 4 75,63 % — 62,0 % $f_R = 0,613$ $a_R = 11,16$ $w_R = 6,841$	
$a_d = 37,39$ $w_d = 5,782$ 8 86,68 % — 83,20 % $f_R = 0,202$ $a_R = 25.39$ $w_R = 5,123$		$a_d = 27$ $w_d = 1,02$ 9 86,09 % — 83,7 % $R = 0,195$ $a_R = 16,07$ $w_R = 3,12$		$a_d = 21,16$ $w_d = 8.141$ 72,367 % — 57 % Kond. $f_R = 0,754$ 1000 $a_R = 11,41$ WE $w_R = 8,603$	
$a_d = 35,39$ $w_d = 6,423$ 7 84,58 % — 79,5 % $f_R = 0,258$ $a_R = 22,18$ $w_R = 5,722$		$a_d = 26,05$ $w_d = 4,42$ 8 85,50 % — 81,27 % $f_R = 0.230$ $a_R = 15,15$ $w_R = 3,484$		$a_d = 21,41$ $w_d = 9,90$ 3 69,89 % — 48 % $f_R = 1,082$ $a_R = 10,01$ $w_R = 10,07$	

Kolonne gegen Wärmeverlust geschützt mit nur einem Kondensator über dem obersten Boden bei Entziehung von C_R = 8000 WE für 10 kg Alkohol im Produkt		Kolonne gegen Wärmeverlust geschützt mit 3 Kondensatoren bei Entziehung von je 1000 WE über dem 1., 3., 5. Boden und 1 Kondensator von C_R = 5000 WE über dem obersten Boden für 10 kg Alkohol im Produkt			
Dampf	Rücklauf	Dampf	Rücklauf	Dampf	Rücklauf
a_d = 32,18 w_d = 7,038 6 82,12 % f_R = 0,331 a_R = 20,77 w_R = 6,874	75,1 %	a_d = 25,15 w_d = 4,784 7 84,10 % f_R = 0,275 a_R = 14,20 w_R = 3,83	78,75 %	a_d = 20,01 w_d = 11,37 2 63,63 % f_R = 2,276 a_R = 4,858 w_R = 10,956	30,5 %
a_d = 30,77 w_d = 8,174 5 79,6 % f_R = 0,444 a_R = 17 93 w_R = 7,96	69,25 %	a_d = 24,20 w_d = 5,13 6 82,52 % f_R = 0,310 a_R = 13,50 w_R = 4,241	75,87 %	a_d = 14,856 w_d = 12,256 54 81 % Kond. f_R = 7,00 1000 a_R = 2,00 WE w_R = 14,00	12,5 %
a_d = 27,93 w_d = 9,261 4 75,1 % f_R = 0 633 a_R = 14,56 w_R = 9,216	61,1 %	a_d = 23,20 w_d = 5,57 80,73 % Kond. f_R = 0,376 1000 a_R = 14,64 WE w_R = 3,504	72,8 %	a_d = 12,00 w_d = 15,30 1 43,9 %	8,2 %
a_d = 24,56 w_d = 10,516 3 60 % f_R = 4,099 a_R = 3,296 w_R = 13,471	19,62 %	a_d = 24,64 w_d = 6,804 5 78,35 % f_R = 0,472 a_R = 12,78 w_R = 6,032	68,0 %		
w_d = 14,771 2 47,46 % f_R = 9,55 a_R = 1,512 w_R = 14,434	9,47 %				
a_d = 14,512 w_d = 15,73 1 43,34 % a_d = 13 296	8.2 %				

Tabelle 8.

Äthylalkohol und Wasser.

Vergleich der verschiedenen Endresultate wenn aus 100 kg Alkoholwasserdampf von 50% Gew. durch teilweisen Niederschlag einmal in 6 Stufen, einmal in 3 Stufen ein Restdampf von 80% G erzeugt wird.

	Dampf kg	Dampf % Gew.	Dampf darin ist	Niederschlag kg	Niederschlag % Gew.	Niederschlag darin ist	Dampf kg	Dampf % Gew.	Dampf darin ist	Niederschlag kg	Niederschlag % Gew.	Niederschlag darin ist	
100 kg Alkohol-wasserdampf von 50% Gew.	100	50	$a_d = 50$ $w_d = 50$	—	—	—	100	50	$a_d = 50$ $w_d = 50$	—	—	—	Konden-sator
1. ergaben nach einer teilweisen Kondensation	87,991	55	$a_e = 48,400$ $w_e = 39,591$	12,009	12,89	$a_R = 1,600$ $w_R = 10,409$	8,391	70	$a_e = 5,873$ $w_e = 2,518$	91,609	48,31	$a_R = 44,127$ $w_R = 47,482$	Konden-sator
2. der Restdampf wieder teilweise kondensiert:	77,194	60	$a_e = 46,317$ $w_e = 30,877$	10,797	19,81	$a_R = 2,083$ $w_R = 8,714$	5,404	75	$a_e = 4,054$ $w_e = 1,350$	2,987	60,84	$a_R = 1,819$ $w_R = 1,168$	Konden-sator
3. dito	64,500	65	$a_e = 41,938$ $w_e = 22,562$	12,694	34,71	$a_R = 4,379$ $w_R = 8,315$	2,2256	80	$a_e = 1,7805$ $w_e = 0,4451$	3,179	71,2	$a_R = 2,274$ $w_R = 0,905$	Konden-sator
4. dito	49 701	70	$a_e = 34,971$ $w_e = 14,730$	14,799	48,21	$a_R = 6,967$ $w_R = 7,832$							
5. dito	32,228	75	$a_e = 24,171$ $w_e = 8,057$	17,473	60,84	$a_R = 10,800$ $w_R = 6,673$							
6. dito	9,191	80	$a_e = 7,353$ $w_e = 1,8386$	23,047	71,20	$a_R = 16,818$ $w_R = 6,229$							

Der nach einer Kondensation gebliebene Restdampf wird jedesmal ganz von der gebildeten Flüssigkeit getrennt. Es ist wie ohne weiteres klar

$$\frac{w_e + w_R}{a_e + a_R} = \frac{a_e f_e + a_R f_R}{a_e + a_R} = f_d$$

$$a_e = \frac{a_R(f_R - f_d)}{(f_d - f_e)}$$

$$a_e = \frac{a_d(f_R - f_d)}{(f_R - f_e)} \qquad a_R = a_d - a_e$$

$$w_e = a_e f_e$$

Gegeben ist $a_d + w_d$ folglich auch f_d, gefordert: f_e, also bekannt f_R.

100 kg Alkoholwasserdampf von 50% Gew. ergeben also bei teilweiser Kondensation

in 6 Stufen 9,191 kg Alkoholwasserdampf von 80% Gew.
in 3 „ 2,226 „ „ „ „ „

Tabelle 9 (Tafel 14.)

Äthylalkohol und Wasser.

In Abtriebsäulen erforderlicher Wärmeaufwand C_R um 100 Kilo Wasser aus Alkohol-Wasser-Mischungen von 85—0,5 % G (89,4—0,62 V) abzutrennen (oder um in ihnen [für je 100 Kilo Ablaufwasser] den Alkoholgehalt der Flüssigkeit von 0,01 % unten auf 0,5—85 % oben zu erhöhen).

Alkoholgehalt		Für 100 Kilo Ablaufwasser Ca	Alkoholgehalt		Für 100 Kilo Ablaufwasser Ca	Alkoholgehalt		Für 100 Kilo Ablaufwasser Ca
der Flüssigkeit	des Dampfes		der Flüssigkeit	des Dampfes		der Flüssigkeit	des Dampfes	
% G	% G	WE	% G	% G	WE	% G	% G	WE
85	87,65	804 800	55	72,56	92 950	25	61,75	22 760
84	87,06	679 770	54	72,13	89 000	24	61,44	21 520
83	86,49	591 680	53	71,78	84 590	23	61,12	20 330
82	85,7	567 200	52	71,38	81 200	22	60,80	19 170
81	85,37	462 900	51	71,00	77 300	21	60,51	18 030
80	84,80	423 200	50	70,63	73 770	20	60,14	17 010
79	84,3	382 500	49	70,25	70 380	19	59,75	15 930
78	83,7	357 200	48	69,88	67 200	18	59,30	14 960
77	83,25	320 300	47	69,50	63 250	17	58,83	14 000
76	82,59	307 300	46	69,10	61 310	16	58,39	13 020
75	82,08	281 500	45	68,76	58 630	15	57,50	12 320
74	81,45	265 300	44	68,38	56 090	14	56,47	11 610
73	80,90	241 400	43	68,00	53 800	13	55,17	11 000
72	80,38	233 000	42	67,67	57 120	12	53,36	10 025
71	79,90	225 500	41	67,29	48 000	11	51,00	10 000
70	79,36	204 000	40	66,94	47 150	10	48,61	9 800
69	79,00	191 100	39	66,61	44 800	9	46,13	9 650
68	78,00	173 630	38	66,36	44 380	8	43,66	9 500
67	77,90	171 550	37	65,87	41 200	7	39,54	8 600
66	77,45	161 890	36	65,43	39 360	6	37,00	8 100
65	76,98	154 560	35	65,04	37 670	5	33,49	7 600
64	76,50	145 450	34	64,74	35 870	4	29,54	6 600
63	76,08	137 500	33	64,12	34 130	3	24,80	6 360
62	75,60	130 600	32	64,12	32 530	2	17,50	6 050
61	75,10	127 980	31	63,79	30 780	1	9,52	5 750
60	74,61	122 300	30	63,44	29 470	0,5	4,96	5 600
59	74,19	113 470	29	63,16	29 870			
58	73,76	107 850	28	62,72	26 620			
57	73,36	102 906	27	62,30	25 240			
56	72,85	98 490	26	62,08	23 820			

Tabelle 10

Äthylalkohol

Abtriebs-

Äthylalkoholgehalt der Flüssigkeit (Fl) und des Dampfes (D) auf

bis 450 000 WE für

Nummer der Böden von unten beginnend	Wärmeaufwand C_a für 100 Kilo Ablaufwasser							
	8000 WE		9000 WE		10000 WE		12000 WE	
	Fl %	D %	Fl %	D %	Fl %	D %	Fl %	D %
32	5,6	35,5	—	—	—	—	—	—
31	5,4	35,33	—	—	—	—	—	—
30	5,38	35,0	—	—	—	—	—	—
29	5,33	34,5	—	—	—	—	—	—
28	5,07	33,7	—	—	—	—	—	—
27	4,63	32,3	—	—	—	—	—	—
26	4,25	30,3	—	—	—	—	—	—
25	3,51	28,0	—	—	—	—	—	—
24	2,81	23,8	—	—	—	—	—	—
23	2,249	19,5	—	—	—	—	—	—
22	1,80	16,0	7,33	41,3	—	—	—	—
21	1,44	13,0	7,055	40,34	10,2	49,0	—	—
20	1,139	10,5	6,71	39,28	10,07	48,84	—	—
19	0,90	9,0	6,11	37,43	9,78	48,0	—	—
18	0,696	6,96	5,43	35,00	9,11	46,4	—	—
17	0,548	5,48	4,52	31,74	8,14	44,84	14,2	56,7
16	0,43	4,30	3,49	27,36	7,25	41,01	13,7	56
15	0,355	3,55	2,43	21,75	6,54	38,5	12,7	54,7
14	0,28	2,8	1,74	15,75	5,22	34,2	11,15	51,3
13	0,228	2,28	1,213	11,50	3,82	28,74	9,26	46,8
12	0,18	1,80	0,816	8,16	2,74	21,84	7,20	41,01
11	0,1427	1,427	0,557	5,57	1,624	16,24	4,94	33,0
10	0,1138	1,138	0,384	3,84	0,990	9,90	3,057	24,0
9	0,0901	0,9009	0,266	2,66	0,561	5,61	1,73	15,57
8	0,0711	0,711	0,184	1,84	0,349	3,49	1,09	10,0
7	0,0559	0,5598	0,128	1,28	0,221	2,21	0,593	5,98
6	0,0440	0,4397	0,09	0,90	0,141	1,41	0,325	3,25
5	0,0344	0,344	0,0640	0,643	0,090	0,90	0,178	1,78
4	0,0269	0,269	0,0451	0,451	0,0583	0,583	0,1	1,0
3	0,0211	0,2108	0,0317	0,317	0,0371	0,371	0,059	0,59
2	0,0165	0,1645	0,0241	0,241	0,024	0,241	0,033	0,33
1	0,0129	0,1287	0,0141	0,1414	0,0156	0,156	0,018	0,18
	0,01	0,10	0,01	0,10	0,01	0,10	0,01	0,10

(Tafel 16).

und Wasser.

säulen.

jedem Boden ber Abtriebssäulen beim Aufwand von $C_a = 8000$
100 Kilo Ablaufwasser.

Nummer der Böden von unten beginnend	Wärmeaufwand C_a für 100 Kilo Ablaufwasser							
	15000 WE		20000 WE		30000 WE		50000 WE	
	Fl %	D %	Fl %	D %	Fl %	D %	Fl %	D %
13	17,95	59,5	--	—	—	—	—	—
12	16,91	58,74	—	—	—	—	—	—
11	14,4	57,0	—	—	—	—	—	—
10	11,0	50,3	22,5	60,6	—	—	—	—
9	6,96	40,8	21	60,4	30	63,4	41,24	67,41
8	3,775	27,8	15,1	57,5	29,4	63,15	41,1	67,33
7	2,035	16,2	8,45	44,6	25,8	62,0	40	67,0
6	0,927	9,0	3,71	27,5	13,7	56,0	35,6	65,3
5	0 414	4,20	1,47	13,0	4,855	32,76	19,1	59,8
4	0,215	2,15	0,53	5,3	1,44	12,96	5,28	35,5
3	0,1032	1,00	0,195	1,95	0,418	4,18	1,125	10,68
2	0,046	0,46	0,0721	0,721	0,126	1,26	0,233	2,33
1	0,02155	0,2155	0,0268	0,268	0,0355	0,355	0,048	0,48
	0,01	0,10	0,01	0,10	0,01	0,10	0,01	0,10

Nummer der Böden von unten beginnend	Wärmeaufwand C_a für 100 Kilo Ablaufwasser					
	125000 WE		200000 WE		450000 WE	
	Fl %	D %	Fl %	D %	Fl %	D %
10	---	--	69,1	79,06	80	84,84
9	60,4	74,8	68,4	78,65	79	84,1
8	60,0	74,5	67,5	78,0	77,7	83,6
7	58,5	73,75	65,5	77,25	75,3	82,2
6	54,3	72,25	62,6	75,80	71,0	79,84
5	39,7	66,85	53,6	71,95	61,8	75,5
4	22,8	55,00	26,78	62,30	38,0	66,2
3	3,44	25,00	4,91	33,2	7,16	40,65
2	0,485	3,85	0,62	6,2	0,797	7,97
1	0,069	0,693	0,079	0,79	0,089	0,891
	0,01	0,10	0,01	0,10	0,01	0,1

Tabelle 11 (Tafel 17).

Äthylalkohol und Wasser.

Alkoholgehalt der Dämpfe und Flüssigkeiten auf dem Einlaufboden M, wenn Maischen von 0,5 ÷ 80 % Gew. mit Temperaturen
von 100 ÷ 10° C auf diesen fließen.

Maische %			Temperatur der Maische beim Eintritt						
			100°	90°	80°	70°	50°	30°	10°
			Es fehlen der Maische zum Sieden °C						
			0°	10°	20°	30°	50°	70°	90°
0,5	C_h	WE	0	1000	2000	3000	5000	7000	9000
	im Dampf	%	4,96	5,8	7,5	10,5	21,5	35,2	48,3
	in der Flüssigkeit	%	0,5	0,625	0,78	1,30	2,5	5,5	9,16
1	C_h	WE	0	1000	2000	3000	5000	7000	9000
	im Dampf	%	9,52	11,2	13,8	17,5	27,5	38,5	50,2
	in der Flüssigkeit	%	1,0	1,25	1,5	2	3,4	6,45	10,7
1,5	C_h	WE	0	1000	2000	3000	5000	7000	9000
	im Dampf	%	13,8	16,3	19,6	23,5	32	41,8	53,5
	in der Flüssigkeit	%	1,5	1,85	2,29	2,80	4,54	7,6	12,1
2	C_h	WE	0	1000	2000	3000	5000	7000	9000
	im Dampf	%	17,5	20,9	24,4	2,80	36,2	45,00	55,17
	in der Flüssigkeit	%	2	2,4	2,95	3,5	5,8	8,55	13
3	C_h	WE	0	1000	2000	3000	5000	7000	9000
	im Dampf	%	24,8	27,2	30,5	33,5	41,00	49,35	56,47
	in der Flüssigkeit	%	3	3,4	4,25	5	7,47	10,15	14,0
5	C_h	WE	0	990	1980	2970	4950	6930	8910
	im Dampf	%	33,49	35,5	38,1	41,5	48,61	55,17	58,15
	in der Flüssigkeit	%	5	5,6	6,33	7,5	10	13	15,75
7	C_h	WE	0	985	1960	2955	49,25	6895	8865
	im Dampf	%	39,54	42,6	45,5	48,81	54,8	58,1	58,9
	in der Flüssigkeit	%	7	7,80	8,7	10,05	12,65	15,6	17,5
8	C_h	WE	0	980	1960	2940	4900	6860	8820
	im Dampf	%	43,66	45,95	48,61	51,5	56,47	58,9	59,3
	in der Flüssigkeit	/o	8	8,9	10	11,1	14	17,2	18,9
9	C_h	WE	0	975	1950	2925	4875	6825	8775
	im Dampf	v/o	46,13	48,61	51,1	54,0	57,5	59,1	59,8
	in der Flüssigkeit	%	9	10	11,1	12,32	15	17,1	19,2
10	C_h	WE	0	970	1940	2910	4850	6790	8730
	im Dampf	%	48,61	51,5	54,2	55,6	58,39	59,4	60,3
	in der Flüssigkeit	%	10	11,15	12,3	13,55	16	18,1	20,2
15	C_h	WE	0	950	1900	2850	4750	6650	8550
	im Dampf	°/o	57,5	57,5	58,9	59,4	60,3	60,7	61,6
	in der Flüssigkeit	%	15	6,25	17,4	18,66	20,5	22,6	24,5

Maische %			Temperatur der Maische beim Eintritt						
			100°	90°	80°	70°	50°	30°	10°
			Es fehlen der Maische zum Sieden °C						
			0°	10°	20°	30°	50°	70°	90°
20	C_h	WE	0	935	1870	2805	4675	6545	8415
	im Dampf	%	60,14	60,6	60,55	61,15	61,8	62,3	63
	in der Flüssigkeit	%	20	21,2	22,1	23,1	25,1	27	28,9
30	C_h	WE	0	900	1800	2700	4500	6300	8100
	im Dampf	%	63,44	63,7	64,1	64,3	64,8	65,43	66,15
	in der Flüssigkeit	%	30	30,9	31,8	32,8	34,4	36	37,2
40	C_h	WE	0	880	1760	2640	4440	6160	7920
	im Dampf	%	66,94	67	67,45	67,7	68,2	68,6	69,1
	in der Flüssigkeit	%	40	40,71	41,5	42,1	43,6	44,5	46
50	C_h	WE	0	830	1660	2490	4150	5810	7470
	im Dampf	%	70,63	70,8	71,1	71,25	71,6	72	72,25
	in der Flüssigkeit	%	50	50,5	51,1	51,66	52,6	53,5	54,13
60	C_h	WE	0	800	1600	2400	4000	5600	7200
	im Dampf	%	74,61	74,75	74,85	75,55	75,55	75,8	76,2
	in der Flüssigkeit	%	60	60,4	60,7	61,25	61,95	62,66	63,3
70	C_h	WE	0	740	1480	2220	3700	5180	6660
	im Dampf	%	79,36	79,45	79,6	79,8	80,1	80,2	80,4
	in der Flüssigkeit	%	70	70,25	70,5	70,75	71,25	71,6	72,1
80	C_h	WE	0	725	1450	2175	3625	5075	6525
	im Dampf	%	84,80	84,85	84,9	84,0	85,1	85,2	85,3
	in der Flüssigkeit	%	80	80,1	80,25	80,4	80,6	80,8	80,9

Tabelle 12 (Tafel 11).

Äthylalkohol und Wasser.

Ein flüssiges Äthylalkohol-Wasser-Gemisch $a + w$ wird in solchen Stufen verdampft, daß die jedesmalige Restflüssigkeit $a_R + w_R$ um 1% schwächer als die vorhergehende ist. f_{dm} ist das mittlere Verhältnis der Dämpfe aus $a + w$ und aus $a_R + w_R$.

$$a_d = \frac{a\,(f_R - f)}{f_R - f_{dm}} \qquad a_R = \frac{a\,(f - f_{dm})}{f_R - f_{dm}}$$

Ursprungs-Flüssigkeit enthält a %	Rest- a_R %	Mittleres Verhältnis der Dämpfe f_{dm}	Alkohol in der Restflüssigkeit a_R kg	Wasser in der Restflüssigkeit w_R kg	Restflüssigkeit jeder Stufe, wenn vor der Verdampfung a = 1 war $a_R + w_R$ kg	Restflüssigkeit innerhalb von je 10 Stufen $a_R + w_R$ kg	Restflüssigkeit innerhalb von je 10 Stufen %	Restflüssigkeit von 50 % ÷ aus Ende $a_R + w_R$ %
50	49	0,4195	0,933	0,970	1,903	1,903	95,15	95,15
49	48	0,4270	0,934	1,008	1,942	1,689	84,5	84,5
48	47	0,4350	0,936	1,052	1,988	1,610	80,5	80,5
47	46	0,4425	0,937	1,096	2,033	1,558	77,9	77,9
46	45	0,4495	0,937	1,143	2,080	1,487	74,4	74,4
45	44	0,4575	0,937	1,199	2,136	1,428	71,4	71,4
44	43	0,4685	0,938	1,242	2,180	1,369	68,45	68,45
43	42	0,4760	0,939	1,295	2,234	1,315	65,8	65,8
42	41	0,4810	0,940	1,350	2,290	1,268	63,4	63,4
41	40	0,4875	0,940	1,410	2,350	1,224	61,2	61,2
40	39	0,4950	0,940	1,466	2,406	2,426	96,2	58,8
39	38	0,5025	0,940	1,532	2,472	2,181	87,2	56,6
38	37	0,5120	0,940	1,598	2,538	2,102	84,08	54,9
37	36	0,5235	0,940	1,668	2,608	2,030	81,20	53,0
36	35	0,5325	0,940	1,743	2,683	1,964	78,56	51,3
35	34	0,5405	0,940	1,823	2,763	1,901	76,04	49,7
34	33	0,5480	0,937	1,902	2,839	1,837	73,48	47,8
33	32	0,5550	0,937	1,970	2,907	1,758	70,32	45,8
32	31	0,5630	0,937	2,080	3,017	1,711	68,44	44,4
31	30	0,5712	0,937	2,183	3,120	1,659	66,36	43,2
30	29	0,5790	0,936	2,286	3,222	3,222	96,66	41,8
29	28	0,5872	0,936	2,405	3,341	2,925	87,75	40,4
28	27	0,5965	0,935	2,524	3,459	2,865	85,95	39,75
27	26	0,6025	0,935	2,660	3,595	2,750	82,50	38,2
26	25	0,6120	0,934	2,802	3,736	2,667	80,01	36,9
25	24	0,6230	0,934	2,955	3,889	2,594	76,82	35,85
24	23	0,6320	0,933	3,120	4,053	2,519	75,57	35,0
23	22	0,6408	0,931	3,295	4,226	2,445	73,35	33,75
22	21	0,6485	0,929	3,493	4,422	2,377	71,31	32,7
21	20	0,6580	0,926	3,704	4,630	2,305	69,15	31,8

Ursprungs- Flüssigkeit enthält	Rest-	Mittleres Verhältnis der Dämpfe	Alkohol in der Restflüssigkeit jeder Stufe, wenn vor der Verdampfung a = 1 war	Wasser	Rest- flüssig- keit	Restflüssigkeit innerhalb von je 10 Stufen		Rest- flüssig- keit von 50 % ÷ aus Ende
a	a_R	f_{dm}	a_R	w_R	$a_R + w_R$	$a_R + w_R$		$a_R + w_R$
%	%		kg	kg	kg	kg	%	%
20	19	0,6680	0,925	3,944	4,869	4,869	97,4	30,9
19	18	0,6795	0 923	4,199	5,122	4,372	87,4	29,95
18	17	0,6930	0,919	4,484	5,403	4,233	84,7	28,9
17	16	0,7060	0,907	4,814	5,731	4,119	82,5	28,25
16	15	0,7255	0,914	5,173	6,087	4,000	80,0	27,39
15	14	0,7550	0,908	5,575	6,483	3,868	77,4	26,5
14	13	0,7915	0,904	6,047	6,951	3,746	74,9	25,68
13	12	0,8430	0,900	6,597	7,497	3,637	72,8	24,9
12	11	0,9175	0,890	7,200	8,090	3,494	69,9	24,1
11	10	1,0090	0,890	8,010	8,900	3,417	68,4	23,67
10	9	1,1120	0,875	8,830	9,705	9,703	97,0	22,6
9	8	1,2285	0,866	9,950	10,816	8,17	81,7	21,7
8	7	1,4090	0,851	11,270	12,121	7,80	78,0	20,6
7	6	1,6155	0,823	12,860	13,683	7,25	72,5	19,4
6	5	1,8445	0,800	15,360	16,160	6,82	68,2	18,1
5	4	2,1595	0,779	18,690	19,469	6,41	64,1	17,0
4	3	2,7085	0,716	23,120	23,836	5,61	56,1	14,85
3	2	3,8700	0,630	30,870	31,500	4,66	46,4	12,78
2	1	7,1070	0,453	44,840	45,293	3,054	30,54	8,27
1	0,5	14,3750	0,458	90,600	91,058	2,805	28,05	6,00

Tabelle 13 (Tafel 11).

Äthylalkohol und Wasser.

Ein Alkohol-Wasser-Dampf-Gemisch $a_c + w_c = 1{,}666$ Kilo (von 60 bis 92 %), in dem $a_c = 1$ ist, wird in solchen Stufen niedergeschlagen, daß der jedesmalige Restdampf $a_e + w_e$ um 1 % stärker als der vorhergehende ist, f_{Rm} ist das mittlere Verhältnis der Flüssigkeit, aus der $a_c + w_c$ und aus der $a_e + w_e$ entstand. $a_e = \dfrac{a_c\,(f_{Rm}-f_c)}{(f_{Rm}-f_e)}$.

Ursprungs-Dampf enthält a_c	Rest-Dampf a_e	Mittleres Verhältnis der Flüssigkeit f_{Rm}	Alkohol im Restdampf jeder Stufe, wenn vor der Verdampfung $a_c=1$ war a_e	Wasser im Restdampf jeder Stufe, wenn vor der Verdampfung $a_c=1$ war w_e	Restdampf jeder Stufe a_e+w_e	Restdampf jeder Stufe a_e+w_e	Restdampf nach n-Verdampfungen a_e+w_e	Restdampf nach n-Verdampfungen a_e+w_e
%	%		kg	kg	kg	%	kg	%
60	61	3,752	0,989	0,6319	1,620	97,0	1,620	97,2
61	62	3,143	0,988	0,6056	1,594	95,2	1,576	94,5
62	63	2,689	0,987	0,5793	1,566	93,8	1,530	91,8
63	64	2,341	0,985	0,5545	1,539	92,7	1,484	88,9
64	65	2,037	0,979	0,5267	1,506	90,2	1,429	85,7
65	66	1,772	0,978	0,5041	1,482	88,6	1,377	82,7
66	67	1,559	0,976	0,4772	1,453	86,9	1,321	79,2
67	68	1,391	0,975	0,4602	1,435	85,9	1,273	76,2
68	69	1,258	0,973	0,4368	1,410	84,4	1,220	73,2
69	70	1,133	0,971	0,4165	1,387	83,4	1,169	70,1
70	71	1,019	0,967	0,3955	1,362	81,4	1,115	66,9
71	72	0,914	0,963	0,3746	1,338	80,0	1,058	63,3
72	73	0,843	0,958	0,3548	1,313	78,5	1,002	60,0
73	74	0,745	0,954	0,3358	1,290	77,2	0,941	56,5
74	75	0,675	0,940	0,2130	1,253	74,8	0,871	52,3
75	76	0,610	0,935	0,2954	1,250	73,6	0,804	48,2
76	77	0,562	0,930	0,2780	1,208	72,2	0,737	44,2
77	78	0,513	0,925	0,2608	1,186	71,0	0,673	40,4
78	79	0,469	0,920	0,2447	1,165	69,7	0,611	36,7
79	80	0,413	0,915	0,2287	1,144	68,4	0,552	33,1
80	81	0,382	0,910	0,2129	1,123	67,2	0,496	29,8
81	82	0,351	0,900	0,1971	1,097	65,6	0,441	26,5
82	83	0,329	0,880	0,1804	1,060	63,4	0,384	23,0
83	84	0,290	0,857	0,1628	1,020	61,0	0,326	19,6
84	85	0,259	0,820	0,1443	0,964	57,7	0,265	15,9
85	86	0,229	0,795	0,1272	0,922	55,2	0,208	12,8
86	87	0,203	0,757	0,1127	0,870	52,1	0,156	9,37
87	88	0,180	0,705	0,0958	0,801	47,9	0,109	6,53
88	89	0,159	0,631	0,0776	0,709	42,5	0,069	4,02
89	90	0,141	0,593	0,0658	0,659	39,5	0,0397	2,38
90	91	0,122	0,466	0,0461	0,572	30,7	0,0183	1,098
91	92	0,103	0,224	0,0195	0,243	14,6	0,0040	0,24
92	93	0,088	0,080	0,0060	0,086	5,15	0,00032	0,02

Tabelle 14 (Tafel 12).

$\alpha = 255$
$\beta = 550$

Methylalkohol und Wasser.

Methylalkoholgehalt der flüssigen Methylalkohol-Wasser-Mischungen und der aus ihnen entstehenden Dämpfe; Verhältnisse der Flüssigkeiten $\dfrac{w}{a} = f$ und der Dämpfe $\dfrac{w_d}{a_d} = f_d$;

Werte von $\dfrac{\alpha + f\beta}{f - f_d}$ und $\dfrac{\alpha + f_d\beta}{f - f_d}$.

Die Prozentzahlen nach H. Bergström vom Verfasser verdichtet.

Methylalkohol in der Flüssigkeit $_0/^0$	f	Methylalkohol im Dampf $^0/_0$	f	$\dfrac{\alpha + f \cdot \beta}{f - f_d}$	$\dfrac{\alpha + f_d\beta}{f - f_d}$
100	0	100	0		
99	0,0101	99,66	0,00340	38888	38327
98	0,0204	99,32	0,00687	19720	19703
97,06	0,0393	99	0,0101	13449	12896
97	0,0309	98,980	0,0104	13268	12717
96	0,0417	98,640	0,0137	9960	9393
95	0,0525	98,3	0,0173	8066	7500
94,1625	0,0619	98	0,0204	6965	6414
94	0,0638	97,941	0,0210	6778	6268
93	0,0752	97,581	0,0257	5785	5434
92	0,0869	97,22	0,0288	5212	4661
91,3875	0,0939	97	0,0309	4867	4317
91	0,099	96,851	0,0324	4647	4096
90	0,111	96,5	0,0364	4236	3686
89	0,123	96,149	0,0406	3916	3365
88,5325	0,1299	96	0,0417	3737	3146
88	0,136	95,755	0,0442	3594	3039
87	0,149	95,415	0,0483	3363	2804
86	0,160	95,076	0,0518	3178	2622
85,587	0,1687	95	0,0525	2995	2447
85	0,176	94,8	0,0546	2951	2346
84	0,190	94,445	0,0589	2747	2190
83	0,205	94,090	0,0627	2580	2035
82,775	0,2085	94	0,0638	2557	2006
82	0,219	93,727	0,0674	2483	1933
81	0,234	93,364	0,0700	2341	1789
80	0,250	93	0,0752	2247	1593
79	0,266	92,68	0,0790	2143	1588
78	0,282	92,36	0,0825	2050	1500
77	0,2987	92,04	0,0867	2069	1500
76,875	0,3007	92	0,0869	1964	1417
76	0,3159	91,720	0,0903	1899	1351
75	0,3333	91,4	0,0937	1830	1279

Methyl-alkohol in der Flüssig-keit %	f	Methyl-alkohol im Dampf %	f_d	$\dfrac{\alpha + f \cdot \beta}{f - f_d}$	$\dfrac{\alpha + f_d \beta}{f - f_d}$
74	0,352	91,040	0,0986	1770	1218
73,886	0,3626	91	0,099	1724	1172
73	0,370	90,687	0,1025	1716	1167
72	0,389	90,323	0,107	1663	1113,5
71,111	0,4075	90	0,111	1615	1065
71	0,409	89,966	0,111	1606	1060
70	0,429	89,6	0,1165	1568	1019,2
69	0,449	89,24	0,121	1530	978,7
68,330	0,462	89	0,123	1502	949,9
68	0,472	88,884	0,125	1484	933,8
67	0,489	88,524	0,1297	1456	905,6
66	0,515	88,164	0,131	1400	851,5
65,533	0,527	88	0,136	1393	843,8
65	0,538	87,8	0,139	1380	759,7
64	0,563	87,524	0,142	1342	790,8
63	0,587	87,164	0,148	1326	765,4
62,775	0,592	87	0,149	1310	760,6
62	0,613	86,72	0,153	1285	737,0
61	0,639	86,36	0,158	1259	711,0
60	0,666	86	0,162	1230	682,6
59	0,695	85,67	0,168	1208	658,9
58	0,724	85,33	0,172	1183	633,2
57,059	0,751	85	0,176	1183	612,7
57	0,754	84,999	0,177	1161	610
56	0,785	84,657	0,182	1138	588,6
55	0,818	84,3	0,186	1115	565,8
54,25	0,842	84	0,191	1103	552,9
54	0,851	83,9	0,192	1097	548
53	0,887	83,50	0,198	1077	528,1
52	0,923	83,1	0,203	1058	509,3
51,75	0,931	83	0,205	1056	506
51	0,961	82,7	0,209	1043	492
50	1,000	82,3	0,216	1027	477
49,3175	1,029	82	0,219	1013	463
49	1,041	81,882	0,221	1009	458,3
48	1,082	81,440	0,228	995	444,9
47,045	1,127	81	0,234	994	436,2
48	1,128	80,7	0,239	987	434,2
46	1,174	80,4	0,243	966,7	407,7
45	1,222	80,1	0,249	952,9	402,9
44,78	1,234	80	0,250	948,6	398,2
44	1,273	79,64	0,257	949,8	393,8

Methyl-alkohol in der Flüssig-keit %	f	Methyl-alkohol im Dampf %	f_d	$\dfrac{\alpha + f \cdot \beta}{f - f_d}$	$\dfrac{\alpha + f_d \beta}{f - f_d}$
43	1,326	79,18	0,262	978,0	375,0
42,607	1,349	79	0,266	920,2	370,1
42	1,380	78,72	0,270	913,5	364,0
41	1,439	78,26	0,278	900,0	350,9
40,435	1,477	78	0 282	893	343,2
40	1,500	77,8	0,286	891	339,8
39	1,564	77,2	0,296	881	330,0
38,4	1,601	77	0,299	874,4	322,6
38	1,630	76,7	0,303	868,4	318,5
37	1,703	76,2	0,312	857,2	306,4
36,4	1,749	76	0,316	851,0	299,3
36	1,778	75,8	0,319	845,2	294,7
35	1,857	75,3	0,328	834,6	284,5
34,696	1,887	75	0,333	831,8	281,8
34	1,941	74,94	0,345	828,5	279,8
33	2,033	74,28	0,347	810,1	263,7
32,931	2,039	74	0,352	804	265,0
32	2,124	73,62	0,3587	805	255,8
31,166	2,209	73	0,370	801	249,6
31	2,225	72,96	0,372	799	248,1
30	2,333	72,3	0,382	788,7	238,5
29,571	2,387	72	0,389	783,9	234,0
29	2,449	71,6	0,398	781,4	230,2
28,143	2,548	71	0,409	775,2	224,6
28	2,571	70,9	0,410	772,5	222,2
27	2,704	70,2	0,423	764,0	214,0
26,714	2,749	70	0,429	761,6	211,6
26	2,847	69,5	0,439	755,7	205,6
25,286	2,959	69	0,449	749,9	200,0
25	3,000	68,8	0,452	748,6	197,3
24,2	3,132	68	0,470	743,1	193,2
24	3,167	67,8	0,473	742,6	191,2
23,2	3,310	67	0,489	735,9	185,8
23	3,348	66,8	0,498	731,7	184,5
22,2	3,501	66	0,515	730,5	180,2
22	3,542	65,8	0,520	729,4	179,2
21,2	3,719	65	0,538	724,4	173,2
21	3,762	64,8	0,542	721,6	172,3
20,2	3,949	64	0,563	717,1	166,6
20	4,000	63,8	0,568	715,3	165,4
19,4118	4,166	63	0,587	730,8	165,9
19	4,2661	62,44	0,6004	709,6	159,6

Methyl-alkohol in der Flüssig-keit %	f	Methyl-alkohol im Dampf %	f_d	$\dfrac{\alpha + f \cdot \beta}{f - f_d}$	$\dfrac{\alpha + f_d\,\beta}{f - f_d}$
18,677	4,359	62	0,613	708,2	158,0
18	4,550	61,08	0,638	705,1	154,9
17,941	4,587	61	0,639	703,7	153,5
17,206	4,811	60	0,666	699,6	150,0
17	4,882	59,72	0,677	699,9	149,1
16,471	5,079	59	0,693	694,9	147,5
16	5,250	58,36	0,716	693,1	143,1
15,735	5,374	58	0,724	690,2	140,6
15	5,660	57	0,754	686,7	136,6
14,510	5,899	56	0,785	682,4	134,4
14,019	6,139	55	0,818	682,4	132,7
14	6,143	54,96	0,820	682,6	132,2
13,529	6,407	54	0,851	680,2	133,2
13,039	6,687	53	0,887	680,0	128,5
13	6,692	52,92	0,890	678,4	128,3
12,549	6,929	52	0,923	677,5	126,8
12,059	7,298	51	0,961	673,6	123,7
12	7,333	50,88	0,982	674,9	125,1
11,568	7,649	50	1,00	671,0	120,6
11,079	8,012	49	1,042	668,9	118,8
11	8,104	48,84	1,049	667,4	117,8
10,588	8,528	48	1,082	664,2	114,1
10,098	8,990	47	1,128	662,8	112,8
10	9,000	46,8	1,138	662,0	112,0
9,784	9,202	46	1,174	661,8	112,2
9,514	9,499	45	1,222	661,9	112,0
9,243	9,7960	44	1,273	662,5	112,1
9,0	10,111	43,1	1,320	661,8	111,6
8,970	10,149	43	1,326	660,7	111,4
8,676	10,502	42	1,380	661,6	111,2
8,382	10,903	41	1,439	660,8	110,5
8,088	11,397	40	1,500	658,8	109,1
8,0	11,500	39,7	1,519	659	109,2
7,942	11,599	39	1,569	661,4	111,6
7,500	12,303	38	1,630	660,0	108,3
7,206	12,898	37	1,703	660	106,4
7,0	13,186	36,3	1,752	655,6	105,7
6,919	13,497	36	1,778	652,6	104,8
6,648	14,003	35	1,857	654,0	104,3
6,378	14,700	34	1,940	654,6	103,7
6,108	15,396	33	2,033	653,3	102,7
6,0	15,790	32,6	2,069	652,6	101,6

Methyl-alkohol in der Flüssig-keit $^0/_0$	f	Methyl-alkohol im Dampf $^0/_0$	f_d	$\dfrac{\alpha + f \cdot \beta}{f - f_d}$	$\dfrac{\alpha + f_d \beta}{f - f_d}$
5,85	16,099	32	2,105	650,4	100,88
5,60	16,709	31	2,226	651,6	102,60
5,35	17,699	30	2,333	650,0	99,90
5,1	18,200	29	2,449	653,9	100,50
5,0	19,200	28,6	2,499	647,7	97,70
4,8749	19,501	28	2,571	650,0	98,80
4,666	20,301	27	2,704	648,6	99,00
4,4583	21,401	26	2,847	647,0	97,96
4,25	22,481	25	3,000	647,9	97,80
4,0417	23,797	24	3,167	647,1	97,00
4,00	24,000	23,8	3,200	647,0	96,92
3,84	25,001	23	3,348	645,7	96,64
3,64	26,499	22	3,542	645,0	95,90
3,44	28,099	21	3,762	645,5	95,30
3,24	29,898	20	4,0	637,2	94,68
3,04	31,899	19	4,266	643,4	94,40
3,0	32,333	18,8	4,325	644,1	94,06
2,80	34,700	18	4,550	642,4	91,59
2,55	38,200	17	4,882	638,5	88,20
2,30	42,456	16	5,250	635,7	85,02
2,05	47,799	15	5,660	630,4	80,00
2,0	49	14,8	5,759	629,5	79,20
1,8924	51,895	14	6,143	629,2	79,20
1,7573	56,399	13	6,692	629,2	79,16
1,6222	60,698	12	7,333	630,7	80,36
1,4871	66,297	11	8,091	630,8	80,83
1,3520	73,080	10,0	9,0	631,4	81,29
1,2169	81,271	9,0	10,110	635,1	81,77
1,0818	91,492	8,0	11,500	632,1	82,25
1,0	99	7,40	12,501	632,3	82,40
0,9	114	6,68	13,998	632,0	82,50
0,8	124	5,96	15,802	631,5	83,54
0,7	141,9	5,24	18,099	630,7	82,45
0,6	165,7	4,52	21,103	630,5	81,70
0,5	199	3,80	25,319	630,8	81,53
0,4	249	3,00	32,333	632,2	83,125
0,3	332,33	2,20	44,46	635,5	85,65
0,2	499	1,40	70,40	640,3	90,85
0,1	999	0,60	165,67	659,0	108,50

Tabelle 15 (Tafel 14).

Methylalkohol und Wasser.

In Verstärkungssäulen erforderliche Rücklaufwärme C_R um 1 Kilo Methylalkohol als Produkt von 80—90—99% G zu gewinnen aus Wassermischungen von 94,16 bis 0,08% G.

In Abtriebssäulen erforderlicher Wärmeaufwand C_a um 100 Kilo Ablaufwasser aus Methylalkohol-Wasser-Mischungen von 71,11—0,08% abzutreiben (oder um in ihnen für 100 kg Ablaufwasser den Methylalkoholgehalt des Dampfes von 0,01% unten auf 0,5 bis 90% oben zu erhöhen).

Ursprünglicher Methylalkoholgehalt		Es soll gewonnen werden 1 Kilo Alkohol als Produkt von			
der Flüssig-keit	des Dampfes	80% C_R	90% C_R	99% C_R	
% G	% G	WE	WE	WE	
94,96	98	—	—	71,7	C_a
85,58	95	—	—	127	WE
71,11	90	—	—	166	
57,06	85	—	76,9	196	106 500
44,78	80	—	132	228	61 270
34,70	75	69,0	185	270	39 820
26,71	70	132,2	241	318	28 180
21,20	65	208,5	309	383	21 160
17,21	60	291,2	389	459	17 320
14,02	55	386,2	487	549	15 000
11,57	50	503,2	575	673	13 270
9,51	45	643,4	734	802	12 060
8,09	40	820,5	915	982	11 198
6,65	35	1 051	1 142	1 208	10 980
5,35	30	1 354	1 444	1 510	10 430
4,25	25	1 782	1 872	1 937	9 990
3,64	22	2 122	2 195	2 277	9 780
3,25	20	2 411	2 489	2 566	9 590
2,55	17	2 956	3 025	3 108	9 468
2,05	15	3 443	3 529	3 596	8 820
1,62	12	4 517	4 658	4 613	8 000
1,35	10	5 521	5 609	5 676	8 036
1,22	9	6 262	6 385	6 420	8 129
1,08	8	7 110	7 190	7 268	8 177
0,95	7	8 190	8 275	8 347	8 225
0,89	6	9 928	9 931	9 935	8 000
0,67	5	11 879	12 036	12 190	.
0,53	4	15 000	15 114	15 150	.
0,40	3	20 275	20 363	20 426	.
0,28	2	31 000	31 000	31 017	8 300?
0,15	1	62 350	62 351	62 370	.
0,08	0,5	125 000	125 000	125 000	.
0 07	0,45	—	—	—	11 000?

Tabelle 16 (Tafel 19).

Methylalkohol und Wasser.

Verstärkungssäulen.

Methylalkoholgehalt der Flüssigkeit und des Dampfes auf jedem Boden der Verstärkungssäulen zur Gewinnung von Dampf mit 99 % Methylalkohol beim Aufwand von $C_R = 10\,000 \div 250\,000$ WE Rücklaufwärme für je 10 Kilo Methylalkohol.

Nummern der Böden von oben beginnend	Rücklaufwärme C_R für 10 Kilo Methylalkohol									
	10 000 WE		20 000 WE		30 000 WE		40 000 WE		50 000 WE	
	Fl %	D %	Fl %	D %	Fl %	D %	Fl %	D %	Fl %	D %
	97,06	99,0	97,06	99	97,06	99	97,06	99	97,06	99
1	97,0	98,99	96,7	98,85	96,3	98,75	96,0	98,64	92,8	97,42
2	84,8	94,68	81,8	93,5	80,6	93,0	78,8	92,5	78,2	92,42
3	65,6	88,10	54,7	84,2	48,8	81,7	45,7	80,3	44,0	79,60
4	32,9	74,10	18,8	62,2	14,02	55,0	11,8	50,5	10,1	48,90
5	13,45	53,9	6,65	35,0	4,48	26,2	3,64	22,0	3,11	19,30
6	8,83	42,5	4,52	26,3	3,04	19,0	2,07	15,1	3,68	12,5
7	8,15	40,25	4,15	24,75	2,65	17,8	1,87	13,8	1,53	11,3
8	8,0	39,8	4,11	24,3	2,61	17,66	1,84	13,6	—	—

Nummern der Böden von oben beginnend	Rücklaufwärme C_R für 10 Kilo Methylalkohol							
	100 000 WE		150 000 WE		200 000 WE		250 000 WE	
	Fl %	D %	Fl %	D %	Fl %	D %	Fl %	D %
	97,06	99	97,06	99	97,06	99	97,06	99
1	91,9	97,15	91,45	97,1	91,4	97,11	91,38	97,04
2	76,8	91,9	76,5	91,8	76,0	91,7	75,66	91,6
3	39,33	77,44	38,1	76,85	37,3	76,45	36,5	76,1
4	8,45	41,25	8,09	40,0	7,9	38,9	7,45	37,8
	1,80	13,24	1,49	11,1	1,41	10,44	1,26	9,3
6	0,91	6 92	0,66	5,05	0,58	4,35	0,45	3,4
7	0,81	6,10	0,575	4,30	0,40	3,0	0,35	2,61

Tabelle 17 (Tafel 20).

Methylalkohol und Wasser.

Höchster Alkoholgehalt (in Gewichts-Prozenten) des Dampfes aus Methylalkohol-Wassermischungen von $0,5 \div 15,0$ %, wenn diese mit $0-90^0$ unter ihrer Siedetemperatur in den kontinuierlichen Destillier-Apparat treten. Angabe der der Mischung zum Sieden fehlenden Kalorien C_h auf 10 Kilo Methylalkohol bezogen. Das für 10 Kilo Methylalkohol erforderliche Gewicht der Mischung in Spalte 1 ist in Klammern unter die Prozentangabe der Mischung gesetzt.

Alkohol-gehalt der Mischung %G			Es fehlen der Mischung zum Sieden °C						
			0^0	10^0	20^0	30^0	50^0	70^0	90^0
0,5 (2000)	C_h	WE	0	20000	40000	60000	100000	140000	180000
	im Dampf	%	3,8	4,2	5,0	6,25	9,95	17,0	28
	in der Flüssigkeit	%	0,5	0,56	0,74	0,84	1,38	2,55	4,9
1,0 (1000)	C_h	WE	0	10000	20000	30000	50000	70000	90000
	im Dampf	%	7,4	8,4	9,8	11,75	15,5	22,0	35,7
	in der Flüssigkeit	%	1,0	1,14	1,32	1,61	2,17	3,6	7,4
1,5 (667)	C_h	WE	0	6667	13333	20000	33333	46666	60000
	im Dampf	%	11,1	12,5	14	15,5	19,8	27,8	40,5
	in der Flüssigkeit	%	1,5	1,68	1,89	2,3	3,1	4,8	8,2
2,0 (500)	C_h	WE	0	5000	10000	15000	25000	35000	45000
	im Dampf	%	14,8	16,1	17,16	19,5	24,5	32,5	46
	in der Flüssigkeit	%	2,0	2,17	2,51	3,1	4,04	6,0	9,78
3 (333)	C_h	WE	0	3333	6667	10000	16667	23333	30000
	im Dampf	%	18,8	20,6	22,66	24,25	32,0	40,2	50,0
	in der Flüssigkeit	%	3,0	3,4	3,75	4,3	5,85	8,08	11,586
5 (200)	C_h	WE	0	2000	4000	6000	10000	14000	18000
	im Dampf	%	28,6	30,5	33,0	36,4	42,5	49,25	56,25
	in der Flüssigkeit	%	5,0	5,47	6,0	7,0	8,8	11,20	14,5
7 (143)	C_h	WE	0	1433	2866	4300	7166	10033	12900
	im Dampf	%	36,3	39,4	42,0	45,0	50,8	56,33	60,5
	in der Flüssigkeit	%	7,0	8,0	8,64	9,51	12,0	14,66	17,5
10 (100)	C_h	WE	0	1000	2000	3000	5000	7000	9000
	im Dampf	%	46,8	48,7	50,7	54	58	61,25	65,6
	in der Flüssigkeit	%	10	10,87	11,99	3,53	15,73	18,17	21,2
15 (66)	C_h	WE	0	715	1431	2146	3557	5007	6438
	im Dampf	%	57	58,6	60,25	62,5	65,5	68,3	70,2
	in der Flüssigkeit	%	15	16,27	16,66	19	21,1	24,3	27

Tabelle 18 (Tafel 21).

Methylalkohol und Wasser.

Abtriebssäulen.

Methylalkoholgehalt der Flüssigkeit und des Dampfes auf jedem
Boden der Abtriebssäulen bei Aufwand von $C_a = 13000 \div 100000$ WE
für 100 Kilo Ablaufwasser.

Nummern der Böden von unten beginnend	Wärmeaufwand C_a für 100 Kilo Ablaufwasser									
	13 000 WE		14 000 WE		15 000 WE		17 000 WE		20 000 WE	
	Fl %	D %	Fl %	D %	Fl %	D %	Fl %	D %	Fl %	D %
18	0,13	0,79	0,455	3,34	4,25	25	15,55	57,7	24,9	68,7
17	0,11	0,65	0,295	2,15	2,90	18,4	12,25	51,5	24,6	68,4
16	0,10	0,59	0,220	1,49	1,68	12,66	8,95	42,9	23,3	67,1
15	0,083	0,50	0,160	1,07	1,00	7,45	6,10	32,8	21	64,8
14	0,070	0,41	0,133	0,80	0,58	4,43	4,04	24,0	17,56	60,5
13	0,065	0,39	0,100	0,61	0,395	2,90	2,30	16,0	12,75	52,55
12	0,051	0,31	0,082	0,50	0,30	2,2	1,25	9,26	8,23	40,5
11	0,048	0,29	0,070	0,41	0,19	1,16	0,70	5,24	4,83	27,8
10	0,041	0,25	0,065	0,39	0,15	0,90	0,48	2,9	2,42	16,5
9	0,035	0,21	0,051	0,31	0,101	0,61	0,27	1,65	1,14	8,5
8	0,031	0,19	0,049	0,295	0,081	0,50	0,167	1,0	0,6	4,53
7	0,026	0,155	0,035	0,210	0,065	0,39	0,11	0,70	0,3	2,20
6	0,0233	0,140	0,031	0,19	0,05	0,30	0,081	0,49	0,18	1,075
5	0,021	0,125	0,029	0,175	0,035	0,21	0,051	0,31	0,10	0,60
4	0,017	0,101	0,025	0,150	0,029	0,175	0,0367	0,22	0,065	0,39
3	0,013	0,08	0,017	0,101	0,021	0,125	0,03	0,18	0,037	0,225
2	0,012	0,07	0,015	0,09	0,0165	0,100	0,018	0,11	0,025	0,15
1	0,010	0,061	0,0133	0,07	0,0133	0,08	0,015	0,09	0,015	0,09
0	0,01	0,06	0,01	0,06	0,01	0,06	0,01	0,06	0,01	0,06

Nummern der Böden von unten beginnend	Wärmeaufwand C_a für 100 Kilo Ablaufwasser									
	25 000 WE		30 000 WE		50 000 WE		70 000 WE		100 000 WE	
	Fl %	D %	Fl %	D %	Fl %	D %	Fl %	D %	Fl %	D %
15	31	72,96	—	—	—	—	—	—	—	—
14	30,9	72,9	—	—	—	—	—	—	—	—
13	29,95	72,25	36	75,8	—	—	—	—	—	—
12	28,14	71,0	35	75,3	51,30	82,85	—	—	—	—
11	23,2	67,1	32,1	73,7	51,1	82,8	61,0	86,20	—	—
10	16,4	58,95	25,4	69,2	50,1	82,4	60,1	86,1	69	89,24
9	9,28	44,8	15,6	57,9	47,045	81,0	59,1	85,8	68,33	89,00
8	5,13	29,2	8,38	41,0	40,1	77,7	55,5	84,5	65,55	88,0
7	2,30	16,0	3,64	22,0	23,6	67,4	42,8	79,1	57,06	85,0
6	0,948	7,1	1,35	10,0	8,98	43,5	21,2	65,0	36,4	76,0
5	0,40	3,0	0,50	3,8	2,8	18,0	6,65	35,0	12,1	51,25
4	0,199	1,32	0,20	1,4	0,8	5,95	1,55	11,55	2,8	18,0
3	0,10	0,60	0,095	0,57	0,22	1,60	0,47	2,79	0,585	4,4
2	0,05	0,299	0,049	0,295	0,082	0,495	0,133	6,8	0,15	0,9
1	0,178	0,107	0,018	0,12	0,031	0,19	0,033	0,20	0,038	0,23
0	0,01	0,06	0,01	0,06	0,01	0,06	0,01	0,06	0,01	0,06

Tabelle 19 (Tafel 11).

Methylalkohol und Wasser.

Ein flüssiges Methylalkohol-Wasser-Gemisch $a + w$ wird in solchen Stufen verdampft, daß die jedesmalige Restflüssigkeit $a_R + w_R$ um 1% schwächer als die vorhergehende ist. f_{dm} ist das mittlere Verhältnis der Dämpfe aus $a + w$ und aus $a_R + w_R$.

$$a_d = \frac{a\,(f_R - f)}{f_R - f_{dm}} \qquad\qquad a_R = \frac{a\,(f - f_{dm})}{(f_R - f_{dm})}$$

Ursprungs-Flüssigkeit enthält	Rest-	Mittleres Verhältnis der Dämpfe	Alkohol in der Restflüssigkeit jeder Stufe, wenn vor der Verdampfung a = 1 war	Wasser in der Restflüssigkeit jeder Stufe, wenn vor der Verdampfung a = 1 war	Restflüssigkeit vor der Verdampfung a = 1 war	Restflüssigkeit innerhalb von je 10 Stufen		Restflüssigkeit von 50% bis ans Ende
a	a_R	f_{dm}	a_R	w_R	$a_R + w_R$	$a_R + w_R$		$a_R + w_R$
%	%		kg	kg	kg	kg	%	%
50	49	0,2185	0,949	0,986	1,932	1,932	96,6	96,6
49	48	0,2245	0,949	1,024	1,973	1,773	88,7	88,7
48	47	0,2335	0,949	1,072	2,021	1,725	86,25	86,25
47	46	0,2410	0,949	1,110	2,059	1,668	83,4	83,4
46	45	0,2460	0,949	1,157	2,106	1,490	74,5	74,5
45	44	0,2530	0,949	1,205	2,154	1,440	72,0	72,0
44	43	0,2595	0,948	1,257	2,205	1,400	70,0	70,0
43	42	0,2660	0,948	1,308	2,256	1,354	67,7	67,7
42	41	0,2740	0,947	1,362	2,309	1,316	65,8	65,8
41	40	0,2820	0,947	1,420	2,367	1,278	63,9	63,9
40	39	0,2860	0,947	1,480	2,427	2,427	97,08	62,0
39	38	0,2995	0,947	1,543	2,490	2,233	89,32	60,6
38	37	0,3075	0,946	1,608	2,554	2,162	86,48	58,3
37	36	0,3155	0,946	1,680	2,626	2,110	89,40	55,5
36	35	0,3255	0,946	1,755	2,701	2,054	82,16	54,0
35	34	0,3305	0,946	1,835	2,781	2,001	80,04	52,5
34	33	0,3460	0,945	1,918	2,863	1,944	77,76	51,05
33	32	1,3528	0,945	1,984	2,929	1,881	75,24	49,4
32	31	0,3654	0,945	2,100	3,045	1,845	73,80	48,5
31	30	0,3771	0,944	2,201	3,145	1,805	72,20	47,5
30	29	0,3898	0,943	2,305	3,248	3,248	97,44	45,5
29	28	0,4038	0,949	2,420	3,362	2,983	89,49	44,7
28	27	0,4165	0,941	2,540	3,481	2,909	87,27	43,75
27	26	0,421	0,939	2,676	3,615	2,833	84,99	42,5
26	25	0,446	0,939	2,817	3,756	2,760	82,80	41,4
25	24	0,463	0,939	2,972	3,911	2,697	80,91	40,3
24	23	0,486	0,937	3,133	4,070	2,629	78,87	39,45
23	22	0,509	0,935	3,309	4,244	2,562	76,86	38,3
22	21	0,521	0,932	3,504	4,426	2,488	76,64	37,15
21	20	0,555	0,930	3,720	4,650	2,425	72,75	36,25

| Ursprungs-Flüssigkeit enthält | Rest- | Mittleres Verhältnis der Dämpfe | Alkohol Wasser in der Restflüssigkeit jeder Stufe, wenn vor der Verdampfung a = 1 war | | Restflüssigkeit | Restflüssigkeit innerhalb von je 10 Stufen | | Restflüssigkeit von 50% bis ans Ende |
| a | a_R | f_{dm} | a_R | w_R | $a_R + w_R$ | $a_R + w_R$ | | $a_R + w_R$ |
%	%		kg	kg	kg	kg	%	%
20	19	0,584	0,928	3,958	4,886	4,886	97,7	35,2
19	18	0,619	0,924	4,204	5,128	4,390	87,8	34,1
18	17	0,657	0,921	4,494	5,415	4,270	85,4	33,0
17	16	0,696	0,918	4,819	5,737	4,154	83,1	32,05
16	15	0,735	0,915	5,178	6,093	4,037	80,7	31,05
15	14	0,787	0,909	5,582	6,491	3,906	78,1	30,08
14	13	0,855	0,904	6,047	6,961	3,786	75,7	29,16
13	12	0,935	0,900	6,597	7,497	3,667	73,4	28,28
12	11	1,015	0,896	7,248	8,141	3,565	71,3	27,51
11	10	1,110	0,890	8,010	8,900	3,471	69,4	26,74
10	9	1,229	0,876	8,760	9,636	9,636	96,36	25,28
9	8	1,419	0,862	9,910	10,772	8,10	81,0	24,3
8	7	1,635	0,847	11,110	11,957	7,62	76,2	22,70
7	6	1,910	0,812	12,820	13,632	7,05	70,5	20,55
6	5	2,284	0,798	15,320	16,118	6,66	66,6	19,80
5	4	2,849	0,774	18,570	19,344	6,15	61,5	18,40
4	3	3,763	0,708	22,800	23,508	5,21	53,1	16,05
3	2	5,042	0,612	29,980	30,592	4,22	42	12,85
2	1	9,130	0,444	43,950	44,394	2,732	27,32	8,39

Tabelle 20 (Tafel 11).

Methylalkohol und Wasser.

Ein Methylalkohol-Wasser-Dampf-Gemisch $a_c + w_c = 1{,}666$ Kilo, in dem $a_c = 1$ ist, wird in solchen Stufen niedergeschlagen, daß der jedesmalige Restdampf $a_e + w_e$ um $1\,\%$ stärker als der vorhergehende ist. f_{Rm} ist das mittlere Verhältnis der Flüssigkeiten, aus denen

$a_c + w_c$ und $a_e + w_e$ entstanden.
$$a_e = \frac{a_c\,(f_{Rm} - f_c)}{f_{Rm} - f_e}.$$

Ursprungs-Dampf enthält	Rest-	Mittleres Verhältnis der Flüssig-keit	Alkohol im Restdampf jeder Stufe, wenn vor der Kondensation $a_c = 1$ war		Restdampf jeder Stufe		Restdampf nach n-Kondensationen	
a_c	a_e	f_{Rm}	a_e	w_e	$a_e + w_e$	$a_e + w_e$	$a_e + w_e$	$a_e + w_e$
%	%		kg	kg	kg	%	kg	%
60	61	4,699	0,993	0,6345	1,627	97,6	1,628	97,6
61	62	4,473	0,993	0,6087	1,602	96,0	1,590	95,4
62	63	4,263	0,993	0,5828	1,576	94,5	1,554	93,4
63	64	4,058	0,992	0,5584	1,550	93,0	1,518	91,0
64	65	3,834	0,992	0,5336	1,526	91,5	1,481	88,8
65	66	3,640	0,992	0,5108	1,503	90,0	1,447	86,8
66	67	3,406	0,991	0,4845	1,476	88,5	1,409	84,2
67	68	3,221	0,991	0,4657	1,456	87,3	1,377	82,6
68	69	3,096	0,991	0,4449	1,436	86,1	1,348	80,8
69	70	2,854	0,991	0,4251	1,416	84,8	1,318	79,0
70	71	2,649	0,990	0,4049	1,395	83,7	1,286	77,1
71	72	2,468	0,990	0,3851	1,375	82,5	1,256	75,3
72	73	2,298	0,990	0,3659	1,355	81,2	1,225	73,5
73	74	2,124	0,989	0,3481	1,337	80,2	1,195	71,7
74	75	1,963	0,988	0,3290	1,317	79,6	1,164	69,7
75	76	1,818	0,988	0,3122	1,300	78,0	1,136	68,1
76	77	1,675	0,988	0,2954	1,283	76,9	1,108	66,5
77	78	1,539	0,987	0,2783	1,265	75,9	1,079	64,7
78	79	1,413	0,986	0,2622	1,248	74,8	1,051	63,0
79	80	1,292	0,985	0,2462	1,231	73,8	1,023	61,3
80	81	1,182	0,981	0,2295	1,210	72,6	0,987	59,4
81	82	1,078	0,980	0,2146	1,194	71,5	0,953	57,5
82	83	0,979	0,980	0,2009	1,181	70,8	0,906	54,4
83	84	0,887	0,979	0,1869	1,166	70,0	0,872	52,3
84	85	0,797	0,975	0,1716	1,147	68,8	0,842	50,5
85	86	0,708	0,973	0,1576	1,131	67,8	0,806	48,4
86	87	0,629	0,971	0,1446	1,116	66,9	0,770	46,2
87	88	0,560	0,965	0,1312	1,096	65,8	0,737	44,2
88	89	0,495	0,963	0,1184	1,081	64,8	0,697	41,8
89	90	0,435	0,960	0,1065	1,066	64,0	0,660	39,6
90	91	0,385	0,956	0,0946	1,051	63,0	0,622	37,3
91	92	0,332	0,950	0,0826	1,033	61,9	0,580	34,8
92	93	0,275	0,940	0,0707	1,011	60,6	0,534	32,0
93	94	0,229	0,927	0,0591	0,986	59,2	0,483	28,9
94	95	0,189	0,918	0,0482	0,966	58,0	0,419	25,1
95	96	0,149	0,896	0,0374	0,933	56,0	0,375	22,5
96	97	0,112	0,875	0,0270	0,902	54,1	0,308	18,5
97	98	0,074	0,817	0,0167	0,834	49,9	0,240	14,4
98	99	0,047	0,721	0,0072	0,728	43,7	0,151	9,06
99	100	0,020	0,666	0,0033	0,669	40,1	0,093	5,58

Aceton und Wasser.

Tabelle 21 (Tafel 12).

$\alpha = 125{,}28$ WE
$\beta = 537{,}00$ WE

Acetongehalt der flüssigen Aceton-Wasser-Mischungen und der aus ihnen entstehenden Dämpfe; Verhältnisse der Flüssigkeiten $\dfrac{w}{a} = f$ und der Dämpfe $\dfrac{w_d}{a_d} = f_d$; Werte von $\dfrac{\alpha + f\beta}{f - f_d}$ und $\dfrac{\alpha + f_d}{f - f_d}$.

Die Prozentzahlen stammen von H. Bergström, Stockholm (vom Verfasser verdichtet). Die [ ] umklammerten Temperaturen von Hector R. Carveth (Journ. Phys. Chem. 3. 193. 1899), die ( ) umklammerten Temperaturen von J. H. Petit (Journ. Phys. Chem. 3. 349. 1899).

Siedetempe-ratur der Flüssigkeit in ^{0} C	Aceton in der Flüssigkeit $^0/_0$ G	f	Aceton im Dampf $^0/_0$ G	f_d	$\dfrac{\alpha + f\beta}{f - f_d}$	$\dfrac{\alpha + f_d\beta}{f - f_d}$
(56,9)	100	0	100	0	∞	∞
[56,15]	99,5	0,005025	99,75	0,00251	50955	50437
	99	0,0101	99,50	0,005025	25611	24940
	98,5	0,0152	99,25	0,0076	17300	16820
	98	0,0204	99,0	0,0101	13214	12689
	97,5	0,0257	98,75	0,0127	10691	10168
	97	0,0309	98,50	0,01529	9057	8557
	96,5	0,0363	98,25	0,0178	7745	7286
	96	0,0417	98,0	0,0204	6962	6425
	95,5	0,0471	97,75	0,0230	6240	5714
[57,2]	95	0,0525	97,5	0,0257	5723	5190
	94,5	0,0582	97,38	0,026866	4995	4462
	94	0,0638	97,26	0,028032	4455	3918
	93,5	0,0695	97,14	0,029198	4032	3494
	93	0,0752	97,02	0,030364	3688	3153
	92,5	0,0811	96,90	0,031530	3413	2872
	92	0,0869	96,78	0,032696	3172	2635
	91,5	0,0929	96,66	0,033862	2963	2429
	91	0,0990	96,54	0,035028	2790	2252
	90,5	0,1050	96,42	0,036194	2640	2104
—	90	0,1110	96,3	0,037360	2524	1973
	89,5	0,1173	96,24	0,038526	2387	1845
[58,3]	89	0,1230	96,18	0,03969	2295	1759
(59)	88,5	0,1299	96,02	0,04035	2175	1640
	88	0,1360	96,06	0,04102	2088	1551
	87,5	0,1427	96,00	0,04168	1998	1461
	87	0,1490	95,94	0,042229	1930	1389
	86,5	0,1558	95,88	0,042778	1846	1310
	86	0,1600	95,82	0,043327	1812	1274
[58,9]	85,5	0,1695	95,76	0,043876	1730	1190

Siedetemperatur der Flüssigkeit in °C	Aceton in der Flüssigkeit % G	f	Aceton im Dampf % G	f_d	$\dfrac{\alpha+f\beta}{f-f_d}$	$\dfrac{\alpha+f_d\beta}{f-f_d}$
—	85	0,1760	95,7	0,044425	1677	1137
	84,5	0,1833	95,66	0,044974	1619	1082
	84	0,190	95,62	0,0455	1577,7	1040
	83,5	0,198	95,58	0,0461	1529	994
	83	0,205	95,54	0,0466	1489	949
	82,5	0,212	95,50	0,0471	1448	943
	82	0,219	95,46	0,0476	1420	882
	81,5	0,227	95,42	0,0480	1382	846
	81	0,234	95,38	0,0485	1354	817
	80,5	0,242	95,34	0,0489	1323	786
—	80	0,250	95,30	0,0494	1297	759
	79,5	0,258	95,26	0,0498	1265	733
	79	0,266	95,22	0,0502	1243	705
	78,5	0,274	95,18	0,0507	1222	683
[59,7]	78	0,282	95,14	0,0511	1200	662
	77,5	0,290	95,10	0,0516	1180	642
	77	0,2987	95,06	0,0520	1161	622
(60,7)	76,5	0,307	95,02	0,0525	1141	603
	76	0,316	94,98	0,0528	1100	583
	75,5	0,324	94,94	0,0532	1104	567
—	75	0,333	94,90	0,0535	1088	550
	74,5	0,342	94,87	0,0539	1073	538
	74	0,352	94,84	0,0542	1055	517
	73,5	0,360	94,81	0,0546	1046	506
	73	0,370	94,78	0,0549	1028	491
	72,5	0,379	94,75	0,0553	1016	478
[60,45]	72	0,389	94,72	0,0557	1003	465
	71,5	0,397	94,69	0,0560	993	456
	71	0,409	94,66	0,0564	979	441
	70,5	0,418	94,63	0,0567	970	431
—	70	0,429	94,6	0,0571	957	417
	69,5	0,439	94,57	0,0574	947	410
	69	0,449	94,54	0,0578	939	399
	68,5	0,460	94,51	0,0582	927	390
	68	0,472	94,48	0,0585	916	379
	67,5	0,481	94,45	0,0588	910	371
	67	0,493	94,42	0,0591	895	362
	66,5	0,503	94,39	0,0595	892	355
[61,0]	66	0,515	94,36	0,0598	883	345
(61,6)	65,5	0,526	94,33	0,0601	877	339
—	65	0,538	94,30	0,0605	868	331
	64,5	0,550	94,27	0,0608	860	323
	64	0,563	94,24	0,0611	852	315

Siedetemperatur der Flüssigkeit in °C	Aceton in der Flüssigkeit %G	f	Aceton im Dampf %G	f_d	$\dfrac{\alpha + f\beta}{f - f_d}$	$\dfrac{\alpha + f_d\beta}{f - f_d}$
	63,5	0,573	94,21	0,0614	846	309
	63	0,587	94,18	0,0618	838	300
	62,5	0,600	94,15	0,0621	832	295
	62	0,613	94,12	0,0624	825	289
	61,5	0,626	94,09	0,0628	819	282
	61	0,639	94,06	0,0631	814	276
(62,4)	60,5	0,652	94,03	0,0634	807	271
—	60	0,666	94,00	0,0638	800	266
	59,5	0,680	93,96	0,0642	797	259
	59	0,695	93,92	0,0646	791	254
	58,5	0,709	93,88	0,0651	785	249
	58	0,724	93,84	0,0655	780	244
	57,5	0,739	93,80	0,0660	775	238
	57	0,754	93,76	0,0664	770	234
	56,5	0,770	93,72	0,0668	766	229
	56	0,785	93,68	0,0673	762	225
	55,5	0,801	93,64	0,0677	757	223
	55	0,818	93,60	0,0683	753	216
[62]	54,5	0,834	93,57	0,0686	749	212
(63)	54	0,851	93,54	0,0691	744	207
	53,5	0,869	93,51	0,0695	740	204
	53	0,887	93,48	0,0699	736	199
	52,5	0,904	93,45	0,0702	732	195
	52	0,923	93,42	0,0705	728	191
	51,5	0,941	93,39	0,0708	724,6	187,6
	51	0,964	93,36	0,0709	721,1	183,5
	50,5	0,980	93,33	0,0712	717,2	179,9
—	50	1,00	93,30	0,0713	714,4	176,1
	49,5	1,020	93,27	0,0714	709	172,4
	49	1,042	93,24	0,0715	705	168,5
	48,5	1,062	93,21	0,0716	702,4	165
	48	1,082	93,18	0,0717	699	162
	47,5	1,105	93,15	0,0718	697	158
[63,23]	47	1,128	93,12	0,0719	694,5	155
(64,2)	46,5	1,1503	93,09	0,0721	691	152
	46	1,174	93,06	0,0722	687	149
(64,4)	45,5	1,198	93,03	0,0720	684	146
—	45	1,222	93,00	0,0723	683	143
	44,5	1,247	92,95	0,0734	679	141
	44	1,273	92,90	0,0743	678	138
	43,5	1,299	92,85	0,0751	674	136
	43	1,326	92,80	0,0769	671	133
	42,5	1,353	92,75	0,0768	669	130

Siedetemperatur der Flüssigkeit in °C	Aceton in der Flüssigkeit % G	f	Aceton im Dampf % G	f_d	$\dfrac{\alpha + f\beta}{f - f_d}$	$\dfrac{\alpha + f_d\beta}{f - f_d}$
	42	1,381	92,70	0,0776	667	128
	41,5	1,419	92,65	0,0786	664	126
	41	1,439	92,60	0,0794	662	124
(65,3)	40,5	1,469	92,55	0,0803	659	121
—	40	1,500	92,50	0,0811	657	119
	39,5	1,531	92,43	0,0821	653	117
	39	1,564	92,36	0,0830	651	115
	38,5	1,597	92,29	0,0839	650	113
	38	1,632	92,22	0,0849	649	111
	37,5	1,666	92,15	0,0858	644	108
	37	1,703	92,08	0,0867	643	106
	36,5	1,739	92,01	0,0876	642	104
[65,9]	36	1,778	91,94	0,0885	640	102
	35,5	1,817	91,87	0,0895	638,6	100,6
—	35	1,857	91,8	0,0904	636,5	98,5
	34,5	1,899	91,72	0,0914	634,3	96,6
	34	1,941	91,64	0,0923	632,8	94,7
(67)	33,5	1,985	91,56	0,0933	630,0	92,7
	33	2,033	91,48	0,0942	629,1	90,8
	32,5	2,077	91,40	0,0952	626,5	89,1
	32	2,124	91,32	0,0961	625,3	87
	31,5	2,174	91,24	0,0971	623,0	85,5
	31	2,225	91,16	0,0980	620,4	83,6
	30,5	2,278	91,08	0,0989	620,3	82,1
—	30	2,333	91,00	0,0990	616,8	80,1
	29,5	2,389	90,88	0,1004	616,2	78,5
	29	2,449	90,76	0,1019	614,8	76,8
	28,5	2,508	90,64	0,1033	612,3	75,2
	28	2,571	90,52	0,1048	611,4	73,6
	27,5	2,636	90,40	0,1062	610,2	72,2
	27	2,704	90,28	0,1077	608,7	70,6
	26,5	2,773	90,16	0,1092	605,2	68,9
	26	2,847	90,04	0,1106	602,0	67,6
	25,5	2,941	89,92	0,1121	603,2	65,6
—	25	3,00	89,8	0,1136	602,3	64,6
(70,7)	24,5	3,081	89,59	0,1162	599,5	63,2
	24	3,167	89,38	0,1188	598,9	62,0
[78,95]	23,5	3,255	89,17	0,1215	597,4	60,8
	23	3,348	88,96	0,1241	596,7	59,5
	22,5	3,454	88,75	0,1268	596,1	58,6
	22	3,542	88,52	0,1296	593,	57,1
	21,5	3,651	88,29	0,1331	592,1	55,7
	21	3,762	88,06	0,1356	594,1	54,8
	20,5	3,878	87,83	0,1386	591,4	53,5

Siedetemperatur der Flüssigkeit in °C	Aceton in der Flüssigkeit %G	f	Aceton im Dampf %G	f_d	$\dfrac{\alpha + f\beta}{f - f_d}$	$\dfrac{\alpha + f_d\beta}{f - f_d}$
—	20	4,00	87,6	0,1415	588	52,0
	19,5	4,128	87,28	0,1458	587	50,9
[71,9]	19	4,266	86,96	0,1499	586	49,9
74,3	18,5	4,405	86,64	0,1542	585	48,8
	18	4,550	86,32	0,1584	583	47,7
[73,3]	17,5	4,714	86	0,1600	582	46,2
	17	4,882	85,64	0,1677	581	45,5
[73,56]	16,5	5,060	85,28	0,1726	580	44,3
	16	5,250	84,92	0,1775	579	43,7
	15,5	5,451	84,56	0,1826	578	42,3
—	15	5,660	84,2	0,1875	577	41,0
	14,5	5,896	83,78	0,1936	576	40,0
	14	6,143	83,37	0,1996	574	38,9
	13,5	6,407	82,95	0,2054	573	37,8
	13	6,692	82,47	0,2127	572	36,8
[77,16]	12,5	7,00	81,93	0,2198	571	35,7
	12	7,333	81,5	0,2269	570	34,5
	11,5	7,695	80,73	0,2388	569	33,9
(81,1)	11	8,104	79,95	0,2508	568	33,0
	10,5	8,526	79,18	0,2630	568	32,1
—	10	9	78,4	0,2754	567	31,1
[80,7]	9,5	9,520	77,6	0,2885	567	30,2
	9	10,111	76,8	0,3020	566	29,2
	8,5	10,800	75,6	0,3226	566	28,3
	8	11,5	74,4	0,3440	565	27,9
	7,5	12,330	72,8	0,3735	565	27,3
	7	13,286	71,2	0,4044	564	26,6
	6,5	14,380	69,3	0,4415	564	25,7
	6	15,79	67,4	0,4835	563	25,0
	5,5	17,180	65,1	0,5360	562	24,7
	5	19,2	62,6	0,5973	561	23,6
[88,7]	4,5	21,21	59,3	0,6862	560	23,57
	4	24	56,0	0,785	560	23,55
	3,5	27,51	51,70	0,934	560	23,53
	3	32,33	47,0	1,128	560	23,39
	2,5	39,0	41,6	1,404	560	23,24
[94,63]	2	49	36,0	1,778	560	23,0
	1,5	65,66	28,2	2,546	560	23,0
	1	99	20,4	3,911	560	23,0
	0,5	199	11,0	8,104	560	23,0
	0,4	249	8,93	10,200	560	23,0
	0,3	332,3	6,85	13,601	559	22,8
	0,2	499,0	4,78	19,950	558	22,4
99,8	0,1	999	2,7	36,030	558	20,2

Tabelle 22 (Tafel 23).

Aceton und Wasser.

In Verstärkungssäulen erforderliche Rücklaufwärme C_R um 1 Kilo Aceton als Dampf von 95 bis 99,75% zu gewinnen aus Aceton-Wassermischungen von 95,5 bis 1%.

Acetongehalt		Es soll gewonnen werden 1 Kilo Aceton als:		Acetongehalt		Es soll gewonnen werden 1 Kilo Aceton als:	
der Flüssigkeit	des Dampfes	95% C_R	99,75% C_R	der Flüssigkeit	des Dampfes	95% C_R	99,75% C_R
%G	%G	WE	WE	%G	%G	WE	WE
95,5	97,75	—	—	35	91,8	24,12	55,9
95	97,5	—	132,9	30	91,0	28,66	59,5
90	96,3	—	87,7	25	89,0	36,75	66,8
85	95,7	—	70,2	20	87,6	52,30	81,7
80	95,3	—	60,5	15	84,2	77,70	108,0
75	94,9	1,09	55,4	10	78,4	126,20	154,0
70	94,6	4,40	52,3	9	76,8	146,20	168,9
65	94,3	6,94	50,3	8	74,4	164,60	192,4
60	94	9,04	49,8	7	71,2	198,20	225,1
55	93,6	11,89	49,6	6	67,4	242,60	269,3
50	93,3	13,79	49,6	5	62,6	305,40	332,6
45	93,0	15,57	49,7	2	36,0	965,00	994,3
40	92,5	18,75	51,7	1	20,0	2160,00	2188,8

In Abtriebssäulen erforderliche Verdampfungswärme C_a um 100 Kilo Wasser aus Aceton-Wassermischungen von 95,5 bis 1% G abzutrennen (oder um in ihnen für 100 Kilo Ablaufwasser den Acetongehalt des Dampfes von 0,1% unten auf 97,75% G oben zu erhöhen).

Acetongehalt der Flüssigkeit	Für 100 Kilo Ablaufwasser	Acetongehalt der Flüssigkeit	Für 100 Kilo Ablaufwasser	Acetongehalt der Flüssigkeit	Für 100 Kilo Ablaufwasser
%G	C_a	%G	C_a	%G	C_a
95,5	5 043 700	55	21 600	10	3 110
95	519 000	50	17 600	9	2 920
90	197 300	45	14 300	8	2 790
85	113 700	40	11 900	7	2 660
80	75 900	35	9 850	6	2 500
75	55 000	30	8 010	5	2 360
70	41 700	25	6 460	2	2 350
65	33 100	20	5 200	1	2 300
60	26 600	15	4 100		

Tabelle 23.

Aceton und Wasser.

Verstärkungssäulen.

Acetongehalt der Flüssigkeit und des Dampfes auf jedem Boden der Verstärkungssäulen zur Gewinnung von Dampf mit 99,75% Aceton (0,25% Wasser) beim Aufwand von $C_R = 1500$ bis 20000 WE Rücklaufwärme für 10 Kilo Aceton.

Nummern der Böden von oben beginnend	Rücklaufwärme C_R für 10 Kilo Aceton									
	1500 WE		3000 WE		5000 WE		10000 WE		20000 WE	
	Fl %	D %	Fl %	D %	Fl %	D %	Fl %	D %	Fl %	D %
	99,5	99,75	99,5	99,75	99,5	99,75	99,5	99,75	99,5	99,75
1	99	99,5	99	99,5	99	99,5	98,9	99,47	98,9	99,4
2	98,75	99,4	98,6	99,3	98,5	99,25	98	99	97,8	98,9
3	98,6	99,3	97,9	98,98	96,6	98,3	96,5	98,2	96,2	98,1
4	98,27	99,11	96,9	98,48	94,5	97,39	92,8	96,99	87,1	95,98
5	97,9	98,98	95,75	97,87	86,5	95,83	58	93,84	22	88,51
6	97,0	98,5	93,1	97,06	26	90,03	7	71,6	2	36,32
7	96,1	98,13	83	95,53	4,66	60,46	4,8	61,25	1,15	22,45
8	95,6	97,78	24,6	89,63	3,7	53,07	2,4	40	—	—
9	95,2	97,6	18,3	86,56	3,6	52,5	2	36	—	—
10	94,2	97,3	6,1	67,81	—	—	—	—	—	—
11	93	97	5,5	65,13	—	—	—	—	—	—
12	92,1	96,89	—	—	—	—	—	—	—	—
13	88,25	96,09	—	—	—	—	—	—	—	—
14	69,1	94,56	—	—	—	—	—	—	—	—
15	22	88,48	—	—	—	—	—	—	—	—
16	11	80,1	—	—	—	—	—	—	—	—
17	10,75	79,5	—	—	—	—	—	—	—	—
18	10,4	78,95	—	—	—	—	—	—	—	—

Tabelle 24.

Aceton und Wasser.

Abtriebssäulen.

Acetongehalt der Flüssigkeit und des Dampfes auf jedem Boden der Abtriebssäulen bei Aufwand von $C_a = 2500$ bis 12000 WE für 100 Kilo Ablaufwasser.

No. der Böden von unten beginnend	Wärmeaufwand C_a für 100 Kilo Wasser							
	2500 WE		3000 WE		8000 WE		12000 WE	
	Fl %	D %	Fl %	D %	Fl %	D %	Fl %	D %
28	—	—	9,0	76,8	—	—	—	—
27	—	—	8,46	75,3	—	—	—	—
26	—	—	7,65	73	—	—	—	—
25	—	—	6,81	70,4	—	—	—	—
24	—	—	5,76	66,3	—	—	—	—
23	—	—	4,4	58,6	—	—	—	—
22	—	—	3,565	51,7	—	—	—	—
21	—	—	2,78	44,2	—	—	—	—
20	0,197	4,60	2,14	38	—	—	—	—
19	0,191	4,25	1,724	31,1	—	—	—	—
18	0,1518	3,73	1,3	26	—	—	—	—
17	0,1338	3,33	1,023	20,8	—	—	—	—
16	0,1130	2,93	0,825	16,9	—	—	—	—
15	0,0956	2,58	0,71	14,0	—	—	—	—
14	0,07697	2,077	0,5601	12,32	—	—	—	—
13	0,06360	1,717	0,4719	9,84	—	—	—	—
12	0,052445	1,416	0,3738	7,9	—	—	—	—
11	0,04235	1,144	0,27785	6,349	—	—	—	—
10	0,03468	0,9363	0,2187	5,0	—	—	—	—
9	0,02865	0,7735	0,1588	3,97	29,37	90,8	—	—
8	0,02375	0,64125	0,1129	2,934	27,25	90,3	—	—
7	0,019338	0,5221	0,0746	2,062	19,237	87,0	—	—
6	0,01601	0,4320	0,05278	1,425	8,0488	74,5	39	92,3
5	0,01317	0,3556	0,03692	0,9971	2,491	41,45	10	78,4
4	0,01080	0,2916	0,02614	0,7057	0,7887	16,72	2,5	41,6
3	0,00895	0,2417	0,01821	0,4916	0,249	5,801	0,607	12,8
2	0,00767	0,2008	0,01270	0,3429	0,062	1,884	0,115	3,1
1	0,006086	0,164	0,00716	0,1934	0,01756	0,4737	0,0246	0,664
	0,005	0,135	0,005	0,135	0,005	0,135	0,005	0,135

Tabelle 25 (Tafel 24).

$$\alpha = 125,28 \text{ WE}$$
$$\beta = 265 \text{ WE}$$

Aceton und Methylalkohol.

Acetongehalt der flüssigen Aceton-Methylalkohol-Mischungen und der aus ihnen entstehenden Dämpfe. Verhältnisse der Flüssigkeiten $\dfrac{m}{a} = f$ und der Dämpfe $\dfrac{m_d}{a_d} = f_d$. Werte von $\dfrac{\alpha + f \cdot \beta}{f - f_d}$ und $\dfrac{\alpha + f_d \beta}{f - f_d}$.

Nach J. H. Petit (J. Phys. Chem. 3. 349. 1899).

(Vom Verfasser erweitert.)

Die 4. resp. 8. Spalte gibt den Acetongehalt der Dämpfe nach Hilding Bergström.

Siede-temperatur	Acetongehalt			Siede-temperatur	Acetongehalt		
	der Flüssigkeit	des Dampfes (Petit)	des Dampfes (Bergström)		der Flüssigkeit	des Dampfes (Petit)	des Dampfes (Bergström)
°C	% G	% G	% G	°C	% G	% G	% G
(56,7)	100	0		55,95	85,5	88,28	
	99,5	99,88			85	88	85,8
	99	99,75			84,5	87,75	
	98,5	99,63			84	87,5	85
	98	99,5		55,9	83,5	87,25	
	97,5	99,12			83	87	84,3
(56,4)	97	98,75			82,5	86,75	
	96,5	98,25			82	86,5	83,6
	96	97,75			81,5	86,25	
	95,5	97,25			81	86	82,8
	95	96,75			80,5	85,7	
	94,5	96,38			80	85,4	82,1
	94	96			79,5	85,1	
	93,5	95,5			79	84,8	81,5
(56,1)	93	95			78,5	84,5	
	92,5	94,5			78	84,28	80,8
	92	94,1	92		77,5	83,9	
	91,5	93,7			77	83,68	80,2
	91	93,2	91		76,5	83,4	
	90,5	92,65		56,1	76	83,18	79,6
	90	92,1	90		75,5	82,96	
	89,5	91,55			75	82,74	79
	89	91	89,1		74,5	82,54	
55,9	88,5	90,5			74	82,32	78,3
	88	90	88,2		73,5	82,10	
	87,5	89,5			73	81,88	77,7
	87	89	87,4		72,5	81,66	
	86,5	88,75			72	81,44	77
	86	88,5	86,6		71,5	81,22	

Siede-temperatur °C	Acetongehalt			Siede-temperatur °C	Acetongehalt		
	der Flüssigkeit % G	des Dampfes (Petit) % G	des Dampfes (Bergström) % G		der Flüssigkeit % G	des Dampfes (Petit) % G	des Dampfes (Bergström) % G
71	81	76,4			67,5	79,1	
70,5	80,75				67	78,8	73,9
70	80,5	75,8			66,5	78,5	
69,5	80,25			56,65	66	78,2	73,2
69	80	75,1			65,5	77,9	
68,5	79,7				65	77,6	72,6
68	79,4	74,5			64,5	77,3	

Siede-temperatur °C	Aceton in der Flüssigkeit a % G	f	Aceton im Dampf a_d % G	f_d	$\dfrac{\alpha + f \cdot \beta}{f - f_d}$	$\dfrac{\alpha + f_d \cdot \beta}{f - f_d}$	Hilding Bergström a_d % G
	64	0,563	77	0,298	1035	771	71,9
	63,5	0,573	76,75	0,303	1024	758	
	63	0,587	76,5	0,307	1002	733	71,2
	62,5	0,600	76,2	0,312	985	721	
	62	0,613	75,9	0,318	972	706	70,6
	61,5	0,626	75,6	0,323	960	693	
	61	0,639	75,3	0,328	945	681	69,9
	60,5	0,652	75	0,333	932	666	
	60	0,666	74,7	0,339	921	657	69,2
	59,5	0,680	74,4	0,344	908	643	
	59	0,695	74,1	0,350	893	630	68,6
	58,5	0,709	73,8	0,355	882	617	
	58	0,724	73,5	0,361	871	607	67,9
	57,5	0,739	73,2	0,366	860	594	
57,5	57	0,754	72,9	0,372	850	586	67,3
	56,5	0,770	72,55	0,378	838	573	
	56	0,785	72,2	0,385	832	567	66,6
	55,5	0,801	71,85	0,392	822	558	
	55	0,818	71,5	0,399	813	549	65,9
	54,5	0,834	71,15	0,406	803	540	
	54	0,851	70,8	0,412	798	533	65,3
	53,5	0,869	70,4	0,421	788	526	
	53	0,887	70	0,429	785	521	64,7
	52,5	0,924	69,5	0,439	784	518	
57,75	52	0,923	69,14	0,447	777	510	64

Siede-tem-peratur °C	Aceton in der Flüssigkeit a %G	f	Aceton im Dampf a_d %G	f_d	$\dfrac{\alpha+f\cdot\beta}{f-f_d}$	$\dfrac{\alpha+f_d\cdot\beta}{f-f_d}$	Hilding Bergström a_d %G
	51,5	0,941	68,72	0,455	769	505	
58,02	51	0,964	68,3	0,464	760	496	63,2
	50,5	0,980	67,9	0,473	758	492	
58	50	1,000	67,5	0,482	732	487	62,3
	49,5	1,020	67,12	0,490	744	480	
	49	1,042	66,75	0,498	735	471	61,8
	48,5	1,062	66,38	0,507	729	466	
58,34	48	1,082	66	0,515	724	460	61,1
58,5	47,5	1,105	65,65	0,523	718	453	
	47	1,128	65,3	0,531	707	445	60,3
58,52	46,5	1,150	64,91	0,540	703	439	
	46	1,174	64,5	0,550	696	433	59,7
	45,5	1,198	64,25	0,556	691	422	
	45	1,222	63,8	0,567	685	420	58,8
	44,5	1,247	63,35	0,578	680	415	
58,8	44	1,273	62,9	0,590	673	410	58,6
	43,5	1,299	62,45	0,600	669	406	
	43	1,326	62	0,613	666	401	57,1
	42,5	1,353	61,5	0,626	663	400	
	42	1,381	61	0,639	661	396	56,3
58,96	41,5	1,410	60,7	0,648	653	389	
	41	1,439	60,2	0,661	652	387	55,9
	40,5	1,469	59,7	0,677	646	383	
	40	1,500	59,2	0,689	643	381	54,5
	39,5	1,531	58,75	0,702	641	376	
	39	1,564	58,3	0,715	634	370	53,6
	38,5	1,597	57,8	0,730	628	365	
59,5	38	1,632	57,3	0,745	628	364	52,8
	37,5	1,666	56,8	0,761	622	359	
	37	1,703	56,3	0,776	621	357	52
	36,5	1,739	55,8	0,792	620	355	
	36	1,778	55,3	0,808	612	349	51
	35,5	1,817	54,85	0,824	610	346	
	35	1,857	54,4	0,838	606	341	50
	34,5	1,899	53,9	0,855	603	338	
	34	1,941	53,4	0,873	599	334	49
	33,5	1,985	52,88	0,891	595	330	
	33	2,030	52,33	0,910	591	326	48
	32,5	2,077	51,8	0,930	591	325	
60,2	32	2,124	51,25	0,950	585	322	47
	31,5	2,174	50,65	0,974	583	319	
	31	2,225	50,1	0,996	581	317	46

Siede-temperatur °C	Aceton in der Flüssigkeit a %G	f	Aceton im Dampf a_d %G	f_d	$\frac{\alpha + f \cdot \beta}{f - f_d}$	$\frac{\alpha + f_d \cdot \beta}{f - f_d}$	Hilding Bergström a_d %G
	30,5	2,278	49,55	1,018	576	314	
	30	2,333	49	1,042	575	310	45
	29,5	2,389	48,5	1,062	572	305	
	29	2,448	48	1,083	566	303	44
	28,5	2,508	47,4	1,109	567	301	
	28	2,571	46,8	1,138	563	297	42,9
	27,5	2,636	46,15	1,166	560	295	
	27	2,704	45,5	1,198	558	294	41,8
	26,5	2,773	44,82	1,230	557	292	
	26	2,847	44,2	1,262	554	289	40,5
	25,5	2,941	43,6	1,294	552	285	
	25	3,000	43	1,326	550	284	39,4
	24,5	3,081	42,4	1,358	547	281	
	24	3,167	41,75	1,395	546	280	38,2
	23,5	3,255	41,15	1,430	541	275	
	23	3,398	40,5	1,469	540	275	36,9
	22,5	3,444	39,8	1,513	536	272	
	22	3,542	39,2	1,551	533	269	35,6
	21,5	3,651	38,6	1,591	533	265	
61,8	21	3,762	38	1,632	530	263	34,3
	20,5	3,878	37,2	1,688	527	261	
	20	4,000	36,5	1,739	524	259	33,1
61,98	19,5	4,128	35,8	1,793	522	256	
	19	4,266	35,2	1,841	517	252	31,8
	18,5	4,405	34,5	1,899	514	251	
	18	4,550	33,9	1,950	512	247	30,4
	17,5	4,714	33,2	2,012	506	243	
	17	4,882	32,5	2,077	505	240	28,1
	16,5	5,060	31,7	2,155	504	239	
	16	5,250	31	2,226	501	235	27,6
	15,5	5,451	30,4	2,285	496	231	
	15	5,66	29,5	2,389	495	230	26,2
	14,5	5,90	28,8	2,472	492	227	
	14	6,14	28,2	2,546	486	222	24,7
	13,5	6,40	27,6	2,623	480	216	
	13	6,69	27	2,704	475	210	23,2
	12,5	7,00	26,2	2,817	473	207	
	12	7,33	25,5	2,941	468	204	21,7
	11,5	7,70	24,75	3,045	464	199	
63,44	11	8,10	24	3,167	460	196	20,2
	10,5	8,53	23	3,348	459	194	
	10	9,00	22	3,542	45	193	18,6

Siede-temperatur °C	Aceton in der Flüssigkeit a %G	f	Aceton im Dampf a_d %G	f_d	$\dfrac{\alpha + f \cdot \beta}{f - f_d}$	$\dfrac{\alpha + f_d \cdot \beta}{f - f_d}$	Hilding Bergström a_d %G
	9,5	9,52	21	3,762	457	193	
	9	10,11	20,1	3,975	455	190	17
	8,5	10,80	19	4,266	451	187	
63,9	8	11,50	18,4	4,435	448	184	15,3
	7,5	12,33	17,4	4,747	445	182	
	7	13,29	16,5	5,060	441	178,5	13,6
	6,5	14,38	15,8	5,329	432	168,3	
	6	15,79	15	5,660	425	160,5	11,8
	5,5	17,18	14	6,143	419	158	
	5	19,20	13	6,692	416	151,2	10,1
	4,5	21,21	12	7,333	413	148	
	4	24	11	8,090	407	142,7	8,1
	3,5	27,51	10,1	8,900	397	133,1	
	3	32,33	9	10,111	390	126	6,2
	2,5	39	8	11,500	378	115	
	2	49	6,5	14,380	375	113	4,2
	1,5	65,66	5,2	18,231	369	104,2	
65,63	1	99	4	24	353	86,1	2,2
	0,5	199	2,1	46,619	346,8	81,4	1,1

Tabelle 26 (Tafel 23).

Aceton und Methylalkohol.

In Verstärkungssäulen erforderliche Rücklaufwärme C_R um 1 Kilo Aceton als Dampf mit 50—60—70% G Aceton zu gewinnen aus Aceton-Methylalkohol-Mischungen von 52 bis 0,5% Aceton.

Acetongehalt		Es soll gewonnen werden 1 Kilo Aceton als Dampf von			Acetongehalt		Es soll gewonnen werden 1 Kilo Aceton als Dampf von			In Abtriebssäulen erforderliche Verdampfungswärme Ca für 100 Kilo Methylalkohol-Ablauf
der Flüssigkeit	des Dampfes	50% C_R	60% C_R	70% C_R	der Flüssigkeit	des Dampfes	50% C_R	60% C_R	70% C_R	
% G	% G	WE	WE	WE	% G	% G	WE	WE	WE	WE
52	69,1	—	—	14,2	16	31,0	612	780	900	23 500
50	67,5	—	—	30,0	15	29,5	676	851	970	23 000
48	66,0	—	—	60,0	14	28,2	750	913	1020	22 200
46	64,5	—	—	85	13	27,0	809	968	1080	21 000
44	62,9	—	—	108	12	25,5	908	1065	1174	20 400
42	61,0	—	—	138	11	24,0	997	1150	1203	19 800
40	59,2	—	48	167	10	22,0	1166	1320	1427	19 400
38	57,3	—	50	199	9	20,1	1354	1506	1613	19 200
36	55,3	—	81	232	8	18,4	1538	1688	1792	18 400
34	53,4	—	124	266	7	16,5	1790	1838	1998	17 850
32	51,3	—	166	304	6	15,0	1980	2220	2220	16 050
30	49,0	24,15	215	353	5	13,0	2366	2506	2616	15 120
28	46,8	77,69	265	399	4	11,0	2885	3021	3117	14 270
26	44,2	145,10	322	461	3	9,0	3552	3681	3749	12 600
24	41,8	215	398	528	2	6,5	5017	5140	5231	11 300
22	39,2	293	522	597	1	4,0	8119	8230	8330	8 610
20	36,5	387	562	686	0,5	2,1	15820	15942	15960	8 140
18	33,9	486	657	779						

Tabelle 27.

Aceton und Methylalkohol.

Verstärkungssäulen.

Acetongehalt der Flüssigkeit und des Dampfes auf jedem Boden der Verstärkungssäulen zur Gewinnung von Dampf mit 50—60—70 % Aceton (50—40—30 % Methylalkohol) beim Aufwand von $C_R = 8000$ bis 40000 WE Rücklaufwärme für 10 Kilo Aceton.

Nummern der Böden von oben beginnend	Rücklaufwärme C_R für 10 Kilo Aceton									
	8000 WE		10000 WE		20000 WE		30000 WE		40000 WE	
	Fl	D	Fl	D	Fl	D	Fl	D	Fl	D
	%	%	%	%	%	%	%	%	%	%
Das Produkt enthält 50 % G Aceton										
	31	50	31	50	31	50	31	50	31	50
1	20,6	37,95	20,95	36,83	18,5	34,5	17,75	33,95	17,4	33
2	16,5	31,55	14	28,1	11,5	24,75	10,4	22,6	9,4	20,75
3	14,5	29,05	11,9	25,95	8,6	19,1	6,6	16	5,5	14
4	14	28,1	11,5	24,7	7,48	16,83	4,75	13	3,8	10,6
5	13,7	27,6	11,2	24,20	6,7	16	4,2	11,25	2,95	7,15
Das Produkt enthält 60 % G Aceton										
	41,5	60	41,5	60	41,5	60	41,5	60	41,5	60
1	28	46,75	26,1	44,3	25,5	43,5	25	43	24,4	42,6
2	21	38,25	19,5	36,6	16	31	14,75	29,3	13,73	27,95
3	18	34	16	31	10,7	23,45	9	20,2	7,9	18,1
4	17,5	32,1	14,5	28,9	8,7	19,4	6,75	15,2	4,8	12,7
5	17	32,1	13,7	27,75	7,7	17,6	4,6	12,8	3,4	10,1
6	16,25	32,06	13	13	7,2	16,8	4,25	11,6	2,95	8,9
Das Produkt enthält 70 % G Aceton										
	53	70	53	70	53	70	53	70	53	70
1	38	57,25	37,4	56,7	35,8	55,4	35	54,5	34,7	54,15
2	28	46,75	26,5	45	23	40,5	21,75	38,7	20	36,5
3	22,4	40	20,5	37,5	15	29,6	12,5	26,1	11	24
4	20	36,5	18,2	34,1	10,6	23	8,25	18,75	6,6	16
5	18,5	34,7	16,25	31,5	8,75	19,4	5,9	14,75	4,5	11,8
6	18	34,2	15,3	30,4	7,85	18	4,75	12,8	3,5	9,95
7	15,4	33,8	15	29,4	7,4	17,2	4,4	11,75	3	9

Tabelle 28.

Aceton und Methylalkohol.

Abtriebssäulen.

Acetongehalt der Flüssigkeit und des Dampfes auf jedem Boden der Abtriebssäulen bei Aufwand von $C_a = 10000$ bis 50000 WE für 100 Kilo Ablauf-Methylalkohol.

No. der Böden von unten beginnend	Wärmeaufwand C_a für 100 Kilo Ablauf-Methylalkohol									
	10000 WE		20000 WE		30000 WE		40000 WE		50000 WE	
	Fl %	D %	Fl %	D %	Fl %	D %	Fl %	D %	Fl %	D %
n	1,45	5,1	11,7	25,4	28,4	47,3	42,5	61,5	51,25	68,5
20	—	—	—	—	—	—	—	—	50,01	67,6
19	0,0629	0,25	8,4	18,8	24,15	41,75	39,8	59	50	67,5
18	0,0573	0,229	8,25	18,6	23,1	41	39,3	59	49,4	66,9
17	0,0520	0,207	8,1	18,5	22,1	39,1	38,8	57,7	48	66
16	0,0440	0,176	7,6	17,5	20,8	37,1	37	56,3	46,5	64,91
15	0,0402	0,161	7,0	16,5	18,5	34,8	35,1	53	44	62,9
14	0,0367	0,147	6,0	15	16,2	22,95	33,3	52,1	40,5	59,7
13	0,0350	0,140	5,0	13	14,25	28,5	30,9	49	36,5	55,8
12	0,0318	0,127	4,0	11	12	25,5	27	45,5	31,75	50,65
11	0,0289	0,115	2,9	8,85	9,25	21,5	23	40,15	26,5	44,6
10	0,0259	0,104	2,4	7,9	7,6	17,2	17,2	33,3	20,75	37,5
9	0,0237	0,095	1,7	5,85	5,4	13,8	12,32	26,1	15,2	29,6
8	0,0215	0,086	1,0	4,0	3,45	10,0	8,6	19,6	10	22
7	0,0196	0,078	0,66	2,37	1,81	6,3	5,35	14	6,0	15
6	0,0179	0,0694	0,4	1,38	0,9	3,3	2,7	8,5	3,01	9
5	0,0163	0,0654	0,2	0,84	0,408	1,6	1,22	4,40	1,21	4,5
4	0,0148	0,0595	0,098	0,39	0,194	0,81	0,48	1,91	0,446	1,79
3	0,0135	0,0542	0,0571	0,220	0,091	0,39	0,140	0,54	0,171	0,680
2	0,0121	0,0493	0,0329	0,131	0,0424	0,169	0,0581	0,233	0,0653	0,260
1	0,0116	0,0467	0,0190	0,0763	0,0212	0,0847	0,0240	0,0962	0,0262	0,105
	0,01	0,04	0,01	0,04	0,01	0,04	0,01	0,04	0,01	0,04

Tabelle 29.

$\alpha = 529{,}0\ \text{WE}$
$\beta = 75{,}5\ \text{WE}$

Wasser und Essigsäure.

Wassergehalt der flüssigen Essigsäure-Wasser-Mischungen und der aus ihnen entstehenden Dämpfe; Verhältnisse der Flüssigkeiten $\dfrac{e}{w} = f$ und der Dämpfe $\dfrac{e_d}{w_d} = f_d$; Werte von $\dfrac{\alpha + f\beta}{f - f_d}$ und $\dfrac{\alpha + f_d\beta}{f - f_d}$.

Die eckig geklammerten Prozentzahlen [] stammen von Lord Rayleigh (Phil. Mag. 4, S. 521, 1902), die rund geklammerten Zahlen ( ) von C. Blacher (Riga 1903), alle anderen von H. Bergström (Stockholm 1911). Diese sind vom Verfasser erweitert.

Siedetemperatur °C	Wasser in der Flüssigkeit %	$\dfrac{e}{w} = f$	Wasser im Dampf %	$\dfrac{e_d}{w_d} = f_d$	$\dfrac{\alpha + f\beta}{f - f_d}$	$\dfrac{\alpha + f_d\beta}{f - f_d}$	[Rayleigh] (Blacher)
100	100	0	100	0	0	0	
	99	0,0101	99,31	0,0069	165 500	165 300	
	98,51	0,0151	99	0,0101	106 000	106 000	
	98	0,0204	98,57	0,0145	90 000	90 000	
	97,22	0,0285	98	0,0204	65 520	65 520	
	97	0,0309	97,84	0,02204	59 472	59 472	
	96	0,04168	97,11	0,0297	44 690	44 610	
	95,85	0,0432	97	0,0309	43 250	43 070	
	95	0,0525	96,36	0,03778	36 240	36 170	
	94,51	0,0580	96	0,04168	32 680	32 630	
	94	0,0638	95,62	0,0458	29 660	29 540	[93,23—94,9]
	93,17	0,07335	95	0,0525	25 720	25 620	
	93	0,0752	94,87	0,05365	24 770	24 670	
	92	0,0869	94,12	0,0624	21 860	21 790	
	91,85	0,08875	94	0,0638	21 500	21 430	
	91	0,099	93,36	0,0711	19 200	19 140	
	90,53	0,1046	93	0,0752	18 250	18 190	
100,25	90	0,111	92,59	0,0801	17 370	17 300	
	89,20	0,1210	92	0,0869	15 760	15 700	
	89	0,123	91,85	0,0887	15 680	15 630	
	88	0,136	91,12	0,0974	13 960	13 880	
	87,85	0,1382	91	0,099	13 740	13 660	
	87	0,149	90,37	0,1065	12 700	12 620	
	86,50	0,1556	90	0,111	12 110	12 020	
	86	0,160	89,64	0,1116	11 170	11 080	[85,42—88,64]
	85,15	0,174	89	0,123	10 600	10 500	
	85	0,176	88,89	0,1249	10 400	10 300	
	84	0,190	88,15	0,1344	9 770	9 700	
	83,80	0,193	88	0,136	9 530	9 440	

Siede-tem-peratur °C	Wasser in der Flüssig-keit %	$\dfrac{e}{w}=f$	Wasser im Dampf %	$\dfrac{e_d}{w_d}=f_d$	$\dfrac{\alpha+f\beta}{f-f_d}$	$\dfrac{\alpha+f_d\beta}{f-f_d}$	[Rayleigh] (Blacher)
	83	0,205	87,41	0,144	8920	8850	
	82,45	0,2129	87	0,149	8530	8440	
	82	0,219	86,67	0,1538	8355	8275	
	81,10	0,233	86	0,163	7820	7730	
	81	0,2344	85,93	0,1637	7730	7650	
100,45	80	0,250	85,19	0,1738	7170	7100	
	79,75	0,253	85	0,176	7100	7030	
	79	0,266	84,45	0,1841	6690	6620	
	78,40	0,2754	84	0,190	6430	6350	
	78	0,282	83,71	0,1949	6320	6250	
	77,05	0,2944	83	0,205	6150	6070	
	77	0,2989	82,97	0,2052	5875	5790	
	76	0,3159	82,24	0,2159	5530	5450	
	75,70	0,3210	82	0,219	5419	5350	
	75	0,333	81,48	0,2253	5152	5077	
	74,35	0,346	81	0,234	4956	4884	
	74	0,352	80,74	0,2384	4889	4819	[73,18—79,65]
	73	0,370	80,06	0,250	4639	4564	
	72	0,389	79,26	0,263	4430	4359	
	71,65	0,395	79	0,266	4332	4254	
	71	0,409	78,52	0,2734	4132	4059	
	70,30	0,422	78	0,282	4005	3927	
100,75	70	0,429	77,78	0,2855	3910	3840	
	69	0,449	77,04	0,2980	3720	3647	
	68,95	0,450	77	0,2987	3715	3647	
	68	0,472	76,30	0,310	3486	3405	
	67,60	0,479	76	0,3159	3465	3390	
	67	0,489	75,56	0,323	3407	3329	
	66,30	0,508	75	0,333	3238	3164	
	66	0,515	74,82	0,336	3183	3104	
	65	0,538	74,08	0,359	3032	2950	
	64,90	0,541	74	0,352	3024	2949	
	64	0,563	73,34	0,364	2865	2785	
	63,55	0,573	73	0,370	2813	2739	[63,54—71,9]
	63	0,587	72,60	0,377	2733	2656	
	62,20	0,608	72	0,389	2627	2550	
	62	0,613	71,86	0,392	2601	2529	(61,8—71,40)
	61	0,639	71,12	0,406	2475	2402	
	60,85	0,643	71	0,409	2468	2391	
101	60	0,666	70,37	0,421	2362	2288	
	59,50	0,680	70	0,429	2308	2232	
	59	0,695	69,63	0,436	2244	2171	

Siede-temperatur °C	Wasser in der Flüssigkeit %	$\dfrac{e}{w} = f$	Wasser im Dampf %	$\dfrac{e_d}{w_d} = f_d$	$\dfrac{\alpha + f\beta}{f - f_d}$	$\dfrac{\alpha + f_d\beta}{f - f_d}$	[Rayleigh] (Blacher)
	58,15	0,720	69	0,449	2154	2080	
	58	0,724	68,89	0,452	2143	2066	
	57	0,754	68,15	0,467	2043	1965	
	56,80	0,760	68	0,472	1963	1892	
	56	0,785	67,41	0,484	1896	1824	
	55,45	0,803	67	0,489	1875	1799	
101,25	55	0,818	66,67	0,500	1857	1782	
	54,10	0,848	66	0,515	1780	1705	
	54	0,851	65,93	0,517	1773	1698	
	53	0,887	65,19	0,544	1735	1659	
	52,75	0,897	65	0,548	1659	1587	
	52	0,923	64,45	0,551	1611	1535	
	51,39	0,946	64	0,563	1565	1488	
	51	0,961	63,71	0,570	1538	1461	[50,02—61,51]
101,50	50	1,000	63	0,587	1464	1386	
	49	1,041	62,11	0,610	1410	1334	
	48,88	1,047	62	0,613	1398	1322	
	48	1,082	61,21	0,634	1362	1286	
	47,76	1,095	61	0,639	1330	1255	
	47	1,128	60,31	0,658	1304	1230	
	46,64	1,145	60	0,666	1285	1210	
	46	1,174	59,45	0,682	1252	1177	
	45,51	1,197	59	0,695	1231	1156	
101,85	45	1,220	58,53	0,709	1206	1134	
	44,42	1,250	58	0,724	1181	1106	
	44	1,273	57,61	0,736	1162	1088	
	43,34	1,306	57	0,754	1134	1060	
	43	1,326	56,68	0,765	1119	1044	
	42,27	1,365	56	0,785	1090	1014	
	42	1,380	55,75	0,793	1079	1004	
	41,20	1,427	55	0,818	1044	969	
	41	1,439	54,81	0,824	1036	959	
	40,23	1,485	54	0,851	1012	936	
102,25	40	1,500	53,76	0,860	1000	926	
	39,26	1,548	53	0,887	975	899	
	39	1,564	52,73	0,895	964	888	[38,44—50,93]
	38,29	1,614	52	0,923	941	865	
	38	1,630	51,70	0,934	935	858	
	37,32	1,680	51	0,961	911	836	
	37	1,703	50,67	0,973	900	824	
	36,37	1,750	50	1,000	882	806	
	36	1,778	49,61	1,016	868	793	(35,6—48,08)

Siede-temperatur °C	Wasser in der Flüssig-keit %	$\frac{e}{w}=f$	Wasser im Dampf %	$\frac{e_d}{w_d}=f_d$	$\frac{\alpha+f\beta}{f-f_d}$	$\frac{\alpha+f_d\beta}{f-f_d}$	[Rayleigh] (Blacher)
	35,44	1,823	49	1,041	851	774	
102,75	35	1,857	48,52	1,060	838	763	
	34,50	1,898	48	1,082	822	747	
	34	1,941	47,47	1,106	809	734	
	33,59	1,982	47	1,128	794	718	
	33	2,033	46,30	1,159	781	705	
	32,73	2,052	46	1,174	779	703	
	32	2,124	45,17	1,214	758	682	
	31,85	2,143	45	1,222	749	673	
	31	2,225	44,01	1,271	731	656	
	30,10	2,320	43	1,326	704,5	630	
103,40	30	2,333	42,85	1,333	705,0	629	
	29,23	2,420	42	1,380	684,5	608,5	
	29	2,449	41,71	1,398	679,7	604,5	
	28,39	2,525	41	1,439	663,1	587,5	
	28	2,571	40,53	1,468	655,3	580,0	
	27,55	2,630	40	1,500	643,3	568,1	[27,73−39,55]
	27	2,704	39,30	1,544	631,8	556,8	
	26,73	2,744	39	1,564	623,7	548,3	
	26	2,847	38,05	1,629	611,5	535,5	
	25,12	2,983	37	1,703	588,8	513,1	
104	25	3,000	36,85	1,713	587,4	511,2	
	24,30	3,115	36	1,778	571,4	495,9	
	24	3,167	35,63	1,806	564,4	488,7	
	23,48	3,259	35	1,857	553,3	477,6	
	23	3,348	34,40	1,907	542,7	467,0	
	22,69	3,409	34	1,941	535,7	459,9	
	22	3,542	33,08	2,026	525,0	448,5	
	21,19	3,720	32	2,124	506,6	430,9	
	21	3,762	31,75	2,150	503,4	428,4	
	20,43	3,898	31	2,225	492,0	416,8	(20,31−30,33)
105	20	4,000	30,44	2,282	484,0	408,2	
	19,67	4,097	30	2,333	531,8	399,7	
	19	4,266	29,10	2,436	465,5	389,0	[18,34—26,94]
	18,28	4,470	28	2,571	456,0	380,2	
	18	4,550	27,76	2,604	448,7	372,6	
	17,44	4,735	27	2,704	435,0	359,9	
	17	4,882	26,39	2,796	429,6	354,4	
	16,72	4,987	26	2,847	423,5	347,7	
	16	5,250	25,01	2,999	410,7	335,2	
	15,29	5,548	24	3,167	398,1	322,5	
106,25	15	5,660	23,59	3,239	394,8	319,2	

Siedetemperatur C°	Wasser in der Flüssigkeit %	$\dfrac{e}{w}=f$	Wasser im Dampf %	$\dfrac{e_d}{w_d}=f_d$	$\dfrac{\alpha+f\beta}{f-f_d}$	$\dfrac{\alpha+f_d\beta}{f-f_d}$	[Rayleigh] (Blacher)
	14,59	5,852	23	3,348	387,4	312,0	
	14	6,143	22	3,514	377,3	301,7	
	13,18	6,597	21	3,762	362,7	286,5	
	13	6,692	20,74	3,828	360,0	285,4	
	12,50	7,000	20	4,000	352,0	276,7	
	12	7,333	19,27	4,198	344,0	269,8	
	11,15	7,961	18	4,550	331,0	255,4	
	11	8,104	17,78	4,629	327,5	252,0	
	10,45	8,561	17	4,882	318,2	243,9	
108,50	10	9,000	16,30	5,135	313,0	237,5	[9,3—13,78]
	9,17	9,900	15	5,660	299,0	225,0	
	9	10,111	14,74	5,796	298,0	224,0	
	8,51	10,750	14	6,143	290,7	215,4	
	8	11,500	13,22	6,568	283,0	207,0	
	7,20	12,880	12	7,333	275,0	194,4	
110	7	13,286	11 70	7,547	278,4	192,4	
	6,56	14,240	11	8,104	265,6	185,8	
111	6	15,790	10,18	8,898	245,9	171,6	
	5,33	17,703	9	10,111	244,6	169,0	
112	5	19,200	8,45	10,830	235,7	160,0	
	4,22	23,270	7	13,286	235,0	152,9	
113	4	24,000	6,80	13,700	228,1	151,4	(3,85—7,13)
	3,52	27,400	6	15,790	224,1	148,2	
114	3	32,333	5,14	18,450	213,8	138,2	
	2,32	42,100	4	24,000	204,7	130,2	
115	2	49,000	3,46	27,900	200,0	124,9	
	1,643	59,973	3	32,330	183,0	107,5	
116,5	1	99,000	2,17	45,080	148,0	72,5	
	0,922	107,499	2	49,000	147,5	72,1	
118	0,5	199,000	1,085	91,101	193,3	68,54	

Tabelle 30.

Wasser und Essigsäure.

In Verstärkungssäulen erforderliche Rücklaufwärme C_R um 1 Kilo Wasser als 99,5 % Wasser-Essigsäure-Dampf zu gewinnen aus Wasser-Essigsäure-Mischungen von 95 bis 0,5 %.

In Abtriebssäulen erforderliche Verdampfungswärme C_a um 100 Kilo Essigsäure aus Wasser-Essigsäure-Mischungen von 95 bis 0,5 % abzutrennen (oder um in ihnen für 100 Kilo Ablauf-Essigsäure den Wasser-Gehalt des Dampfes von 1,085 unten auf 96,36 % oben zu erhöhen.)

| Wassergehalt | | Es soll gewonnen werden | In Abtriebssäulen |
| der Flüssigkeit | des Dampfes | 1 Kilo Wasser als 99,9 % C_R | Für 100 Kilo Essigsäure-Ablauf C_a |
% G	% G	WE	WE
95	96,36	1368	3 617 000
90	92,59	1385	1 730 000
85	88,89	1320	1 050 000
80	85,19	1245	710 000
70	77,78	1116	384 000
60	70,37	993	228 800
55	66,67	929	178 200
50	63	859	138 600
45	58,53	853	113 400
40	53,76	860	92 600
35	48,52	888	76 300
30	42,85	940	63 000
25	36,85	1005	51 120
20	30,44	1105	40 820
15	23,59	1275	31 920
12	19,27	1443	26 980
10	16,30	1606	23 750
8	13,22	1858	20 700
6	10,12	2188	17 160
4	6,8	3120	15 140
3	5,14	3920	13 820
2	3,46	5580	12 490
1	2,17	6670	8 250
0,5	1,085	13020	6 854

Tabelle 31.

Wasser und Essigsäure.

Verstärkungssäulen.

Wassergehalt der Flüssigkeit und des Dampfes auf jedem Boden der Verstärkungssäulen zur Gewinnung von Dampf mit 99 % Wasser (1 % Essigsäure) beim Aufwand von $C_R = 20\,000$ bis $150\,000$ WE Rücklaufwärme für 10 Kilo Wasser.

Boden	Rücklaufwärme C_R für 10 Kilo Wasser.									
	20 000 WE		30 000 WE		50 000 WE		80 000 WE		150 000 WE	
	Fl	D	Fl	D	Fl	D	Fl	D	Fl	D
	%	%	%	%	%	%	%	%	%	%
	98,51	99	98,51	99	98,51	99	98,51	99	98,51	99
1	98,2	98,66	98,2	98,66	98,2	98,66	98,2	98,66	98,1	98,65
2	97,74	98,36	97,6	98,3	97,5	98,3	97,45	98,25	97,35	98,1
3	97,11	97,92	96,95	97,85	96,8	97,78	96,63	97,65	96,33	97,5
4	96,7	97,55	96,4	97,30	96,0	97,0	95,6	96,73	95,0	96,36
5	95,9	97,04	95,45	96,75	94,50	96,07	94,35	95,89	93,4	95,23
6	95,28	96,59	94,4	95,9	93,17	95,0	92,7	94,65	91,5	93,64
7	94,61	96,1	92,6	94,6	92,0	94,1	91,0	93,31	89,2	92,01
8	94,25	95,8	91,0	93,4	90,53	93,09	88,6	91,6	84,6	89,64
9	93,17	95,0	90,1	92,79	89,2	92,04	86	89,6	80,01	85,2
10	92,8	94,75	88,5	91,41	86,75	90,2	75,5	81,8	73,55	80,48
11	92,0	94,1	86,5	90,0	84,0	88,1	69,1	77,1	65,66	74,55
12	90,53	93,0	84,2	88,13	80,6	85,68	62,0	70,83	52,0	64,5
13	89,7	92,4	81,55	86,37	75,85	82,1	51,0	63,71	40,0	53,78
14	88,9	91,74	78,75	84,35	70,0	77,8	39,37	53,3	28,4	41,05
15	87,3	90,5	74,4	81,24	60,9	71,808	28,5	41,22	19,0	29,28
16	85,8	89,55	69,8	77,5	50,5	63,56	19,9	30,37	12,5	19,85
17	84,3	88,34	63,75	73,16	39,6	53,39	14,0	22,0	7,33	13,2
18	83,6	87,18	55,66	67,22	29,5	42,59	9,2	15,31	5,0	8,41
19	81,4	86,27	47,0	60,3	21,6	32,49	6,25	10,51	3,3	5,57
20	79,4	84,79	37,9	51,6	16,5	25,77	4,4	7,50	1,88	3,37
21	77,0	82,98	29,8	42,73	11,7	18,96	3,25	5,53	1,25	2,435
22	71,8	79,16	23,0	34,48	8,4	13,98	2,55	4,315	0,78	1,767
23	68,0	76,37	16,4	25,66	6,19	10,439	2,32	4,039	0,65	1,355
24	63,75	73,2	12,8	20,49	4,2	8,10	1,9	3,364	0,58	1,208
25	58,45	69,24	10,25	16,65	3,5	5,986	1,5	2,918	—	—
26	52,0	64,46	8,3	13,76	3,1	5,24	1,3	2,49	—	—
27	45,1	58,68	6,9	11,65	2,5	4,81	1,15	2,307	—	—
28	37,8	51,56	6,1	10,2	2,33	4,17	0,99	2,14	—	—
29	31,5	44,64	5,6	9,25	—	—	—	—	—	—
30	26,35	38,5	5,11	8,67	—	—	—	—	—	—
31	22	33,05	4,85	8,19	—	—	—	—	—	—

Tabelle 32 (Tafel 12).

Wasser und Ameisensäure.

Wassergehalt der flüssigen Wasser-Ameisensäure-Mischungen und der aus ihnen entstehenden Dämpfe; Verhältnisse der Flüssigkeiten $\frac{a}{w}=f$ und der Dämpfe $\frac{a_d}{w_d}=f_d$; Werte von $\frac{\alpha+f\cdot\beta}{f-f_d}$ und $\frac{\alpha+f_d\cdot\beta}{f-f_d}$.

Nach Hilding Bergström (Stockholm). Vom Verfasser erweitert.

$\alpha = 537{,}0$ WE
$\beta = 103{,}7$ WE

Siedetemperatur °C	Wasser in der Flüssigkeit % G	$\frac{w}{a}=f$	Wasser im Dampf % G	$\frac{w_d}{a_d}=f_d$	$\frac{\alpha+f\beta}{f-f_d}$	$\frac{\alpha+f_d\beta}{f-f_d}$
	99,5	0,00503	99,8	0,00200	178 457	178 457
	99	0,0101	99,6	0,00402	88 172	88 150
	98,5	0,0153	99,4	0,00604	58 131	58 091
	98	0,0204	99,2	0,00806	47 871	47 810
	97,5	0,0257	98,95	0,01061	35 711	35 628
	97	0,0309	98,7	0,01316	30 519	30 412
	96,5	0,0363	98,45	0,01575	26 250	26 146
	96	0,0417	98,2	0,01830	23 168	23 060
	95,5	0,0471	97,95	0,02093	20 684	20 576
	95	0,0525	97,7	0,02353	18 723	18 617
	94,5	0,0582	97,46	0,02606	16 887	16 784
	94	0,0638	97,22	0,02858	15 442	15 340
	93,5	0,0695	96,98	0,03116	14 149	14 043
	93	0,0752	96,74	0,03409	13 223	13 153
	92,5	0,0811	96,50	0,03626	12 162	12 057
	92	0,0869	96,26	0,03886	11 351	11 247
	91,5	0,0929	96,02	0,04071	10 500	10 364
	91	0,0990	95,78	0,04405	9 953	9 850
	90,5	0,1049	95,54	0,04665	9 396	9 291

Siedetemperatur °C	Wasser in der Flüssigkeit % G	$\frac{w}{a}=f$	Wasser im Dampf % G	$\frac{w_d}{a_d}=f_d$	$\frac{\alpha+f\beta}{f-f_d}$	$\frac{\alpha+f_d\beta}{f-f_d}$
	74,5	0,3422	86,63	0,1543	3043	2941
	74	0,3520	86,26	0,1594	2982	2884
	73,5	0,3604	85,89	0,1644	2930	2827
	73	0,3702	85,52	0,1693	2871	2767
	72,5	0,3792	85,15	0,1742	2811	2707
	72	0,3890	84,78	0,1796	2760	2660
	71,5	0,3974	84,41	0,1846	2718	2613
	71	0,4090	84,04	0,1899	2645	2555
	70,5	0,4183	83,67	0,1951	2603	2498
	70	0,4290	83,30	0,2004	2544	2458
	69,5	0,4388	82,92	0,2060	2504	2399
	69	0,4490	82,54	0,2116	2460	2353
	68,5	0,4599	82,16	0,2171	2412	2308
	68	0,4720	81,78	0,2228	2349	2247
	67,5	0,481	81,40	0,228	2324	2220
	67	0,493	81	0,235	2279	2175
	66,5	0,503	80,60	0,241	2248	2140
	66	0,515	80,20	0,247	2203	2095
	65,5	0,526	79,80	0,253	2171	2066

2035	2140	0,261	79,40	0,528	65
1995	2099	0,267	79,02	0,550	64,5
1941	2046	0,272	78,64	0,563	64
1917	2021	0,278	78,26	0,573	63,5
1868	1979	0,284	77,88	0,587	63
1831	1935	0,290	77,50	0,600	62,5
1808	1912	0,299	77	0,613	62
1780	1886	0,307	76,50	0,626	61,5
1761	1831	0,316	76	0,639	61
1740	1820	0,324	75,50	0,652	60,5
1717	1799	0,333	75	0,666	60
1695	1776	0,342	74,50	0,680	59,5
1671	1752	0,352	74	0,695	59
1647	1729	0,360	73,50	0,709	58,5
1615	1717	0,370	73	0,724	58
1603	1707	0,379	72,50	0,739	57,5
1586	1689	0,399	71,94	0,754	57
1567	1671	0,401	71,38	0,770	56,5
1554	1648	0,412	70,82	0,785	56
1540	1644	0,423	70,26	0,801	55,5
1520	1623	0,435	69,70	0,818	55
1510	1614	0,448	69,08	0,834	54,5
1499	1613	0,461	68,46	0,851	54
1494	1589	0,474	67,84	0,869	53,5
1474	1579	0,488	67,22	0,887	53
1461	1564	0,501	66,60	0,904	52,5
1453	1559	0,516	65,94	0,923	52
1447	1552	0,5319	65,28	0,941	51,5
1437	1511	0,5477	64,62	0,961	51
1428	1531	0,5633	63,96	0,980	50,5
1421	1526	0,5795	63,30	1,000	50

8784	8906	0,04930	95,30	0,1110	90
8305	8409	0,05197	95,06	0,1173	89,5
7930	8036	0,05459	94,82	0,1230	89
7484	7578	0,05729	94,58	0,1299	88,5
7174	7280	0,06030	94,34	0,1360	88
6709	6897	0,06265	94,10	0,1427	87,5
6524	6691	0,06567	93,84	0,1490	87
6239	6318	0,06856	93,58	0,1558	86,5
6147	6255	0,07154	93,32	0,1600	86
5740	5843	0,07460	93,06	0,1695	85,5
5534	5638	0,07754	92,80	0,1760	85
5325	5421	0,08079	92,53	0,1833	84,5
5151	5251	0,08399	92,25	0,1900	84
4963	5068	0,08720	91,98	0,1975	83,5
4769	4873	0,0904	91,70	0,2050	83
4616	4720	0,0937	91,43	0,2121	82,5
4491	4595	0,0972	91,14	0,2190	82
4344	4448	0,1007	90,86	0,2269	81,5
4208	4307	0,1041	90,57	0,2340	81
4072	4175	0,1076	90,29	0,2422	80,5
3953	4044	0,1110	90	0,2500	80
3834	3940	0,1146	89,71	0,2576	79,5
3703	3822	0,1183	89,43	0,2660	79
3621	3726	0,1218	89,14	0,2736	78,5
3509	3623	0,1254	88,86	0,2820	78
3418	3522	0,1290	88,57	0,2902	77,5
3339	3435	0,1331	88,26	0,2987	77
3271	3375	0,1371	87,94	0,3067	76,5
3176	3252	0,1412	87,63	0,3159	76
3083	3187	0,1453	87,31	0,3243	75,5
3012	3096	0,1490	87	0,3330	75

Siedetemperatur °C	Wasser in der Flüssigkeit %G	$\frac{w}{a}=f$	Wasser im Dampf %G	$\frac{wd}{ad}=fd$	$\frac{\alpha+f\beta}{f-fd}$	$\frac{\alpha+fd\beta}{f-fd}$
	49,5	1,020	62,63	0,5964	1516	1413
	49	1,042	61,96	6,6139	1507	1402
	48,5	1,062	61,29	0,6320	1503	1401
	48	1,082	60,62	0,6498	1502	1398
	47,5	1,105	59,95	0,6672	1469	1385
	47	1,128	59,28	0,6873	1484	1381
	46,5	1,150	58,61	0,7061	1477	1377
	46	1,174	57,94	0,7253	1469	1365
	45,5	1,198	57,27	0,7462	1463	1361
	45	1,222	56,60	0,7664	1450	1359
	44,5	1,247	55,86	0,7901	1459	1354
	44	1,273	55,12	0,8140	1457	1353
	43,5	1,299	54,38	0,8394	1460	1358
	43	1,325	53,64	0,8631	1460	1355
	42,5	1,353	52,90	0,8901	1462	1358
	42	1,381	52,16	0,9176	1467	1363
	41,5	1,410	51,42	0,9449	1471	1361
	41	1,439	50,68	0,9736	1473	1371
	40,5	1,469	49,94	1,0012	1478	1371
	40	1,500	49,20	1,0320	1486	1382
	39,5	1,531	48,44	1,0647	1492	1388
	39	1,564	47,68	1,0987	1503	1399
	38,5	1,597	46,92	1,1216	1511	1408
	38	1,632	46,16	1,1662	1529	1416
	37,5	1,666	45,40	1,2010	1528	1424
	37	1,703	44,64	1,2395	1541	1437
	36,5	1,739	43,88	1,2789	1556	1455
	36	1,778	43,12	1,3196	1575	1471
	35,5	1,817	42,36	1,360	1586	1483
	35	1,857	41,60	1,404	1610	1506
	34,5	1,898	40,80	1,448	1630	1526
	34	1,940	40	1,500	1677	1573
	33,5	1,985	39,20	1,551	1710	1607
	33	2,033	38,40	1,604	1741	1639
	32,5	2,077	37,60	1,659	1765	1696
	32	2,125	36,80	1,717	1849	1755
	31,5	2,174	36	1,777	1920	1816
	31	2,226	35,20	1,840	1989	1884
	30,5	2,278	34,40	1,907	2084	2050
	30	2,333	33,60	1,976	2182	2078
	29,5	2,389	32,82	2,048	2298	2193
	29	2,449	32,04	2,124	2433	2328
	28,5	2,508	31,26	2,203	2593	2508
	28	2,571	30,48	2,279	2756	2651
	27,5	2,636	29,70	2,367	3012	2908
	27	2,704	28,92	2,459	3339	3236
	26,5	2,773	28,14	2,557	3817	3713
	26	2,847	27,36	2,655	4334	4260
	25,5	2,941	26,58	2,764	4756	4652
	25	3,000	25,80	2,876	6830	6729

Tabelle 34 (Tafel 23).
Ameisensäure und Wasser.
In Abtriebssäulen erforderliche Verdampfungswärme um
100 Kilo Ameisensäure aus Mi-
schungen mit 95 bis 26 % Wassergehalt (5 bis 74 % Ameisensäure) abzutrennen (oder um in ihnen für 100 Kilo unten ablaufende Ameisensäure von 25 % oben 26 bis 95 % Ameisensäure-Wasserdampf-Mischung zu erhalten).

Tabelle 33 (Tafel 23).
Ameisensäure und Wasser.

In Verstärkungssäulen erforderliche Rücklaufwärme C_R um 1 Kilo Wasser als Dampf von 99,8 % plus 0,2 % Ameisensäure zu gewinnen aus Mischungen mit 99,0 % bis 25 % Ameisensäuregehalt.

Wasser in der Flüssigkeit %G.	Wasser im Dampfe %G.	Rücklaufwärme C_R WE	Wasser in der Flüssigkeit %G.	Wasser im Dampfe %G.	Rücklaufwärme C_R WE	Wasser in der Flüssigkeit %G.	Verdampfungswärme C_a für 100 Kilo Ameisensäure WE	Wasser in der Flüssigkeit %G.	Verdampfungswärme C_a für 100 Kilo Ameisensäure WE
99	99,6	177,4	45	56,6	1108,4	95	1 861 700	45	135 300
95	97,7	402,9	40	49,2	1530,6	90	878 400	40	138 000
90	95,3	421,2	35	41,6	2257,0	85	553 400	35	151 640
85	92,8	425,8	33	38,4	2788,6	80	390 000	33	163 938
80	90	440,7	30	33,6	4306,5	75	301 000	30	207 800
75	87	455,0	29	32,04	5162,6	70	245 000	29	232 810
70	83,3	504,5	28	30,48	6275,9	65	203 500	28	265 140
65	79,4	553,4	27	28,92	8204,2	60	171 700	27	323 690
60	75	595,5	26	27,36	11498,1	55	152 000	26	426 060
55	69,7	702,0	25	25,8	19630,0	50	142 100	25	672 900
50	63,3	880,7							

Tabelle 35.

Wasser und Ameisensäure.

Verstärkungssäulen.

Wassergehalt der Flüssigkeit und des Dampfes auf jedem Boden der Verstärkungssäulen zur Gewinnung von Dampf mit 99,8 % Wasser (0,2 Ameisensäure) beim Aufwand von $C_R = 5000$ bis 200000 WE Rücklaufwärme für 10 Kilo Wasser.

Nummern der Böden von oben beginnend	Rücklaufwärme C_R für 10 Kilo Wasser									
	5000 WE		15000 WE		50000 WE		100000 WE		200000 WE	
	Fl %	D %	Fl %	D %	Fl %	D %	Fl %	D %	Fl %	D %
	99,5	99,8	99,5	99,8	99,5	99,8	99,5	99,8	99,5	99,8
1	98,75	99,5	98,75	99,5	98,7	99,48	98,7	99,48	98,7	99,47
2	98,5	99,42	97,75	99,1	97,5	98,94	97,35	98,87	97,25	98,83
3	97,75	99,1	97	98,72	95,2	97,8	94,8	97,62	94,1	97,27
4	97,3	98,81	95,2	97,77	90,25	95,45	89,25	94,91	88	94,3
5	97,0	98,7	90,5	95,58	83,5	91,99	79,6	89 83	77,4	88,51
6	96,5	98,42	82,8	91,6	72,5	85,2	66,5	80,5	63	77,99
7	95,9	98,16	74,9	86,9	60	75,07	54,2	68,36	50,25	63,6
8	95,5	98	66,5	80,57	49,7	62,92	45	56,61	41,5	50,4
9	94,8	97,61	58,5	73,5	42,75	53,13	38,25	46,6	35,5	42,36
10	94,25	97,35	53,8	68,36	37,9	45,96	35	41,3	31,7	36,3
11	93,6	97,05	46	57,96	34,6	41,07	31,8	36,66	29,25	32,46
12	93,4	96,9	44	55,11	32,6	37,73	29,8	33,49	27,75	30,13
13	—	—	43,8	54,8	31,7	36,5	28,75	31,5	26,75	28,52
14	—	—	42,65	53,18	30,9	35,1	28	30,42	26,2	27,77
15	—	—	—	—	30,4	34,1	27,5	29,7	25,6	27

Tabelle 36.

Wasser und Ameisensäure.

Abtriebssäulen.

Wassergehalt der Flüssigkeit und des Dampfes auf jedem Boden der Abtriebssäulen bei Aufwand von $C_a = 150000$ bis 700000 WE für 100 Kilo Ablauf-Ameisensäure.

Nummern der Böden von unten beginnend	Wärmeaufwand C_a für 100 Kilo Ablauf-Ameisensäure									
	150000 WE		200000 WE		300000 WE		500000 WE		700000 WE	
	Fl %/o	D %/o	Fl %/o	D %/o	Fl %/o	D %/o	Fl %/o	D %/o	Fl %/o	D %/o
20	51,29	64,95	—	—	—	—	—	—	87,02	93,84
19	50,8	64,33	—	—	74,32	86,38	83,3	91,8	86,28	93,43
18	49,78	62,96	—	—	73,8	86	83,12	91,77	84,17	92,27
17	49,1	62,1	—	—	72,14	85,07	82,44	91,33	79,82	89.9
16	48,47	61,25	—	—	69,82	83,25	81,17	90,6	72,1	84,8
15	47,86	60,33	64,4	78,82	66,35	80,4	79,68	89,8	61,65	76,65
14	47,05	59,28	62,62	77,6	60,9	75,9	75,4	87,25	52,65	66,33
13	46,33	58,3	61,2	76,2	54,5	69,08	69,08	82,54	44,29	55.29
12	45,43	57	59,78	74,25	49,21	61,25	60,1	75	38,09	46,16
11	44,56	55,86	57,25	72,28	43,79	54,75	51,16	64,85	33,78	39.6
10	43,7	54,68	54,3	68,75	39,49	48,4	43,73	54,7	30,91	35
9	42,95	53,5	51,14	64,78	36,29	43,2	38,21	46,44	28,94	31,98
8	42,19	52,44	47,9	60,5	33,8	39,6	34,2	40,3	27,63	29,9
7	41,49	51,4	44,7	56,2	32	36,8	31,46	36	26,86	28,72
6	40,9	50,5	42,08	52,16	30,75	34,8	30	33,6	26,13	27,75
5	40,3	49,3	39,75	48,8	29,81	33,3	28,67	31,33	25,75	26,98
4	39,7	48,75	37,66	45,75	29,12	32,3	27,91	30,8	25,36	26,76
3	39,2	47,96	36,1	43,13	28,69	31,52	27,19	29,2	25,2	26,54
2	38,77	47,3	34,75	41,2	28,5	31,26	26,57	28,33	25,09	26,30
1	38,41	46,7	33,8	39,48	28,26	30,88	26,23	27,6	25,03	26,06
	37,8	46,16	33	38,4	28	30,48	26	27,36	25	25,8

Tabelle 37. Ammoniak und Wasser.

Ammoniakgehalt der flüssigen Ammoniak-Wasser-Mischungen und der aus ihnen entstehenden Dämpfe; Verhältnisse der Flüssigkeiten $\frac{w}{a}=f$ und der Dämpfe $\frac{w_d}{a_d}=f_d$; Werte von $\frac{\alpha+f\beta}{f-f_d}$ und $\frac{\alpha+f_d\beta}{f-f_d}$. $\alpha=295$ WE, $\beta=540$ WE.

Die Prozentzahlen nach Lord Rayleigh vom Verfasser verdichtet.

Ammoniak in der Flüssigkeit %	f	Ammoniak im Dampf %	f_d	$\dfrac{\alpha+f\beta}{f-f_d}$	$\dfrac{\alpha+f_d\beta}{f-f_d}$
80	0,250	99	0,010	1456	900
70	0,428	98	0,020	1077	531
60	0,666	97	0,031	890	348
48	1,083	96	0,042	761	218,8
41	1,439	95	0,053	711	168,7
34,6	1,890	94	0,064	672	131,2
28,2	2,546	93	0,075	640	99,2
25	3	92	0,087	631	86,4
22,5	3,444	91	0,099	619	77,4
20	4	90	0,111	611	68,1
19	4,263	89	0,124	609	65,8
18	4,555	88	0,136	605	63
17	4,882	87	0,149	601	60,3
16	5,250	86	0,163	600	57,6
15	5,666	85	0,176	596	54,9
14,5	5,896	84	0,190	603	53,9
14	6,142	83	0,204	594	53
13,62	6,350	82	0,219	594	52,8
13,25	6,550	81	0,234	595	52,4
12,89	6,760	80	0,250	595	52,2
12,66	6,902	79	0,265	596	52,6
12,44	7,030	78	0,282	596	52,9
12,22	7,193	77	0,299	596	53,3
6,05	15,528	44	1,273	598	67,4
5,9	15,949	43	1,326	600,7	68,1
5,75	16,391	42	1,381	608,7	68,5
5,6	16,857	41	1,439	607,2	69,1
5,45	17,348	40	1,500	608,9	69,8
5,3	17,868	39	1,564	608	69,8
5,15	18,417	38	1,632	603	69,4
5	19,200	37	1,703	610	70
4,85	19,610	36	1,778	607	70,1
4,7	20,270	35	1,857	608	70,5
4,56	20,920	34	1,940	610	70,8
4,42	21,620	33	2,033	609	71,1
4,28	22,360	32	2,105	607	70,6
4,14	23,150	31	2,226	611	71,6
4	24	30	2,333	609	71,6
3,84	25,078	29	2,449	609	71,1
3,68	26,170	28	2,571	610	71,2
3,52	27,400	27	2,704	607	70,8
3,36	28,760	26	2,847	609	70,6
3,2	30,251	25	3	609	70
3,066	31,745	24	3,167	609	70
3	32,333	23,5	3,255	608	70,5
2,929	33,198	23	3,348	609	70,3

70,1	609	3,542	22	34,899	2,786	53,7	597	0,316	76	7,333	12
70,2	607	3,762	21	36,869	2,643	54	597	0,333	75	7,474	11,8
70	609	4	20	39	2,5	54,2	597	0,351	74	7,621	11,6
71,2	610	4,270	19	40,700	2,399	54,8	598	0,370	73	7,771	11,4
71,5	612	4,550	18	43,100	2,266	55,3	599	0,389	72	7,928	11,2
71,4	610	4,880	17	45,800	2,133	55,5	598	0,408	71	8,091	11
70	608	5,151	16,25	49	2	55,6	599	0,428	70	8,306	10,75
69,7	608	5,250	16	50	1,962	55,6	598	0,449	69	8,523	10,5
69	607	5,660	15	54,200	1,81	56,2	605	0,470	68	8,753	10,25
68,7	607	6,130	14	58,400	1,688	56,2	598	0,492	67	9	10
69	608	6,690	13	63	1,566	56,2	600	0,515	66	9,152	9,858
69,2	604	7,330	12	68,500	1,444	56,7	598	0,538	65	9,290	9,715
69,9	609	8,090	11	74,700	1,322	57,3	600	0,562	64	9,460	9,562
70	607	9	10	82,300	1,2	58,1	603	0,587	63	9,627	9,409
69,4	610	10,110	9	93	1,066	58,6	603	0,613	62	9,810	9,256
68,8	605	10,760	8,5	99	1	58	598	0,639	61	10,136	8,980
68,9	608	11,500	8	106,100	0,933	58,4	602	0,666	60	10,415	8,760
67,1	609	13,190	7	124	0,8	58,3	602,5	0,695	59	10,709	8,543
67,4	607	15,790	6	147,100	0,675	58,3	602	0,724	58	11,010	8,326
65,8	605	17,540	5,4	165,700	0,6	58,1	602	0,754	57	11,345	8,109
65,6	604	19,200	5	180,800	0,55	58,1	600	0,785	56	11,626	7,922
64,4	605	24	4	228,800	0,435	59,1	605	0,818	55	11,880	7,769
64	600	26,030	3,7	249	0,4	59,3	603,8	0,852	54	12,140	7,615
62,3	608	32,330	3	319	0,313	67,4	604,6	0,887	53	12,369	7,48
61,3	603	33,450	2,9	332	0,3	67,7	607,6	0,923	52	12,661	7,32
59	597	49	2	499	0,2	67,7	605,5	0,961	51	12,966	7,16
59,6	599	65,580	1,5	666	0,15	67,7	606,5	1	50	13,286	7
59,6	599	99	1	999	0,1	68,5	609,5	1,040	49	13,620	6,84
59,6	599,7	132,300	0,75	1333	0,075	68	605	1,083	48	13,970	6,68
59,9	599	199	0,50	1999	0,05	67,9	606	1,128	47	14,337	6,52
60	600	399	0,25	3999	0,025	68,1	608	1,174	46	14,723	6,36
59,9	599	999	0,1	9999	0,01	67,8	592	1,222	45	15,129	6,2

Tabelle 38 (Tafel 23).

Ammoniak und Wasser.

In Verstärkungssäulen erforderliche Rücklaufwärme C_R um 1 Kilo
Ammoniak als Ammoniak-Wasserdampf von 20–25–30%G zu gewinnen
aus Ammoniak-Wassermischungen von 7,77 bis 0,1%G.

Ammoniakgehalt		Es soll gewonnen werden 1 Kilo Ammoniak als Dampf von:			Ammoniakgehalt		Es soll gewonnen werden 1 Kilo Ammoniak als Dampf von:		
der Flüssig-keit	des Dampfes	20% C_R	25% C_R	30% C_R	der Flüssig-keit	des Dampfes	20% C_R	25% C_R	30% C_R
%G	%G	WE	WE	WE	%G	%G	WE	WE	WE
4	30	—	—	—	1,2	10	3035	3642	4042
3,52	27	—	—	232	1	8,7	4096	4702	5102
3	23,5	—	—	563	0,8	7	5553	6170	6590
2,79	22	—	324	725	0,6	5,4	8170	8740	9180
2,5	20	—	609	1012	0,4	3,7	13260	13860	14285
2,27	18	338	943	1345	0,3	2,9	17730	18330	18720
2	16,25	700	1309	1711	0,2	2	27050	27640	28000
1,81	15	1010	1619	2021	0,15	1,5	33960	37360	37920
1,57	13	1638	2247	2649	0,1	1	56900	57500	57920
1,32	11	2486	3094	3496					

In Abtriebssäulen erforderliche Verdampfungswärme C_a um 100 Kilo
Wasser aus Ammoniak-Wassermischungen von 4 bis 0,1%G abzutrennen (oder um ihnen für 100 Kilo Ablaufwasser den Ammoniak
des Dampfes von 0,01 unten auf 1 bis 30% oben zu erhöhen.

Ammoniak-gehalt der Flüssigkeit	Für 100 Kilo Ablauf-wasser C_a	Ammoniak-gehalt der Flüssigkeit	Für 100 Kilo Ablauf-wasser C_a	Ammoniak-gehalt der Flüssigkeit	Für 100 Kilo Ablauf-wasser C_a
%G	WE	%G	WE	%G	WE
4	7160	1,81	6900	0,6	6580
3,52	7080	1,57	6900	0,4	6400
3	7050	1,32	6900	0,3	6130
2,79	7010	1,2	6880	0,2	5960
2,5	7000	1	6880	0,15	5960
2,27	7000	0,8	6710	0,1	5960
2	7000				

Tabelle 39.

Ammoniak und Wasser.

Verstärkungssäulen.

Wassergehalt der Flüssigkeit und des Dampfes auf jedem Boden der Verstärkungssäulen zur Gewinnung von Dampf mit 20 % (resp. 30 %) Ammoniak beim Aufwand von $C_R = 3500$ bis 20000 WE (resp. 10000 bis 50000 WE) Rücklaufwärme für 10 Kilo Ammoniak.

Nummern der Böden von oben beginnend	Rücklaufwärme C_R für 10 Kilo Ammoniak (20 %)									
	3500 WE		5000 WE		10000 WE		15000 WE		20000 WE	
	Fl	D	Fl	D	Fl	D	Fl	D	Fl	D
	%	%	%	%	%	%	%	%	%	%
	2,5	20	2,5	20	2.5	20	2,5	20	2,5	20
1	2,26	18	2,3	17,25	1,85	15,25	1,6	13,7	1,44	12
2	2,26	18	2,2	16,8	1,81	15	1,6	13,5	1,44	12

Nummern	Rücklaufwärme C_R für 10 Kilo Ammoniak (30 %)									
	10000 WE		15000 WE		20000 WE		25000 WE		50000 WE	
	Fl	D	Fl	D	Fl	D	Fl	D	Fl	D
	%	%	%	%	%	%	%	%	%	%
	4	30	4	30	4	30	4	30	4	30
1	2,91	23	2,26	18,1	2	16,2	1,8	14,74	1,1	10,84
2	2,55	20,3	2,22	17,3	1,81	15,15	1,64	13,55	1,05	8,24
3	2,5	20	2,2	17	1,81	15,01	1,62	13,48		

Tabelle 40.

Ammoniak und Wasser.

Abtriebssäulen.

Ammoniakgehalt der Flüssigkeit und des Dampfes auf jedem Boden der Abtriebssäulen beim Aufwand von $C_a = 8000$ bis 15000 WE für 100 Kilo Ablaufwasser.

Nummern der Böden von unten beginnend	Wärmeaufwand für 100 Kilo Ablaufwasser							
	8000 WE		10000 WE		11000 WE		15000 WE	
	Fl %/0	D %/0	Fl %/0	D %/0	Fl %/0	D %/0	Fl %/0	D %/0
25	1,626	13,51	—	—	—	—	—	—
24	1,579	13,15	—	—	—	—	—	—
23	1,408	11,69	—	—	—	—	—	—
22	1,250	10,41	—	—	—	—	—	—
21	1,101	9,345	—	—	—	—	—	—
20	0,9615	8,264	5,26	38,6	—	—	—	—
19	0,8264	7,246	3,953	29,76	—	—	—	—
18	0,7142	6,25	2,932	23,04	—	—	—	—
17	0,5988	5,405	2,197	17,51	—	—	—	—
16	0,5000	4,545	1,626	13,33	—	—	—	—
15	0,3937	3,846	1,191	10	3,2	25	—	—
14	0,2881	2,809	0,8620	7,407	2,04	16,66	29,2	93
13	0,2262	2,217	0,5988	5,405	1,39	11,50	21,2	90,9
12	0,1748	1,721	0,4081	3,773	0,935	8	11,4	72,5
11	0,1321	1,305	0,2659	2,559	0,581	5,26	5,06	37,7
10	0,1128	1,117	0,1712	1,686	0,343	3,333	2,75	21,5
9	0,0877	0,862	0,1102	1,091	0,238	2,33	1.48	12
8	0,0705	0,6993	0 0709	0,704	0,141	1,39	0,74	6,45
7	0,05586	0,5555	0,0452	0,450	0,0787	0,7812	0,39	3 30
6	0,04366	0,4347	0,0289	0,288	0,04629	0,4608	0,16	1,62
5	0,0348	0,347	0,0185	0,1848	0,02717	0,2710	0,075	0,75
4	0,0279	0,2785	0,0118	0,1183	0,01605	0,1603	0,045	0,44
3	0,0217	0,2169	0,0075	0,0763	0,0095	0,0953	0,024	0,21
2	0,01615	0,1613	0,0048	0,0487	0,0056	0,0562	0,010	0,10
1	0,0128	0,1278	0,003	0,031	0,003	0,033	0,005	0,045
	0,012	0,10	0,002	0,02	0,002	0,020	0,002	0,02

Tabelle 41.

Ammoniak und Wasser.

Wärmeverbrauch sowie Ammoniakgehalt auf dem Einlaufboden M, um aus 100 kg Flüssigkeit mit $1,5 \div 3$ % Ammoniak ein verdichtetes Wasser mit $20 \div 25 \div 30$ % herzustellen.

Ammoniak-gehalt der Flüssigkeit % G	Produkt Siedetemperatur Vorwärmung bis	20 % 56°		25 % 40°		30 % 28° C	
		56°	46°	40°	30°	28°	20° C
1,5	Produktdampf: WE.: C_e	3680	3680	2873	2873	2303	2303
	Erwärmung auf M. WE.: C_n	0	2625	0	3330	0	4200
	Ammoniak-⎰ der Flüssigkeit % G	13	20	13	25	13	30
	Gehalt ⎱ des Dampfes % G	1,5	2,5	1,5	3,2	1,5	4,0
	Gesamt-Wärme ⎰ f. 100 kg C_a	6300	6300	6405	6405	6510	6510
	Rücklauf- „ ⎱ Flüssigkeit C_R	2620	0	4032	0	4210	0
	Rücklauf- „ ⎰ f. 100 kg Amm. C_R	17464	0	26877	0	28120	0
	Gesamt- „ ⎱ f. 100 kg W. C_a	6800	6804	6750	6750	6850	6850
2,0	Produktdampf: WE.: C_e	4900	4910	3830	3830	3070	3070
	Erwärmung auf M. WE.: C_n	0	1400	0	2590	0	3500
	Ammoniak-⎰ der Flüssigkeit % G	2	2,5	2	3,2	2	4
	Gehalt ⎱ des Dampfes % G	16,25	20	16,25	25	16,25	30
	Gesamt-Wärme ⎰ f. 100 kg C_a	6300	6300	6440	6440	6580	6580
	Rücklauf- „ ⎱ Flüssigkeit C_R	1390	0	2610	0	3510	0
	Rücklauf- „ ⎰ f. 10 kg Amm. C_R	6950	0	13050	0	17550	0
	Gesamt- „ ⎱ f. 100 kg W. C_a	6950	6950	6980	6980	7080	7080
2,5	Produktdampf: WE.; C_e	6137	6137	4788	4788	3838	3838
	Erwärmung auf M. WE.: C_n	0	0	0	1590	0	2625
	Ammoniak-⎰ der Flüssigkeit % G	2,5	2,5	2,5	3,2	2,5	4
	Gehalt ⎱ des Dampfes % G	20	20	20	25	20	30
	Gesamt-Wärme ⎰ f. 100 kg C_a	6135	6135	6300	6300	6475	6475
	Rücklauf- „ ⎱ Flüssigkeit C_R	0	0	1512	0	2637	0
	Rücklauf- „ ⎰ f. 10 kg Amm. C_R	0	0	6048	0	10588	0
	Gesamt- „ ⎱ f. 100 kg W. C_a	7055	7055	6900	6900	7000	7000
3,0	Produktdampf: WE.: C_e	7360	7360	5745	5745	4605	4605
	Erwärmung auf M. WE.: C_n	0	0	0	437	0	1750
	Ammoniak-⎰ der Flüssigkeit % G	3	3	3	3,2	3	4
	Gehalt ⎱ des Dampfes % G	23,5	23,5	23,5	25	3,5	30
	Gesamt-Wärme ⎰ f. 100 kg C_a	6090	6090	6160	6160	6300	6300
	Rücklauf- „ ⎱ Flüssigkeit C_R	0	0	415	0	1645	0
	Rücklauf- „ ⎰ f. 10 kg Amm. C_R	0	0	1350	0	5485	0
	Gesamt- „ ⎱ f. 100 kg W. 0_a	713C	7130	7140	7140	6900	6900

Tabelle 42.

Gewicht und Volumen von 1 Kilo Luft, Sauerstoff, Stickstoff bei
atmosphärischem Druck von 760 mm Quecksilbersäulen und den
Temperaturen der Spalte 1.

Temperaturen		Gewicht (in Kilo) von 1 cbm Gas			Volumen (in Liter) von 1 Kilo Gas		
absolute °C	unter 0° °C	Luft	Sauer-stoff	Stick-stoff	Luft	Sauer-stoff	Stick-stoff
95	— 178	3,71	4,10	3,598	269,5	243,9	278,0
94	— 179	3,75	4,14	3,637	266,5	241,5	275,0
93	— 180	3,78	4,17	3,666	264,5	239,8	272,8
92	— 181	3,82	4,22	3,705	261,8	236,9	270,0
91	— 182	3,85	4,25	3,734	259,7	235,3	267,8
90	— 183	3,91	4,32	3,792	255,7	231,4	263,8
89	— 184	3,95	—	3,831	253,2	—	261,1
88	— 185	3,99	—	3,870	250,6	—	258,3
87	— 186	4,04	—	3,918	247,5	—	255,3
86	— 187	4,086	—	3,960	245,2	—	252,5
85	— 188	4,14	—	4,015	241,5	—	249,0
84	— 189	4,18	—	4,054	239,2	—	246,6
83	— 190	4,24	—	4,112	235,8	—	243,1
82	— 191	4,29	—	4,161	233,1	—	240,3
81	— 192	4,35	—	4,219	229,9	—	237,0
80	— 193	4,40	—	4,275	227,2	—	233,9
79	— 194	—	—	4,325	—	—	231,1
78	— 195	—	—	4,379	—	—	228,5
77	— 196	—	—	4,437	—	—	225,3

Tabelle 43 (Tafel 25).

Stickstoff und Sauerstoff (Luft).

Stickstoffgehalt der flüssigen Stickstoff-Sauerstoff-Mischungen und der aus ihnen entstehenden Dämpfe; Verhältnisse der Flüssigkeiten $\dfrac{o}{n} = f$ und der Dämpfe $\dfrac{o_d}{n_d} = f_d$; Werte von $\dfrac{\alpha + f\beta}{f - f_d}$ und $\dfrac{\alpha + f_d\beta}{f - f_d}$.

Nach Baly* (vom Verfasser verdichtet).

Temperatur absolut °C	Stickstoff in der Flüssigkeit n %	f	Stickstoff im Dampf n_d %	f_d	$\dfrac{\alpha + f\beta}{f - f_d}$	$\dfrac{\alpha + f_d\beta}{f - f_d}$	Verdampf.-Wärme $\dfrac{\alpha}{\beta}$ WE.
77,54	*100		100				47,64
(−195,46)	99	0,0101	99,96	0,0034	7160	7100	53,51
	98	0,0204	99,33	0,0069	3575	3517	
	97	0,0309	99	0,0101	2358	2308	
	96	0,0417	98,75	0,0127	1712	1656	
	95	0,0525	98,5	0,0152	1348	1294	
	94	0,0638	98,25	0,0178	1105	1052	
	93	0,0752	98	0,0204	939	885	
	92	0,0869	97,83	0,0223	807	750	
78	*91,9	0,088	97,82	0,0223	793	740	47,51
(−195)	91	0,099	97,44	0,0263	721	668	53,41
	90	0,111	97,1	0,0298	652	602	
	89,5	0,117	97	0,0309	621	568	
	89	0,123	96,86	0,0325	592	540	
	88	0,136	96,57	0,0355	543,2	490,6	
	87	0,149	96,29	0,0385	500,4	447,0	
	86	0,162	96	0,0417	466,4	413,0	
	85	0,176	95,68	0,0451	433,5	380,0	
78,5	*84,75	0,180	95,62	0,0458	424,9	371,5	47,37
(−194,5)	84	0,191	95,33	0,0490	404,0	350,7	53,30
	83	0,205	95	0,0525	379,5	326,8	
	82	0,219	94,6	0,0571	364,5	311,3	
	81	0,234	94,2	0,0615	346,2	292,9	
	80,5	0,242	94	0,0638	337,7	284,3	
	80	0,250	93,8	0,0661	329,0	275,8	
	79	0,266	93,4	0,0706	314,3	261,1	
79	*78,4	0,275	93,2	0,0739	307,0	253,9	47,24
(−194)	78	0,282	93	0,075	300,5	246,8	53,20
	77	0,299	92,6	0,080	288,2	235,5	
	76	0,316	92,2	0,085	276,0	222,8	
	75,5	0,324	92	0,087	270,0	217,1	
	75	0,333	91,8	0,089	266,1	213,0	
	74	0,352	91,4	0,094	255,0	202,1	
	73	0,370	91	0,099	246,2	193,1	

13*

Temperatur absolut °C	Stickstoff in der Flüssigkeit n %/0	f	Stickstoff im Dampf n_d %/0	f_d	$\dfrac{\alpha + f\beta}{f - f_d}$	$\dfrac{\alpha + f_d\,\beta}{f - f_d}$	Verdampf.-Wärme $\dfrac{\alpha}{\beta}$ WE.
79,5 (—193,5)	*72,33	0,382	90,67	0,103	241,8	188,6	47,10 / 53,09
	72	0,389	90,5	0,105	237,7	184,8	
	71	0,409	90	0,111	231,0	177,2	
	70	0,429	89,5	0,117	223,7	170,5	
	69	0,449	89	0,123	217,0	163,7	
	68	0,470	88,15	0,134	214,0	160,6	
	67	0,489	88,15	0,134	205,3	152,3	
80 (—193)	*66,65	0,501	88	0,136	201,7	148,4	46,97 / 52,99
	66	0,515	87,6	0,142	198,3	145,5	
	65	0,538	87,1	0,148	◄192,7	139,8	
	64	0,563	86,5	0,156	188,0	134,8	
	63	0,587	86,1	0,161	182,9	130,0	
	62	0,613	85,45	0,170	179,0	126,1	
80,5 (—192,5)	*61,46	0,627	85,22	0,174	176,8	123,7	46,83 / 52,88
	61,2	0,634	85	0,176	175,0	122,0	
	61	0,639	84,9	0,178	174,4	121,7	
	60	0,666	84,32	0,186	170,4	117,5	
	59,4	0,683	84	0,191	168,0	115,2	
	59	0,695	83,74	0,194	166,6	113,8	
	58	0,724	83,16	0,202	163,0	110,5	
	57,6	0,736	83	0,205	160,8	108,1	
	57	0,754	82,65	0,210	156,2	104,6	
81 (—192)	*56,62	0,766	82,34	0,215	157,6	104,9	46,70 / 52,78
	56	0,785	82	0,219	154,8	102,2	
	55	0,818	81,33	0,230	151,2	99,6	
	54,4	0,837	81	0,234	150,3	97,7	
	54	0,851	80,66	0,239	149,0	96,3	
	53	0,887	80	0,250	146,3	93,7	
81,5 (—191,5)	*52	0,923	79,33	0,261	143,3	90,8	46,56 / 52,67
	51,5	0,941	79	0,266	141,9	89,3	
	51	0,961	78,66	0,271	139,6	87,4	
	50	1	78	0,282	138,4	84,5	
	49	1,041	77,25	0,294	135,3	82,1	
	48,7	1,053	77	0,299	134,0	81,9	
	48	1,082	76,5	0,307	132,8	80,65	
82 (—191)	*47,83	1,091	76,40	0,309	131,0	79,4	46,43 / 52,57
	47,3	1,114	76	0,316	130,2	76,1	
	47	1,128	75,75	0,320	130,2	78,04	
	46	1,174	75	0,330	127,0	75,0	
	45	1,222	74,16	0,348	126,5	73,6	
	44,8	1,232	74	0,352	125,4	73,2	
82,5 (—190,5)	*44,06	1,269	73,27	0,365	124,0	72,0	46,30 / 52,46
	44	1,273	73,20	0,366	124,3	71,8	

Temperatur absolut °C	Stickstoff in der Flüssigkeit n %	f	Stickstoff im Dampf n_d %	f_d	$\dfrac{\alpha+f\beta}{f-f_d}$	$\dfrac{\alpha+f_d\beta}{f-f_d}$	Verdampf.-Wärme $\dfrac{\alpha}{\beta}$ WE.
	43,7	1,288	73	0,370	123,0	71,39	
	43	1,326	72,65	0,376	120,7	69,0	
	42,5	1,352	72,1	0,387	120,6	68,9	
	42	1,380	71,6	0,396	120,4	68,2	
	41,4	1,415	71	0,409	120,1	67,45	
	41	1,439	70,6	0,416	118,4	66,37	
83	*40,45	1,471	70,05	0,427	118,0	65,7	46,16
(190)	40	1,500	69,6	0,437	116,8	64,85	52,36
	39,4	1,538	69	0,449	115,9	63,79	
	39	1,564	68,6	0,458	115,7	63,5	
	38,4	1,604	68	0,470	114,2	62,12	
	38	1,630	67,65	0,478	113,8	61,69	
	37,4	1,673	67	0,489	113,3	60,57	
83,5	*37,07	1,689	66,65	0,500	112,5	60,56	46,03
(189,5)	37	1,703	66,6	0,501	111,2	59,76	52,25
	36,3	1,754	66	0,515	110,6	58,74	
	36	1,778	65,7	0,522	110,0	58,1	
	35,35	1,833	65	0,538	108,9	57,12	
	35	1,857	64,6	0,548	108,8	56,84	
	34,5	1,898	64	0,563	108,0	56,32	
	34	1,941	63,4	0,577	107,1	55,44	
84	*33,8	1,958	63,15	0,584	107,4	55,54	45,89
(189)	33,6	1,976	63	0,587	106,8	54,91	52,15
	33	2,033	62	0,613	106,3	54,63	
	32	2,124	61	0,639	106,0	53,17	
	31	2,225	60	0,666	103,3	51,61	
84,5	*30,69	2,259	59,55	0,679	102,5	50,94	45,76
(188,5)	30,34	2,299	59	0,693	102,7	50,80	52,05
	30	2,333	58,57	0,708	102,4	50,57	
	29,56	2,381	58	0,724	102,0	50,25	
	29	2,449	57,26	0,747	101,5	49,54	
	28,8	2,472	57	0,754	101,0	49,32	
	28	2,570	56	0,785	100,5	48,55	
85	*27,73	2,609	55,75	0,794	99,9	47,91	45,62
(—188)	27,32	2,662	55	0,818	99,3	47,72	51,95
	27	2,704	54,58	0,832	98,9	47,4	
	26,57	2,765	54	0,851	98,1	46,77	
	26	2,847	53,26	0,877	98,0	46,17	
	25,03	2,998	52	0,923	96,4	45,01	
	25	3	51,96	0,924	96,4	45,01	
85,5	*24,9	3,016	51,83	0,930	96,4	44,88	45,48
(—187,5)	24,2	3,132	51	0,961	95,4	43,8	51,84
	24	3,167	50,6	0,976	94,9	43,7	

Temperatur absolut °C	Stickstoff in der Flüssigkeit n %	f	Stickstoff im Dampf n_d %	f_d	$\dfrac{\alpha+f\beta}{f-f_d}$	$\dfrac{\alpha+f_d\beta}{f-f_d}$	Verdampf.-Wärme $\dfrac{\alpha}{\beta}$ WE.
	23,6	3,237	50	1	94,7	43,35	
	23	3,348	49,2	1,033	94,1	42,6	
	22,9	3,366	49	1,042	94,1	42,6	
	22,26	3,501	48	1,082	93,5	41,8	
86	*22	3,542	47,85	1,105	93,7	42,0	45,35
(187)	21,6	3,629	47	1,128	92,8	41,2	51,74
	21	3,762	46	1,174	92,4	40,8	
	20,9	3,784	45,7	1,188	92,6	41,1	
	20,35	3,922	45	1,222	91,3	40,0	
	20	4	44,3	1,257	91,7	40,1	
	19,72	4,075	44	1,273	91,2	39,6	
86,5	*19,56	4,118	43,7	1,288	90,9	39,5	45,21
(−186,5)	19	4,261	43	1,326	90,0	38,6	51,64
	18,4	4,434	42	1,380	89,4	37,9	
	18	4,550	41,2	1,427	39,4	37,9	
	17,8	4,617	41	1,439	88,8	37,6	
	17,3	4,780	40	1,500	88,7	37,2	
87	*17,05	4,879	39,47	1,533	88,3	37,0	45,08
(−186)	17	4,882	39,4	1,538	88,8	37,0	51,53
	16,8	4,952	39	1,564	88,5	36,8	
	16,2	5,172	38	1,630	87,7	36,3	
	16	5,250	37,6	1,659	87,6	36,4	
	15,7	5,369	37	1,703	87,6	36,3	
	15,2	5,578	36	1,778	87,2	35,7	
	15	5,660	35,8	1,793	86,8	35,3	
	14,7	5,802	35,2	1,840	86,7	35,1	
87,5	*14,69	5,826	35,15	1,845	86,3	35,0	44,94
(−185,5)	14,2	6,042	34,10	1,932	86,1	34,9	51,42
	14	6,143	33,60	1,976	86,1	35,0	
	13,7	6,299	33	2,033	86,1	34,8	
	13,2	6,575	32	2,115	85,5	34,2	
	13	6,692	31,6	2,154	85,3	34,1	
	12,7	6,872	31	2,226	85,3	33,9	
88	*12,4	7,064	30,42	2,289	85,2	33,9	44,81
(−185)	12,27	7,175	30	2,333	85,2	33,9	51,32
	12	7,333	29,4	2,401	85,2	33,9	
	11,82	7,472	29	2,449	84,9	33,6	
	11,35	7,801	28	2,571	84,8	33,8	
	11	8,091	27,93	2,580	84,7	33,6	
	10,9	8,169	27	2,704	84,6	33,4	
	10,45	8,570	26,18	2,820	84,0	32,8	
	10,33	8,653	26	2,847	83,9	32,6	

Temperatur absolut °C	Stickstoff in der Flüssigkeit n %	f	Stickstoff im Dampf n_d %	f_d	$\dfrac{\alpha + f\,\beta}{f - f_d}$	$\dfrac{\alpha + f_d\,\beta}{f - f_d}$	Verdampf.-Wärme $\dfrac{\alpha}{\beta}$ WE.
88,5 (—184,5)	*10,18	8,847	25,63	2,900	83,6	32,4	44,67
	10	9	25	3	84,1	32,9	51,21
	9,55	9,470	24	3,167	83,7	32,6	
	9,1	9,981	23	3,348	83,7	32,4	
	9	10,111	22,63	3,423	83,7	32,7	
	8,65	10,562	22	3,542	83,0	32,0	
	8,21	11,180	21	3,762	82,8	31,8	
89 (184)	*8,02	11,470	20,55	3,865	83,0	31,9	44,54
	8	11,5	20,48	3,899	82,6	31,8	51,11
	7,75	11,9	20	4	82,4	31,2	
	7,35	12,6	19	4,266	82,4	31,4	
	7,03	13,22	18	4,550	82,4	31,2	
	7	13,29	17,89	4,5858	82,5	31,7	
	6,95	13,32	17,8	4,617	83,1	31,9	
	6,65	14,03	17	4,882	82,6	30,5	
	6,5	14,38	16,86	4,930	82,2	30,1	
	6,3	14,87	16	5,256	83,3	30,7	
	6,1	15,39	15,9	5,289	82,07	31,08	
	6	15,78	15,62	5,467	82,35	31,3	
89,5 (—183,5)	*5,91	15,91	15,45	5,470	81,9	30,9	44,40
	5,7	16,54	15	5,660	81,50	30,6	51,00
	5,3	17,66	14	6,143	81,86	31	
	5	19	13,15	6,601	81,6	30,7	
	4,9	19,4	13	6,692	81,8	30,3	
	4,5	21,21	12	7,333	81,2	30,2	
	4,1	23,39	11	8,091	80,6	30,0	
	4	24,90	10,52	8,509	82,0	30,8	
90 (—183)	*3,85	25,90	10,2	8,803	81,3	30,6	44,27
	3,77	25,52	10	9	81,2	33,1	50,90
	3,47	27,83	9	10,11	82,7	30,5	
	3,03	32	8	11,5	81,4	30,6	
	3	32,33	7,89	11,669	81,6	30,8	
	2,63	37,02	7	13,286	81,0	30,3	
	2,26	43,24	6	15,78	81,5	30,7	
	2	49	5,26	18,01	81,8	31,0	
	1,9	51,62	5	19	81,8	31,0	
90,5 (—182,5)	*1,84	53,34	4,9	19,4	81,1	30,3	44,14
	1,5	65,58	4	24	80,8	30,2	50,80
	1,1	89,99	3	32,333	79,7	29,0	
	1	99	2,63	37,02	82,2	30,9	
	0,7	141,86	2	49	78,1	27,3	
90,69 (—182,31)	*0,3	332,3	1	99	72,5	21,66	44,01
							50,70

Tabelle 44 (Tafel 23).

Stickstoff und Sauerstoff (Luft).

In Verstärkungssäulen erforderliche Rücklaufwärme C_R um 1 Kilo Stickstoff als Dampf von 95—98—99,5% G aus Stickstoff-Sauerstoff-Flüssigkeit von 80 bis 10% Stickstoff zu gewinnen.

Stickstoffgehalt		Es soll gewonnen werden 1 Kilo Stickstoff als Produkt von			Stickstoffgehalt		Es soll gewonnen werden 1 Kilo Stickstoff als Produkt von		
der Flüssigkeit	des Dampfes	95% C_R	98% C_R	99,5% C_R	der Flüssigkeit	des Dampfes	95% C_R	98% C_R	99,5% C_R
%G	%G	WE	WE	WE	%G	%G	WE	WE	WE
80	93,8	4,6	15,0	20,0	14,69	35,15	154,2	157,0	158,7
77	92,6	7,0	15,6	21,7	13,7	33	170,4	173,0	174,7
75	91,8	9,8	16,4	22,4	12,27	30	194,2	196,8	198,4
70	89,5	14,6	21,6	25,0	11,35	28	213,6	216,2	217,9
65	87,1	18,5	24,5	27,7	10,9	27	223,3	226,7	228,4
60	84,3	22,6	27,8	30,6	10,33	26	230,3	237,3	238,2
55	81,3	26,6	31,5	33,8	10	25	246,9	249,4	250,2
50	78	31,6	36,1	38,2	9,55	24	—	—	—
46	75	35,2	39,3	42,1	9,1	23	—	—	—
40,4	70,05	44,2	48,0	49,7	8,65	22	—	—	—
35,35	65	52,9	56,4	58,0	8,21	21	—	—	—
31	60	63,2	66,5	68,0	8	20,48	—	—	—
27,32	55	76,0	79,2	80,8	5,7	15	—	—	—
23,6	50	89,7	92,8	94,2	3,77	10	—	—	—
20,35	45	106,8	109,5	111,2	3	7,89	—	—	—
17,3	40	128,3	131,1	132,5	1,9	5	—	—	—

In Abtriebssäulen erforderliche Verdampfungswärme C_a um 100 Kilo Ablaufsauerstoff aus Stickstoff-Sauerstoff-Mischungen von 80 bis 1,9% G abzutrennen (oder um ihnen für 100 Kilo Ablauf-Sauerstoff den Stickstoffgehalt des Dampfes von 0,01 unten auf 5 bis 93,8% oben zu erhöhen).

Stickstoff in der Flüssigkeit	Für 100 Kilo ablaufd. Sauerstoff C_a	Stickstoff in der Flüssigkeit	Für 100 Kilo ablaufd. Sauerstoff C_a	Stickstoff in der Flüssigkeit	Für 100 Kilo ablaufd. Sauerstoff C_a	Stickstoff in der Flüssigkeit	Für 100 Kilo ablaufd. Sauerstoff C_a
%	WE	%	WE	%	WE	%	WE
80	27580	46	7500	14,69	3500	9,1	3240
77	23550	40,4	6570	13,7	3480	8,65	3200
75	21300	35,35	5712	12,27	3390	8,21	3180
70	17050	31	5161	11,35	3380	8	3120
65	13980	27,32	4772	10,9	3340	5,7	3061
60	11750	23,6	4335	10,33	3260	3,77	3050
55	9960	20,35	4000	10	3290	3	3080
50	8450	17,3	3720	9,55	3260	1,9	3100

Tabelle 45.

Stickstoff und Sauerstoff (Luft).

Verstärkungssäulen.

Stickstoffgehalt der Flüssigkeit und des Dampfes auf jedem Boden der Verstärkungssäulen zur Gewinnung von Dampf mit 99,5% Stickstoff (0,5% Sauerstoff) beim Aufwand von $C_R = 800$ bis 25000 WE Rücklaufwärme für je 10 Kilo Stickstoff.

Nummern der Böden von oben beginnend	Rücklaufwärme C_R für 10 Kilo Stickstoff									
	800 WE		1000 WE		1500 WE		2000 WE		2500 WE	
	Fl %	D %	Fl %	D %	Fl %	D %	Fl %	D %	Fl %	D %
	98,5	99,5	98,5	99,5	98,5	99,3	98,5	99,5	98,5	99,5
1	97,6	99,2	97	99	96,7	98,9	96,5	98,88	96,2	98,8
2	94	98,28	91,9	97,82	91	97,5	90	97,12	88,5	96,77
3	86,5	96,15	81,5	94,44	78,4	93,17	75	91,84	72,4	90,75
4	74,1	91,45	66	87,62	58,8	83,61	52,5	79,84	47,83	76,44
5	54	80,61	48,6	76,95	39,2	68,77	32,83	61,83	28,4	56,34
6	42	71,4	36	65,57	26,6	54,02	21,06	46,22	17,5	40,45
7	34,7	64,59	29	57,21	20,2	44,92	15,7	36,93	12,85	21,278
8	30,7	59,68	25,2	52,48	17,1	39,63	13,5	32,63	10,95	27,53
9	28,8	57	23,65	50,07	16,1	37,81	12,5	30,76	10,25	25,79

Tabelle 46.

Abtriebssäulen.

Stickstoffgehalt der Flüssigkeit und des Dampfes auf jedem Boden der Abtriebssäulen beim Aufwand von $C_a = 4000$ bis 85000 WE für 100 Kilo Ablauf-Sauerstoff.

Nummern der Böden von unten beginnend	Wärmeaufwand C_a für 100 Kilo Ablauf-Sauerstoff									
	25000 WE		35000 WE		50000 WE		70000 WE		85000 WE	
	Fl %	D %	Fl %	D %	Fl %	D %	Fl %	D %	Fl %	D %
10	76,69	92,45	81,78	94,25	87,64	96,45	91,12	97,5	92,19	97,9
9	73,94	91,3	80,57	94,0	86,08	96,0	91,19	97,15	91,55	97,6
8	68,32	88,4	75,27	91,9	80,98	94,2	86,7	96,2	88,59	96,7
7	55,09	81,33	62,10	85,5	70,805	89,40	77,16	92,8	78,89	93,38
6	36,08	65,7	41,16	70,7	49,86	77,85	57,18	82,75	58,73	83,6
5	19,17	43,25	23,33	49,6	27,05	54,65	31,76	60,75	32,96	61,96
4	9,21	23,0	10,770	26,6	12,13	29,7	14,15	33,975	14,53	34,8
3	4,18	11,2	4,646	12,3	5,284	13,25	5,75	15,1	5,89	15,4
2	1,891	4,95	2,039	5,35	2,235	5,90	2,32	6,20	2,353	6,300
1	0,83	2,28	0,854	2,32	0,908	2,436	0,9327	4,88	0,944	2,514
	0,3	1	0,3	1	0,3	1	0 3	1	0,3	1

Tabelle 47[1])

zur Umwandlung von Maßprozenten in Gewichtsprozente der Alkohol-Wassermischungen bei der Normaltemperatur von 15,5° C.

Maß %	Gew. %	Maß %	Gew. %	Maß %	Gew. %	Maß %	Gew. %	Maß %	Gew. %
0,0	0,00	20,0	16,28	40,0	33,39	60,0	52,20	80,0	73,58
5	40	5	70	5	84	5	70	5	74,17
1,0	80	21,0	17,12	41,0	34,28	61,0	53,20	81,0	75
5	1,20	5	54	5	73	5	70	5	75,34
2,0	60	22,0	95	42,0	35,18	62,0	54,19	82,0	91
5	2,00	5	18,37	5	63	5	69	5	76,50
3,0	40	23,0	79	43,0	36,08	63,0	55,21	83,0	77,09
5	80	5	19,21	5	55	5	72	5	69
4,0	3,20	24,0	62	44,0	99	64,0	56,23	84,0	78,29
5	60	5	20,03	5	37,45	5	74	5	89
5,0	4,00	25,0	46	45,0	90	65,0	57,25	85,0	79,50
5	40	5	88	5	38,36	5	77	5	80,11
6,0	80	26,0	21,30	46,0	82	66,0	58,29	86,0	74
5	5,20	5	72	5	39,28	5	81	5	81,35
7,0	62	27,0	22,14	47,0	73	67,0	59,33	87,0	95
5	6,02	5	56	5	40,19	5	85	5	82,56
8,0	42	28,0	99	48,0	66	68,0	60,38	88,0	83,19
5	82	5	23,41	5	41,12	5	91	5	83
9,0	7,24	29,0	84	49,0	59	69,0	61,43	89,0	84,46
5	64	5	24,26	5	42,05	5	95	5	85,11
10,0	8,05	30,0	69	50,0	52	70,0	62,49	90,0	76
5	45	5	25,12	5	99	5	63,04	5	86,41
11,0	87	31,0	55	51,0	43,47	71,0	57	91,0	87,06
5	9,27	5	98	5	94	5	64,11	5	72
12,0	69	32,0	26,40	52,0	44,42	72,0	65	92,0	88,38
5	10,09	5	83	5	89	5	65,19	5	89,04
13,0	51	33,0	27,26	53,0	45,37	73,0	73	93,0	71
5	91	5	69	5	84	5	66,28	5	90,38
14,0	11,33	34,0	28,13	54,0	46,32	74,0	83	94,0	91,08
5	74	5	56	5	80	5	67,38	5	77
15,0	12,15	35,0	99	55,0	47,29	75,0	93	95,0	92,46
5	56	5	29,43	5	77	5	68,48	5	93,17
16,0	97	36,0	86	56,0	48,26	76,0	69,04	96,0	89
5	13,40	5	30,30	5	74	5	60	5	94,61
17,0	80	37,0	74	57,0	49,23	77,0	70,17	97,0	95,34
5	14,20	5	31,18	5	72	5	74	5	96,09
18,0	62	38,0	62	58,0	50,21	78,0	71,30	98,0	84
5	15,02	5	32,06	5	70	5	87	5	97,61
19,0	44	39,0	50	59,0	51,20	79,0	72,45	99,0	98,39
5	86	5	95	5	70	5	73,01		

[1]) Aus Prof. Dr. M. Maerckers Handbuch der Spiritusfabrikation.

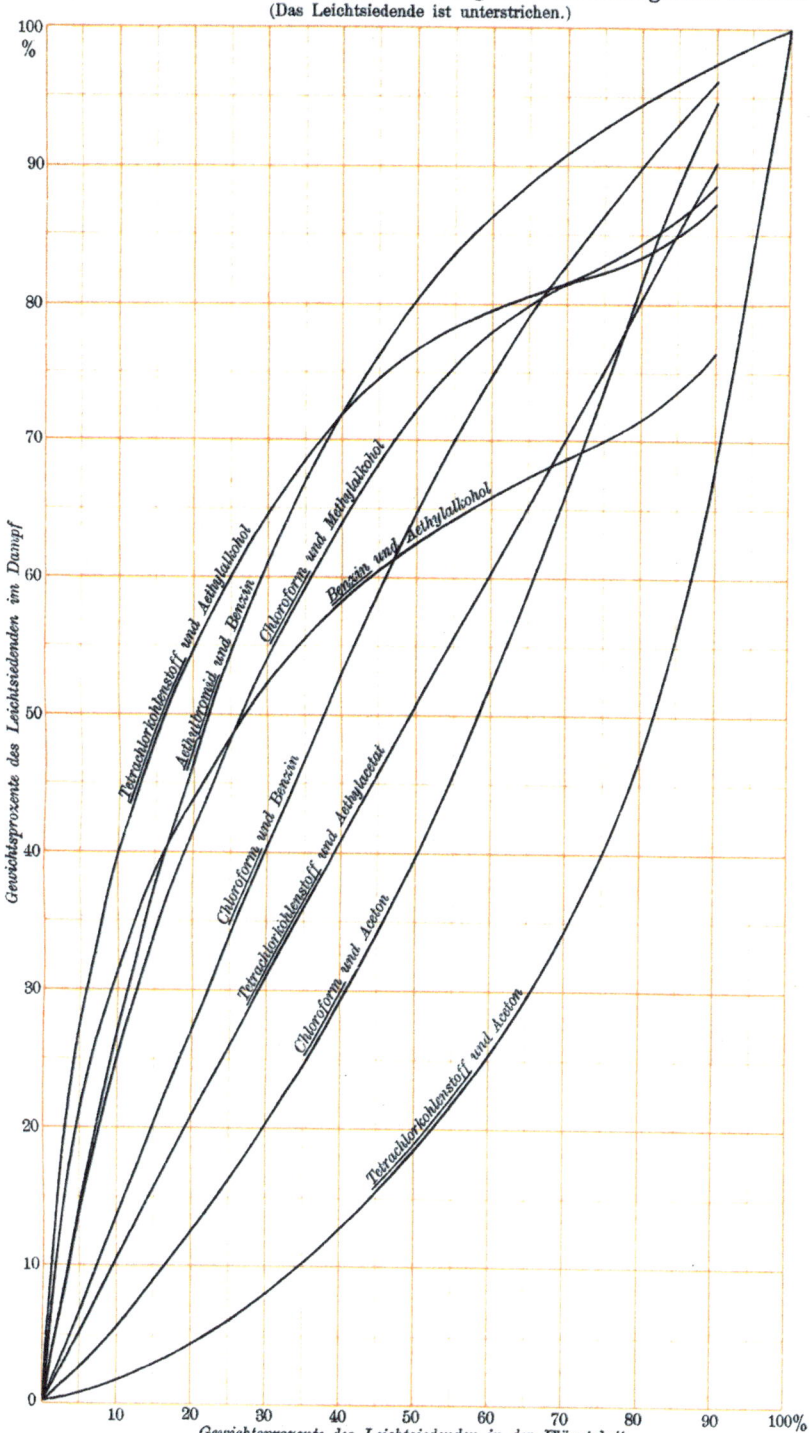

Tafel 1. (Siehe Tabelle 1).

Gewichtsprozente des Leichtsiedenden im Dampf,
der aus zwei in verschiedenen Verhältnissen gemischten Flüssigkeiten entsteht.
(Das Leichtsiedende ist unterstrichen.)

Gewichtsprozente des Leichtsiedenden im Dampf

Gewichtsprozente des Leichtsiedenden in der Flüssigkeit

Tetrachlorkohlenstoff und Aethylalkohol

Aethylbromid und Benzin

Chloroform und Methylalkohol

Benzin und Aethylalkohol

Chloroform und Benzin

Tetrachlorkohlenstoff und Aethylacetat

Chloroform und Aceton

Tetrachlorkohlenstoff und Aceton

Hausbrand, Rektifizierapparate. 3. Aufl.

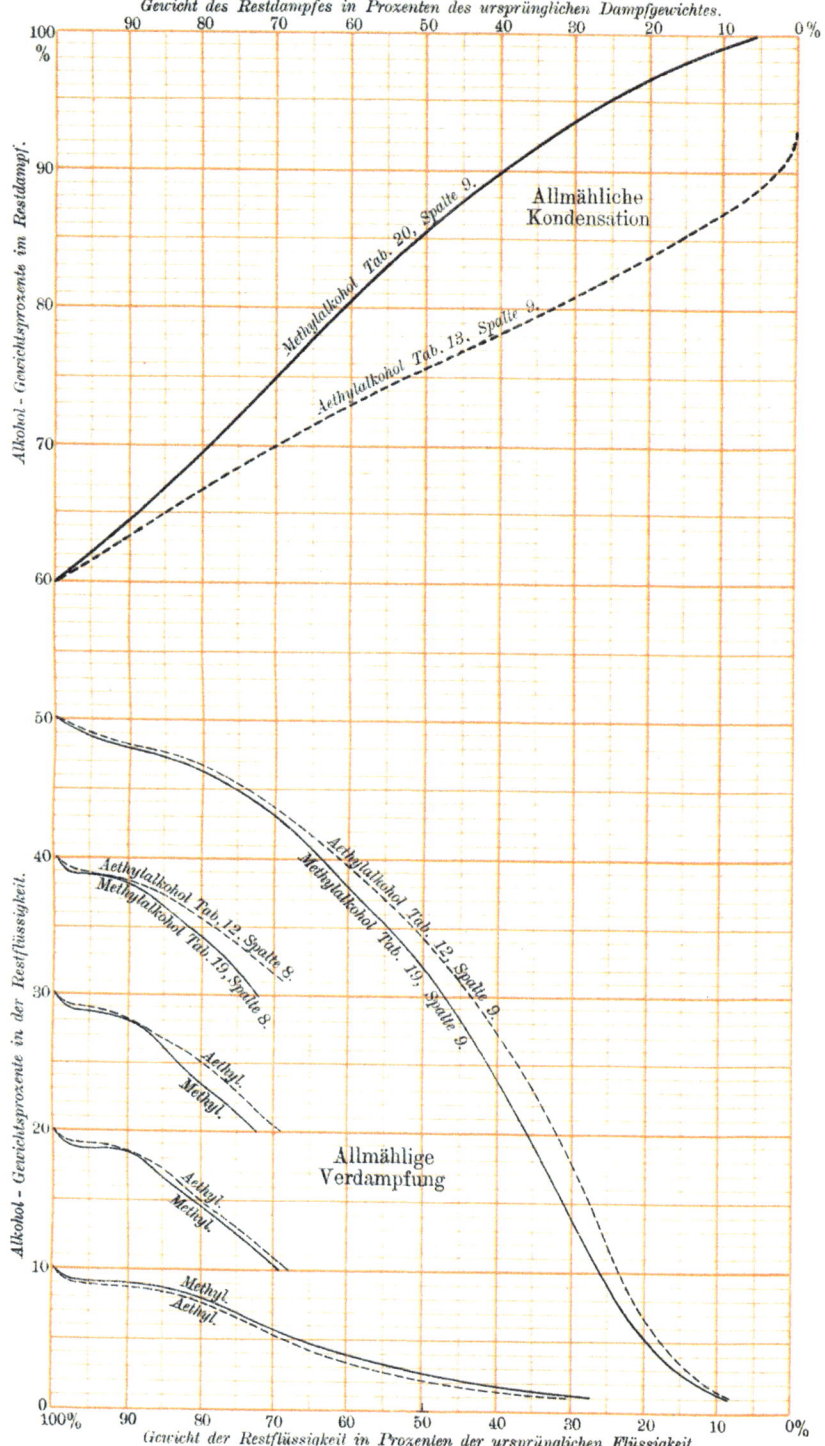

Tafel 11. (Siehe Tabellen 12, 13, 19, 20.)
Aethylalkohol und Wasser. – Methylalkohol und Wasser.
Allmähliche Kondensation von Dampf mit 60% Alkohol am Anfang.
Allmählige Verdampfung von Flüssigkeiten
mit 50 - 40 - 30 - 20 - 10% Alkohol am Anfang.

Gewicht des Restdampfes in Prozenten des ursprünglichen Dampfgewichtes.

Alkohol - Gewichtsprozente im Restdampf.

Allmähliche
Kondensation

Methylalkohol Tab. 20, Spalte 9.

Aethylalkohol Tab. 13, Spalte 9.

Alkohol - Gewichtsprozente in der Restflüssigkeit.

Aethylalkohol Tab. 12, Spalte 8.
Methylalkohol Tab. 19, Spalte 8.

Aethylalkohol Tab. 12, Spalte 9.
Methylalkohol Tab. 19, Spalte 9.

Aethyl.
Methyl.

Aethyl.
Methyl.

Allmählige
Verdampfung

Methyl.
Aethyl.

Gewicht der Restflüssigkeit in Prozenten der ursprünglichen Flüssigkeit.

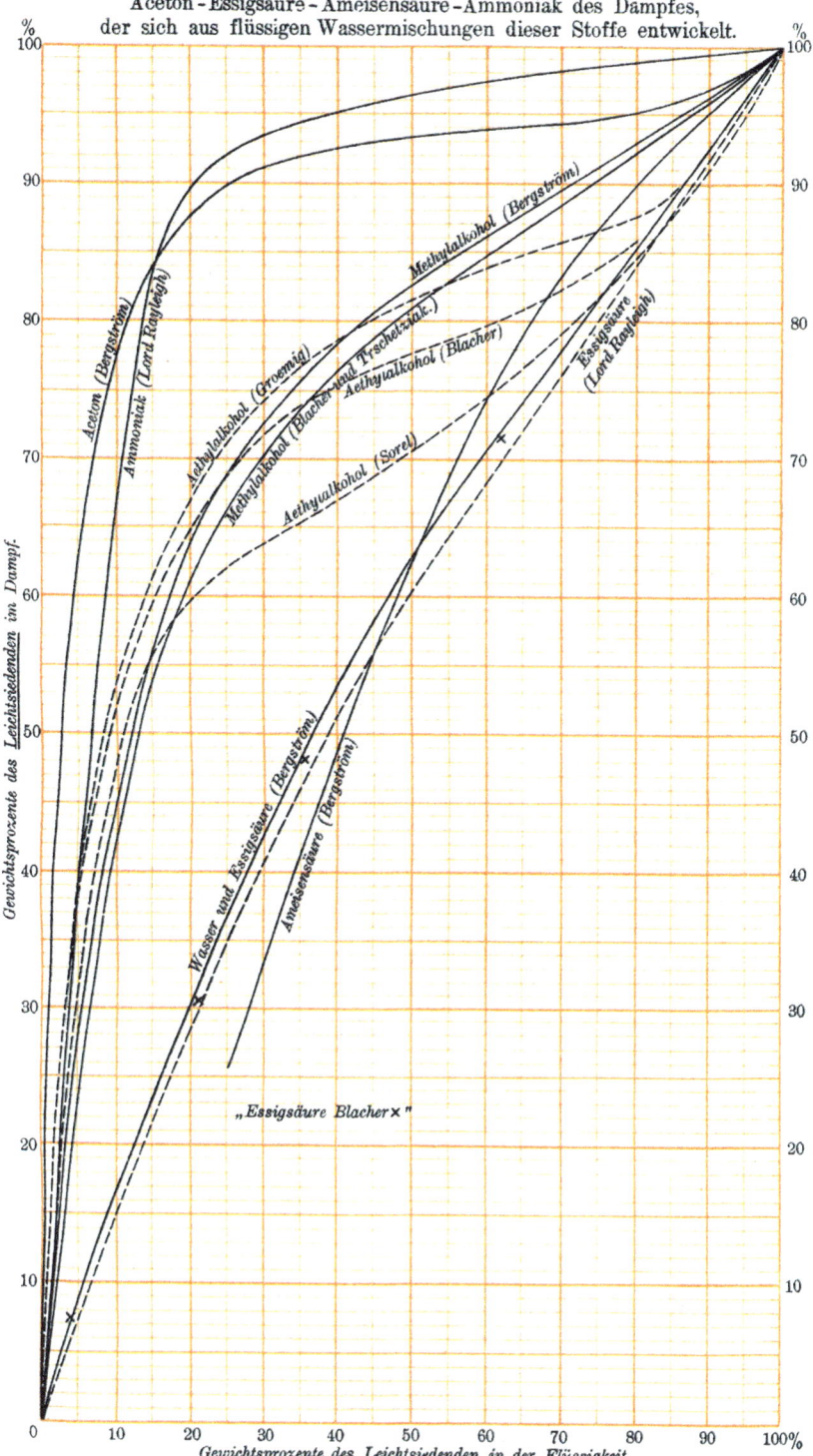

Tafel 12. (Siehe Tabellen 2. 14. 21. 29. 32. 37.)
Gewichtsprozente an Aethylalkohol – Methylalkohol –
Aceton – Essigsäure – Ameisensäure – Ammoniak des Dampfes,
der sich aus flüssigen Wassermischungen dieser Stoffe entwickelt.

Gewichtsprozente des Leichtsiedenden im Dampf.

Gewichtsprozente des Leichtsiedenden in der Flüssigkeit.

Aceton (Bergström)
Ammoniak (Lord Rayleigh)
Methylalkohol (Bergström)
Aethylalkohol (Groening)
Methylalkohol (Blacher und Trschelziak.)
Aethylalkohol (Blacher)
Aethylalkohol (Sorel)
Essigsäure (Lord Rayleigh)
Wasser und Essigsäure (Bergström)
Ameisensäure (Bergström)
„Essigsäure Blacher×"

Hausbrand, Rektifizierapparate. 3. Aufl.

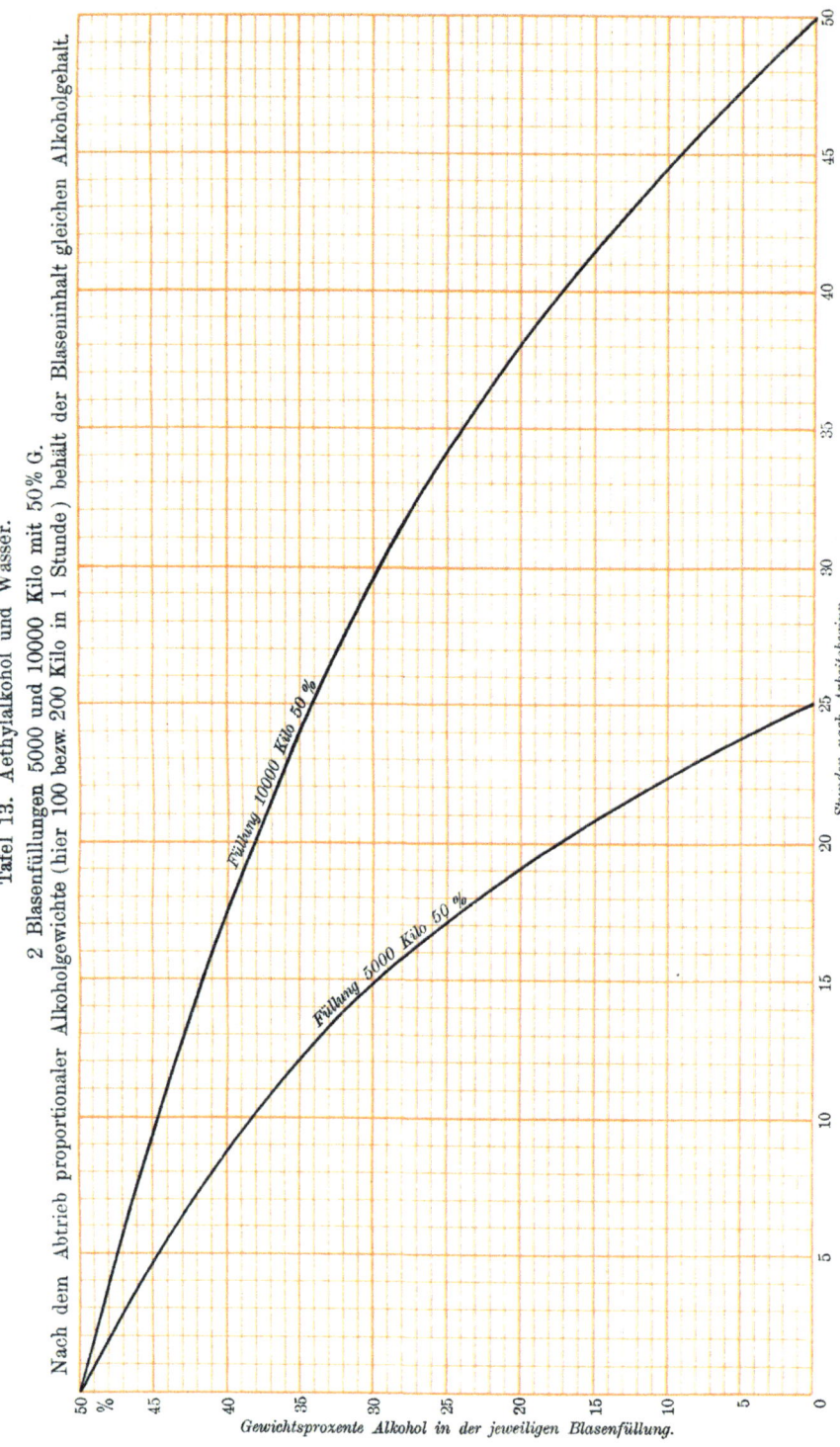

Tafel 13. Aethylalkohol und Wasser.

2 Blasenfüllungen 5000 und 10000 Kilo mit 50% G.

Nach dem Abtrieb proportionaler Alkoholgewichte (hier 100 bezw. 200 Kilo in 1 Stunde) behält der Blaseninhalt gleichen Alkoholgehalt.

Füllung 10000 Kilo 50 %

Füllung 5000 Kilo 50 %

Stunden nach Arbeitsbeginn.

Gewichtsprozente Alkohol in der jeweiligen Blasenfüllung.

Hausbrand, Rektifizierapparate. 3. Aufl.

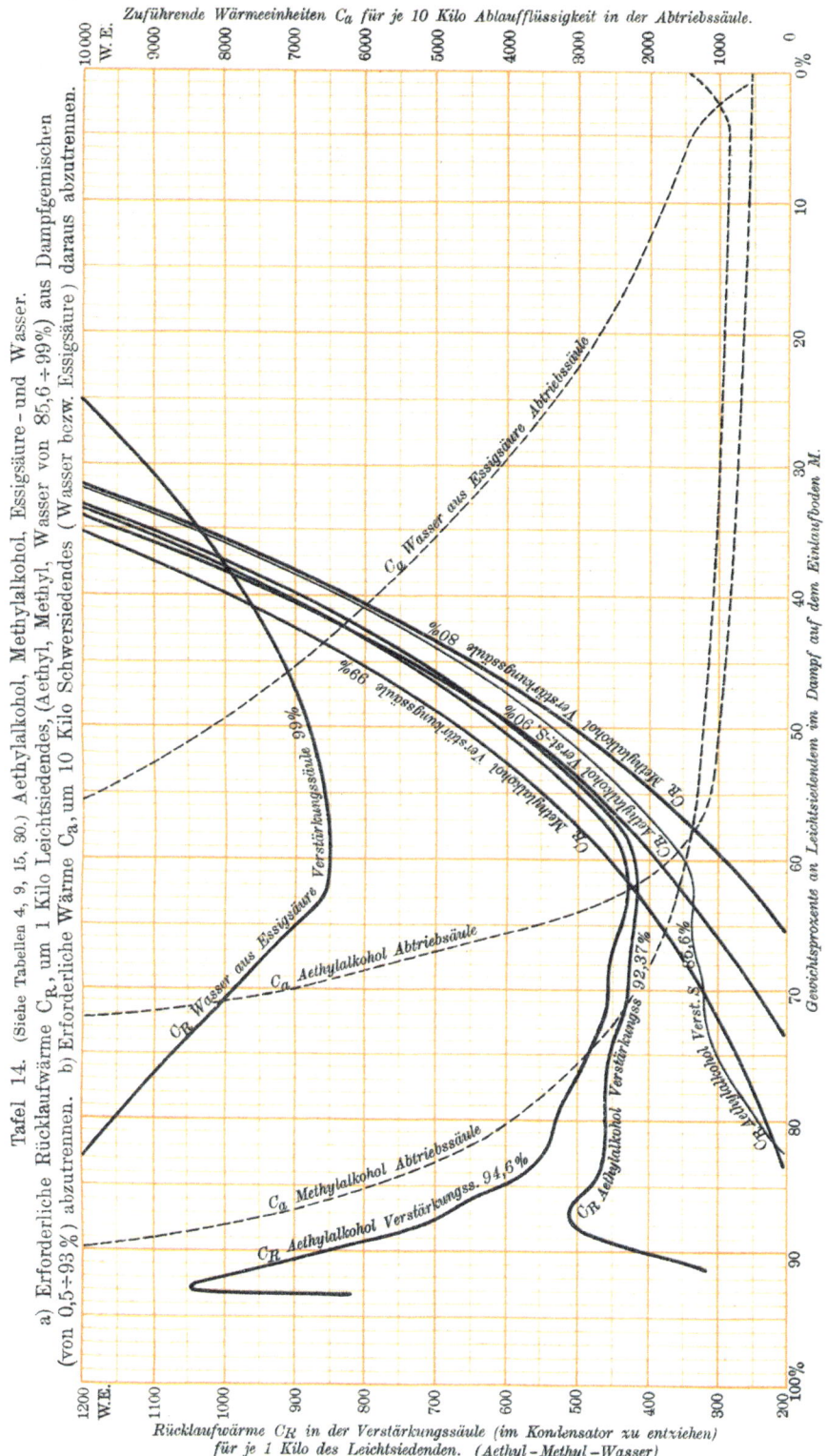

Tafel 14. (Siehe Tabellen 4, 9, 15, 30.) Aethylalkohol, Methylalkohol, Essigsäure - und Wasser.
a) Erforderliche Rücklaufwärme C_R, um 1 Kilo Leichtsiedendes, (Aethyl, Methyl, Wasser von 85,6÷99%) aus Dampfgemischen (von 0,5÷93%) abzutrennen. b) Erforderliche Wärme C_a, um 10 Kilo Schwersiedendes (Wasser bezw. Essigsäure) daraus abzutrennen.

Zuführende Wärmeeinheiten C_a für je 10 Kilo Ablaufflüssigkeit in der Abtriebssäule.

Gewichtsprozente an Leichtsiedendem im Dampf auf dem Einlaufboden M.

Rücklaufwärme C_R in der Verstärkungssäule (im Kondensator zu entziehen) für je 1 Kilo des Leichtsiedenden. (Aethyl–Methyl–Wasser)

C_a Wasser aus Essigsäure Abtriebssäule
C_R Methylalkohol Verstärkungssäule 80%
C_R Methylalkohol Verst. S. 90%
C_R Methylalkohol Verst. S. 99%
C_R Aethylalkohol Verstärkungssäule 99%
C_R Wasser aus Essigsäure Verstärkungssäule 99%
C_a Aethylalkohol Abtriebssäule
C_R Aethylalkohol Verstärkungss. 92,37%
C_R Aethylalkohol Verst. S. 95,6%
C_a Methylalkohol Abtriebssäule
C_R Methylalkohol Verstärkungss. 94,6%
C_R Aethylalkohol Verstärkungss.

Hausbrand, Rektifizierapparate. 3. Aufl.

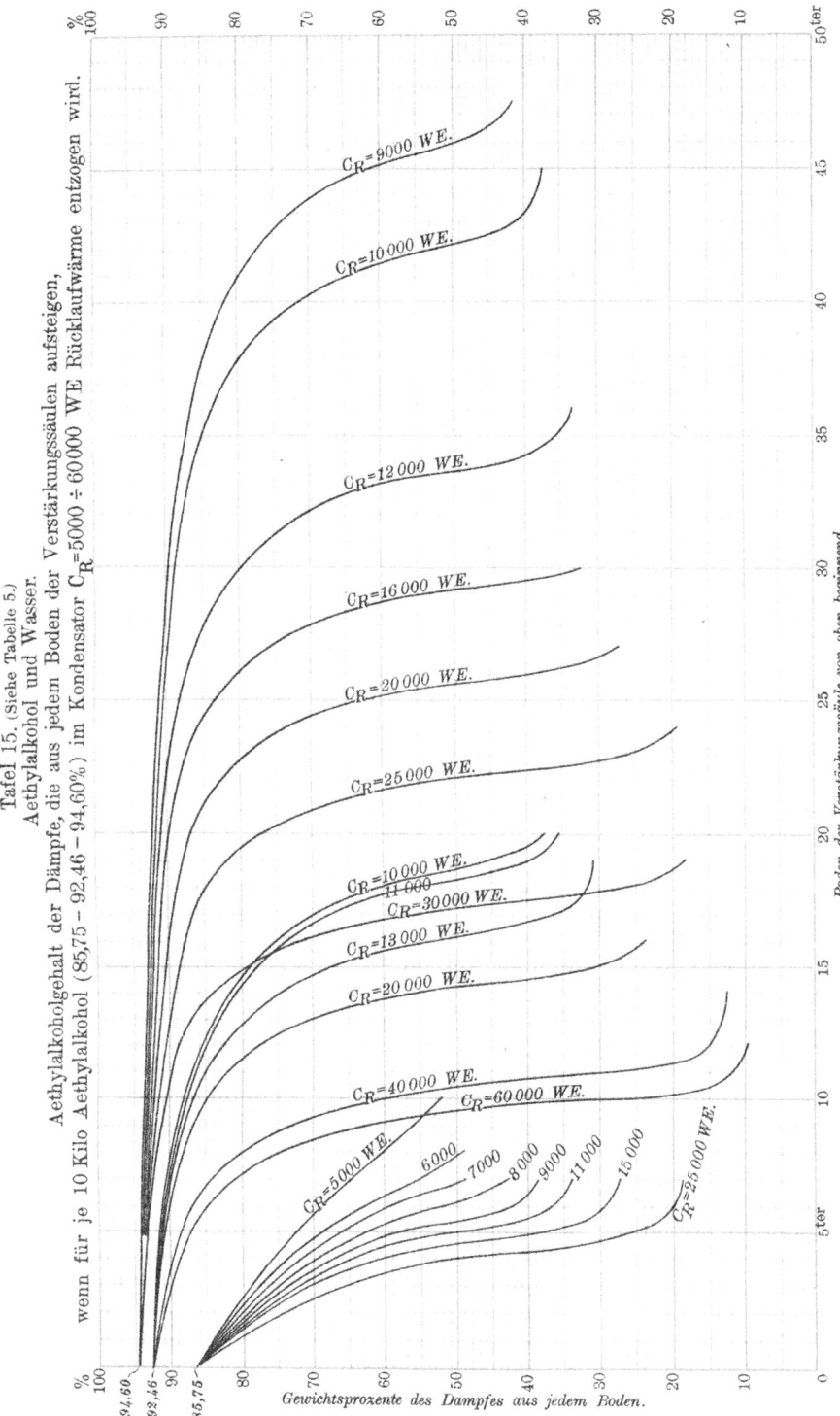

Tafel 15. (Siehe Tabelle 5.)
Aethylalkohol und Wasser.
Aethylalkoholgehalt der Dämpfe, die aus jedem Boden der Verstärkungssäulen aufsteigen, wenn für je 10 Kilo Aethylalkohol (85,75 – 92,46 – 94,60%) im Kondensator $C_R = 5000 \div 60000$ WE Rücklaufwärme entzogen wird.

Boden der Verstärkungssäule, von oben beginnend.

Gewichtsprozente des Dampfes aus jedem Boden.

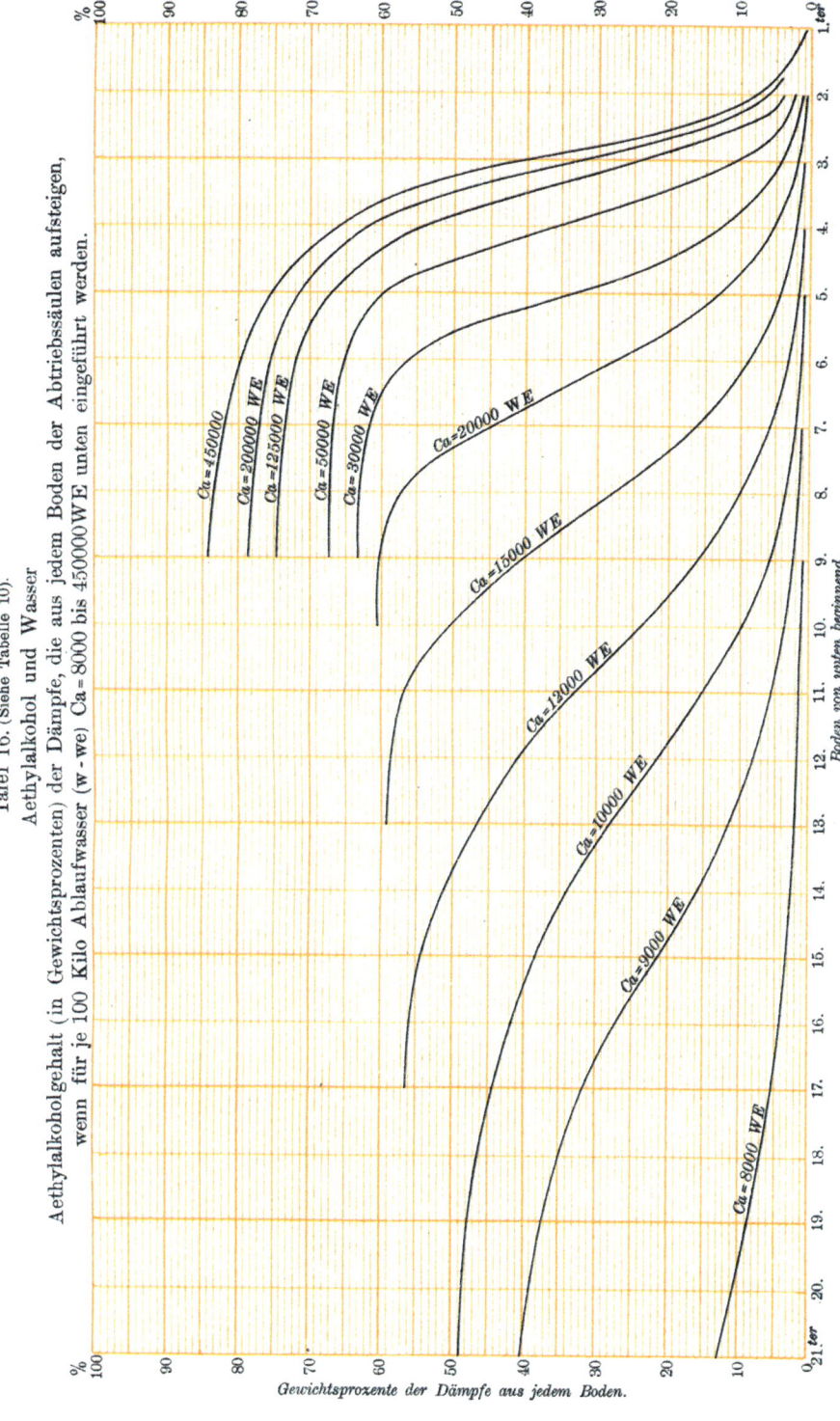

Tafel 16. (Siehe Tabelle 10).

Aethylalkohol und Wasser

Aethylalkoholgehalt (in Gewichtsprozenten) der Dämpfe, die aus jedem Boden der Abtriebssäulen aufsteigen, wenn für je 100 Kilo Ablaufwasser (w - we) Ca = 8000 bis 450000 WE unten eingeführt werden.

Gewichtsprozente der Dämpfe aus jedem Boden.

Boden, von unten beginnend.

Ca = 450000
Ca = 200000 WE
Ca = 125000 WE
Ca = 50000 WE
Ca = 30000 WE
Ca = 20000 WE
Ca = 15000 WE
Ca = 13000 WE
Ca = 10000 WE
Ca = 9000 WE
Ca = 8000 WE

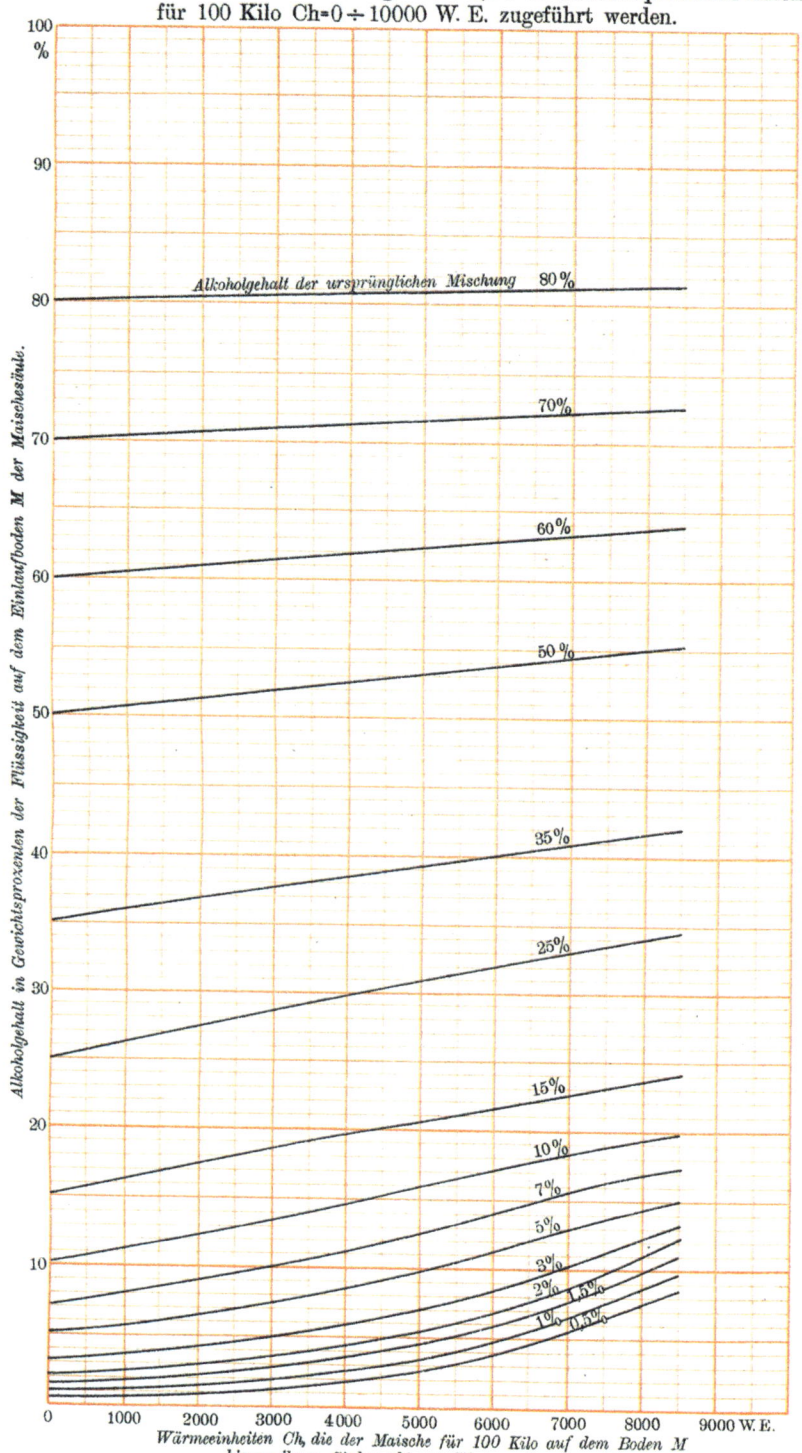

Tafel 17. (Siehe Tabelle 11.)

Aethylalkohol und Wasser.

Alkoholgehalt der Flüssigkeit auf dem Einlaufboden M der Abtriebssäulen, wenn den Alkohol-Wasser-Mischungen mit 0,5 ÷ 80 Gewichtsprozenten Alkohol für 100 Kilo Ch=0 ÷ 10000 W. E. zugeführt werden.

Alkoholgehalt der ursprünglichen Mischung 80 %

70%

60%

50 %

35%

25%

15%

10%

7%

5%

3%

2% 1,5%

1% 0,5%

Alkoholgehalt in Gewichtsprozenten der Flüssigkeit auf dem Einlaufboden M der Maischesäule.

Wärmeeinheiten Ch, die der Maische für 100 Kilo auf dem Boden M bis zu ihrem Siedepunkt zugeführt werden (tm – tv).

Hausbrand, Rektifizierapparate. 3. Aufl.

Alkoholgehalt des Dampfes auf dem $I \div XV$ Boden der Verstärkungssäule und dem $1 \div 17$ Boden der Abtriebssäule, wenn für je 10 Kilo Alkohol C_R WE entzogen und für je 100 Kilo Ablaufwasser C_a WE zugeführt werden.

Alkoholgehalt des Dampfes (Grw.%) auf jedem der $I \div XV$ Boden der Verstärkungssäulen.

Alkoholgehalt des Dampfes (Grw.%) auf jedem der $1 \div 17$ Böden der Abtriebssäulen.

Produkt 95% Vol. (92,46% Gl)

Produkt 90% Vol. (85,76% Gl)

Wärmeeinheiten C_R für je 10 Kilo Alkohol im Kondensator entzogen bei Verstärkungssäulen.
Wärmeeinheiten C_a für 100 Kilo Ablaufwasser zugeführt bei Abtriebssäulen.

Hausbrand, Rektifizierapparate. 3. Aufl.

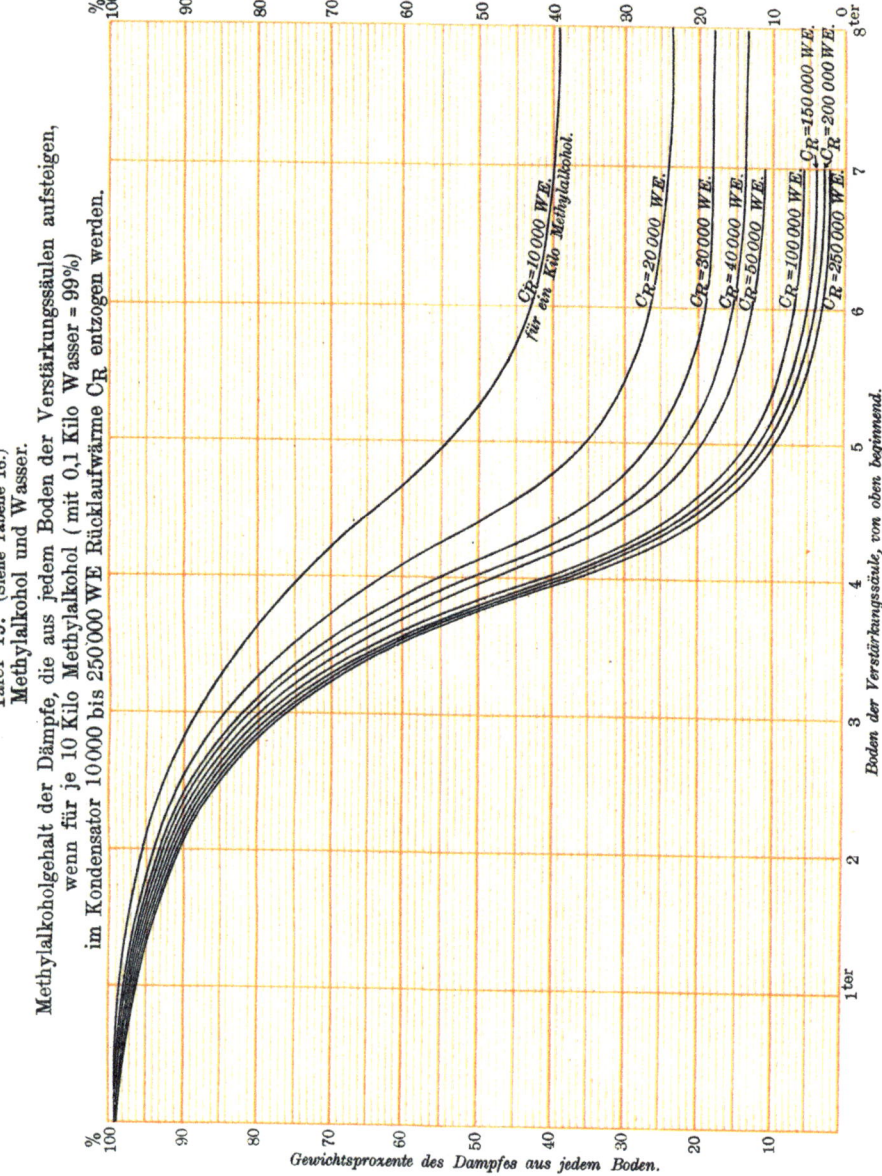

Tafel 19. (Siehe Tabelle 16.)
Methylalkohol und Wasser.

Methylalkoholgehalt der Dämpfe, die aus jedem Boden der Verstärkungssäulen aufsteigen, wenn für je 10 Kilo Methylalkohol (mit 0,1 Kilo Wasser = 99%) im Kondensator 10000 bis 250000 WE Rücklaufwärme C_R entzogen werden.

$C_R=10000$ WE. für ein Kilo Methylalkohol.

$C_R=20000$ WE.

$C_R=30000$ WE.

$C_R=40000$ WE.

$C_R=50000$ WE.

$C_R=100000$ WE.

$C_R=150000$ WE.

$C_R=200000$ WE.

$C_R=250000$ WE.

Boden der Verstärkungssäule, von oben beginnend.

Gewichtsprozente des Dampfes aus jedem Boden.

Höchster Methylalkoholgehalt (in Gewichtsprozenten) der Dämpfe aus Methyl=
alkohol-Wassermischungen von 0,5÷15%, wenn diese mit 0 bis 90° unter
ihrer Siedetemperatur tm auf den Einlaufboden M der Destillierkolonnen treten.

Gewichtsprozente an Methylalkohol der Dämpfe aus der Flüssigkeit auf dem Einlaufboden M.

Alkoholgehalt der eintretenden Flüssigkeit 15%

10%

7%

5%

3%

2%

1,5%

1%

0,5%

Thermometergrade, um die die Flüssigkeit auf dem Einlaufboden M
erwärmt werden muß (die ihr zum Sieden fehlen, tm − tv).

Hausbrand, Rektifizierapparate. 3. Aufl.

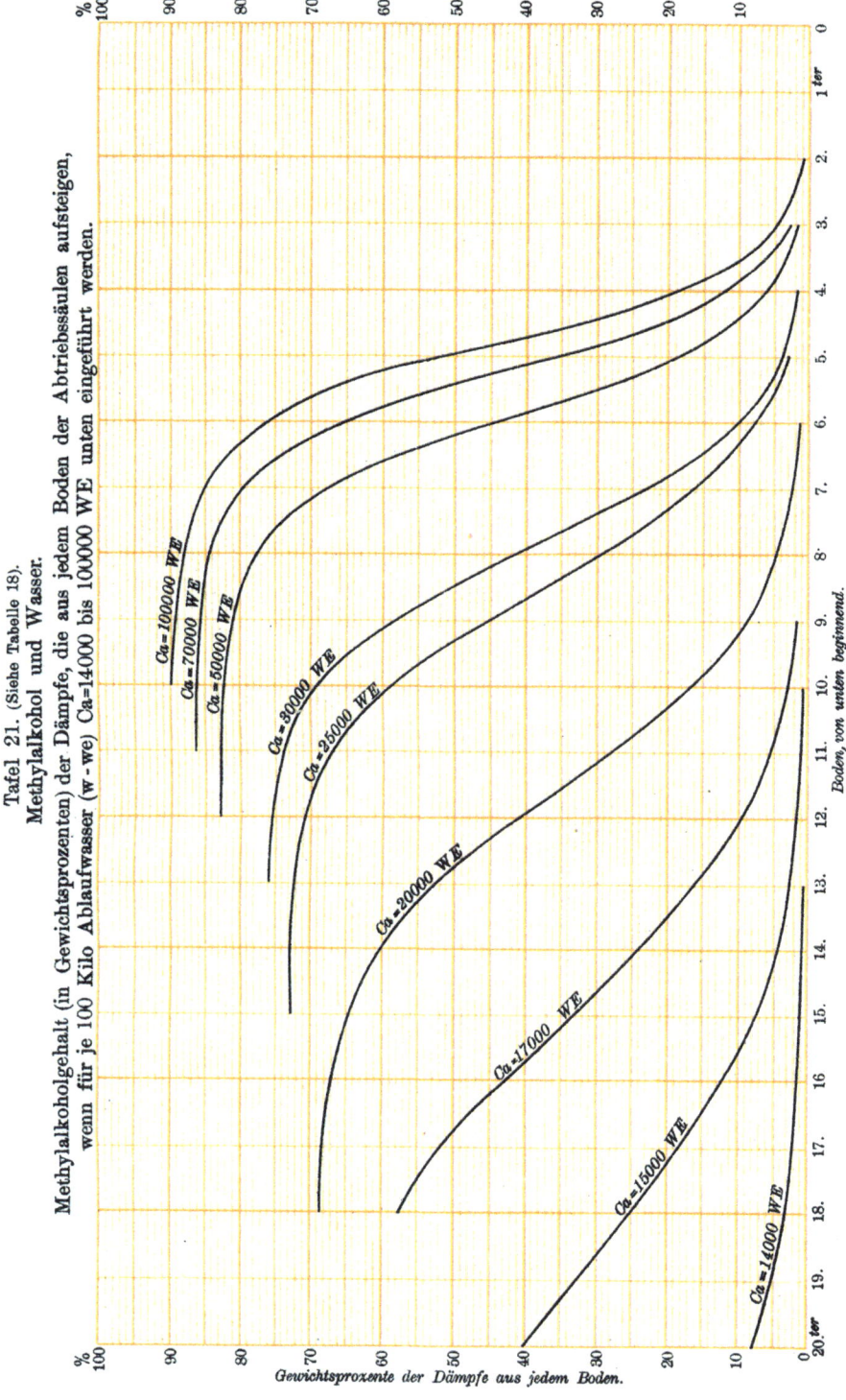

Tafel 21. (Siehe Tabelle 18).
Methylalkohol und Wasser.

Methylalkoholgehalt (in Gewichtsprozenten) der Dämpfe, die aus jedem Boden der Abtriebssäulen aufsteigen, wenn für je 100 Kilo Ablaufwasser (w - we) Ca=14000 bis 100000 WE unten eingeführt werden.

Ca = 100000 WE
Ca = 70000 WE
Ca = 50000 WE
Ca = 30000 WE
Ca = 25000 WE
Ca = 20000 WE
Ca = 17000 WE
Ca = 15000 WE
Ca = 14000 WE

Gewichtsprozente der Dämpfe aus jedem Boden.

Boden, von unten beginnend.

Hausbrand, Rektifizierapparate. 3. Aufl.

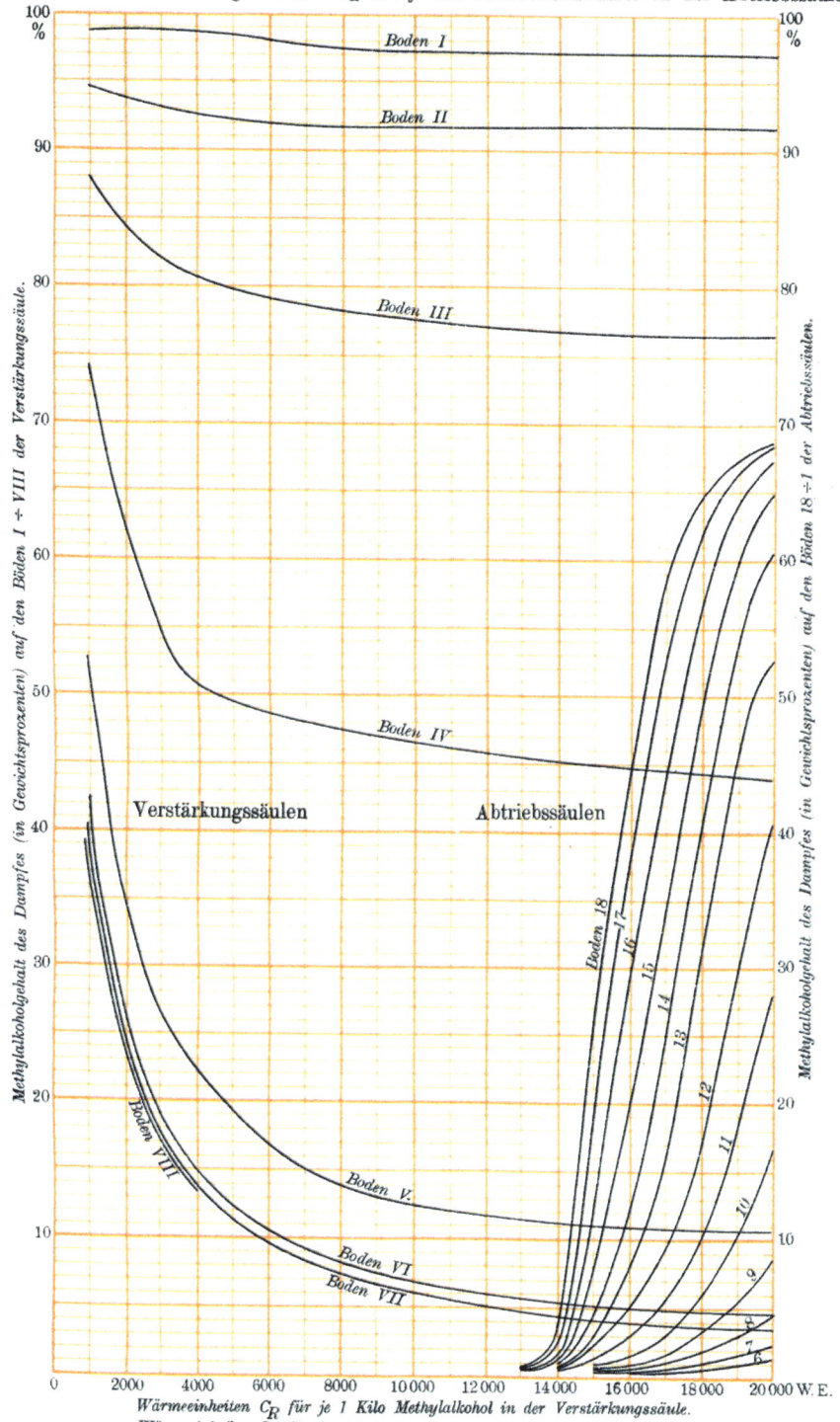

Tafel 22. (Siehe Tabellen 16. 18.) Methylalkohol und Wasser.
Methylalkoholgehalt der Dämpfe, auf den je I ÷ VIII[ten] Böden der Verstärkungssäulen
und auf den je 18 ÷ 1ten Böden der Abtriebssäulen, wenn die auf den Abszissen
angegebenen Wärmeeinheiten C_R entzogen werden für je 1 Kilo Alkohol
im Kondensator und aufgewendet C_a für je 100 Kilo Ablaufwasser in der Abtriebssäule.

Methylalkoholgehalt des Dampfes (in Gewichtsprozenten) auf den Böden I ÷ VIII der Verstärkungssäule.

Methylalkoholgehalt des Dampfes (in Gewichtsprozenten) auf den Böden 18 ÷ 1 der Abtriebssäulen.

Boden I
Boden II
Boden III
Boden IV
Verstärkungssäulen
Abtriebssäulen
Boden 18
17
16
15
14
13
12
11
10
9
8
7
6
Boden VIII
Boden V.
Boden VI
Boden VII

Wärmeeinheiten C_R für je 1 Kilo Methylalkohol in der Verstärkungssäule.
Wärmeeinheiten C_a für je 100 Kilo Ablaufwasser in der Abtriebssäule.

Hausbrand, Rektifizierapparate. 3. Aufl.

Tafel 23. (Siehe Tabellen 22, 28, 33, 34, 38, 44.)

Erforderliche Rücklaufwärme C_R in der Verstärkungssäule, um 1 Kilo Leichtsiedendes aus schwächeren Dämpfen hochprozentig (20 ÷ 99,75%) zu gewinnen. Erforderliche Verdampfungswärme C_a, um 1 bezw. 10 Kilo Schwersiedendes abzutrennen. Aceton und Wasser Tab. 22, Aceton und Methylalkohol Tab. 26, Ameisensäure und Wasser Tab. 23 und 24, Ammoniak und Wasser Tab. 38, Stickstoff und Sauerstoff Tab. 44.

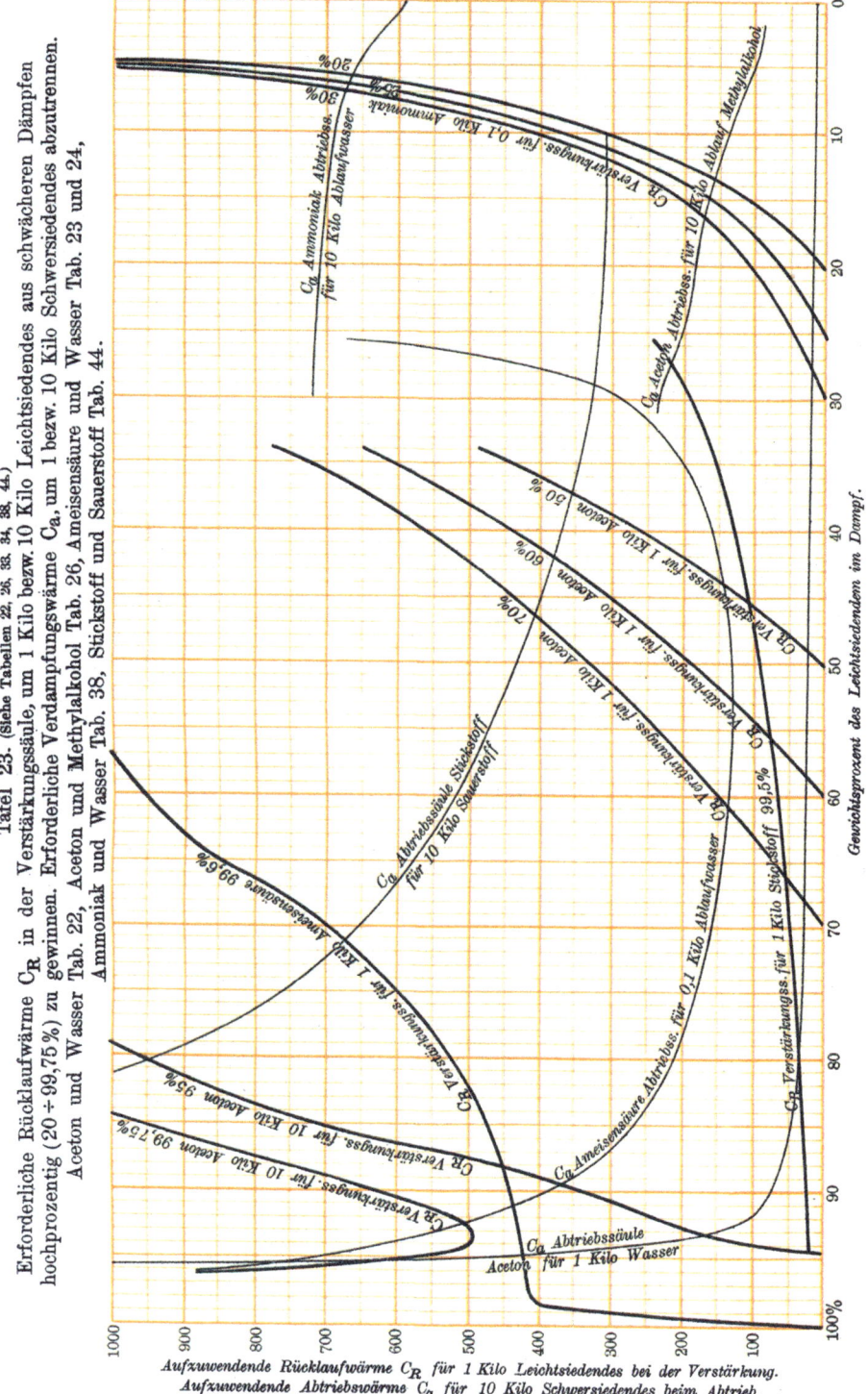

Gewichtsprozent des Leichtsiedenden im Dampf.

Aufzuwendende Rücklaufwärme C_R für 1 Kilo Leichtsiedendes bei der Verstärkung.
Aufzuwendende Abtriebswärme C_a für 10 Kilo Schwersiedendes beim Abtrieb.

Hausbrand, Rektifizierapparate. 3. Aufl.

Tafel 24.

Aceton und Methylalkohol (Tabelle 25). Stickstoff und Sauerstoff (Tabelle 43).
Acetongehalt des aus Aceton-Methylalkohol- Mischungen bezw. Stickstoffgehalt
des aus Stickstoff-Sauerstoff-Mischungen entstehenden Dampfes
in Gewichtsprozenten nach I. H. Petit, Hilding Bergström und Baly.

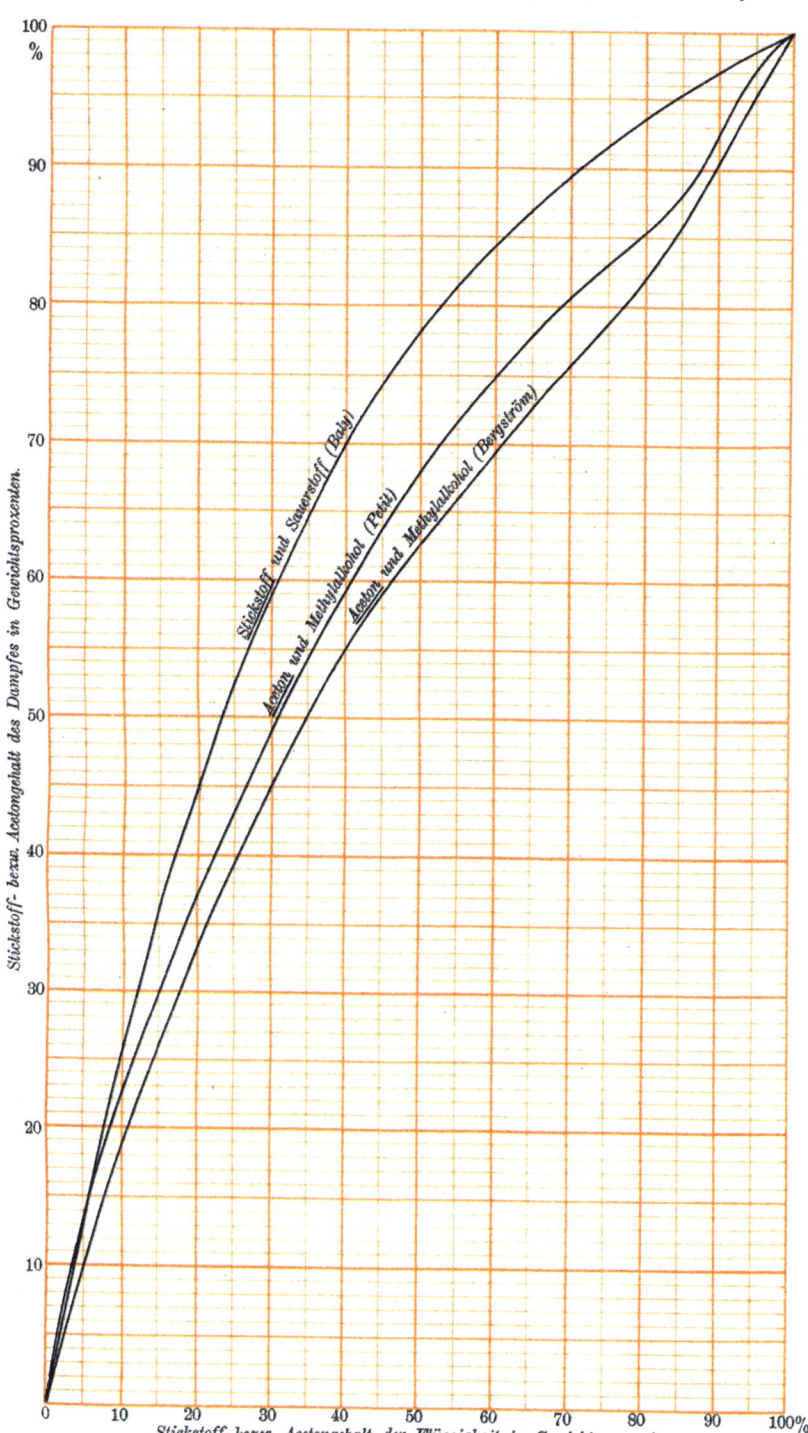

Hausbrand, Rektifizierapparate. 3. Aufl.

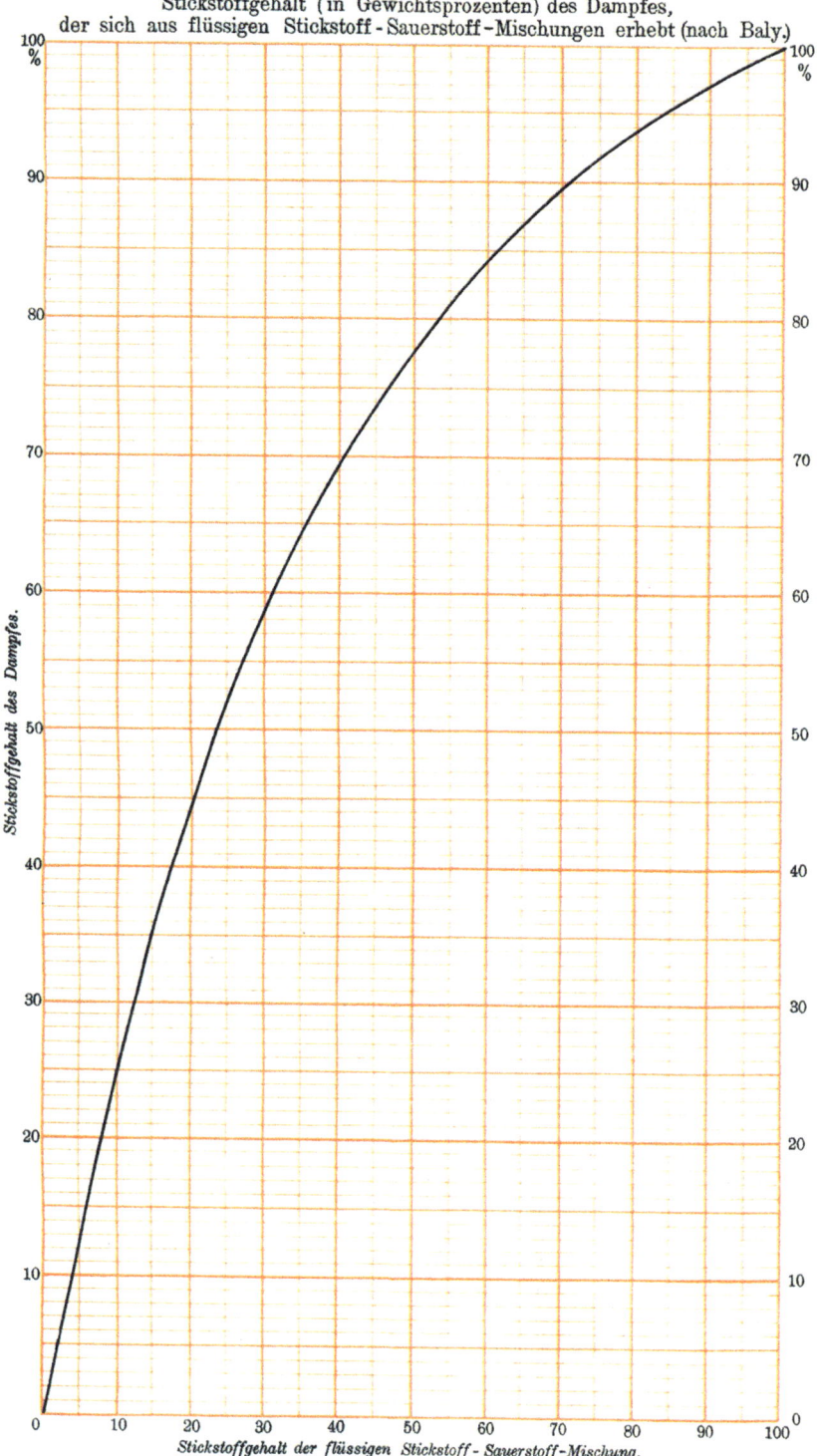

Tafel 25. (Siehe Tabelle 43.)
Stickstoff - Sauerstoff.
Stickstoffgehalt (in Gewichtsprozenten) des Dampfes,
der sich aus flüssigen Stickstoff - Sauerstoff - Mischungen erhebt (nach Baly.)

Stickstoffgehalt des Dampfes.

Stickstoffgehalt der flüssigen Stickstoff - Sauerstoff-Mischung.

Hausbrand, Rektifizierapparate. 3. Aufl.

Verdampfen, Kondensieren und Kühlen.

Erklärungen, Formeln und Tabellen für den praktischen Gebrauch.

Von Kgl. Baurat **E. Hausbrand**, Berlin.

Fünfte, vermehrte Auflage.

Mit 45 Textfiguren und 94 Tabellen. — In Leinwand gebunden Preis M. 12,—.

Hilfsbuch für den Apparatebau.

Von Kgl. Baurat **E. Hausbrand**, Berlin.

Zweite, verbesserte Auflage.

Mit 43 Tabellen und 157 Textfiguren. — In Leinwand gebunden Preis M. 3,60.

Das Trocknen mit Luft und Dampf.

Erklärungen, Formeln und Tabellen für den praktischen Gebrauch.

Von Kgl. Baurat **E. Hausbrand**, Berlin.

Vierte, vermehrte Auflage.

Mit Textfiguren u. 4 lithograph. Tafeln. — In Leinwand gebunden Preis M. 5,—.

Die Lehre vom Trocknen
in graphischer Darstellung.

Von Ingenieur **Karl Reyscher**.

Mit 33 Textfiguren. — Preis M. 2,80.

Kondensation.

Ein Lehr- und Handbuch über Kondensation und alle damit zusammenhängenden Fragen, auch einschließlich der Wasserrückkühlung.

Für Studierende des Maschinenbaues, Ingenieure,
Leiter größerer Dampfbetriebe, Chemiker und Zuckertechniker.

Von Zivilingenieur **F. J. Weiß**, Basel.

Zweite, ergänzte Auflage.

Bearbeitet von E. Wiki, Ingenieur in Luzern.

Mit 141 Textfiguren und 10 Tafeln. — In Leinwand gebunden Preis M. 12,—.

Die Kondensation
der Dampfmaschinen und Dampfturbinen.

Lehrbuch für höhere technische Lehranstalten und zum Selbstunterricht.

Von Dipl.-Ingenieur **Karl Schmidt**.

Mit 116 Textfiguren. — In Leinwand gebunden Preis M. 5,—.

Verlag von Julius Springer in Berlin.

Wissenschaftliche Grundlagen der Erdöl-bearbeitung.

Von Dr. L. Gurwitsch,

Laboratoriumschef bei der Verwaltung der Naphthaproduktionsgesellschaft Gebr. Nobel in St. Petersburg.

Mit 12 Textfiguren und 4 Tafeln.

Preis M. 9,—; in Leinwand gebunden M. 10,—.

Anleitung zur Verarbeitung der Naphtha und ihrer Produkte.

Von N. A. Kwjatkowsky.

Autorisierte und erweiterte deutsche Ausgabe von M. A. Rakusin.

Mit 13 Textfiguren. — In Leinwand gebunden Preis M. 4,—.

Taschenbuch für die Mineralöl-Industrie.

Von Dr. S. Aisinman (Campina).

Mit 50 Textfiguren. — In Leder gebunden Preis M. 7,—.

Die flüssigen Brennstoffe,

ihre Gewinnung, Eigenschaften und Untersuchung.

Von Dr. L. Schmitz, Chemiker.

Mit 56 Textfiguren. — In Leinwand gebunden Preis M. 5,60.

Untersuchung
der Kohlenwasserstofföle und Fette
sowie der ihnen verwandten Stoffe.

Von Prof. Dr. D. Holde,

Abteilungsvorsteher am Kgl. Materialprüfungsamt zu Berlin-Lichterfelde-W. Dozent an der Technischen Hochschule Berlin.

Vierte, verbesserte und vermehrte Auflage.

Mit 117 Figuren. — In Leinwand gebunden Preis M. 18,—.

Handbuch der Aräometrie

nebst einer Darstellung der gebräuchlichsten Methoden zur Bestimmung der Dichte von Flüssigkeiten, sowie einer Sammlung aräometrischer Hilfstafeln.

Für Glasinstrumenten-Fabrikanten, Chemiker und Industrielle,

unter Benutzung amtl. Materials bearbeitet von

Reg.-Rat Dr. J. Domke und Dr. E. Reimerdes (Berlin).

Mit 22 Textfiguren. — Preis M. 12,—; in Leinwand gebunden M. 13,20.

Zu beziehen durch jede Buchhandlung.

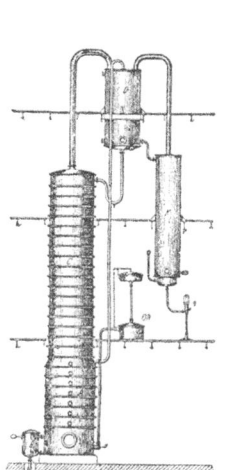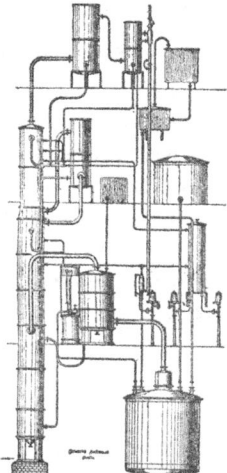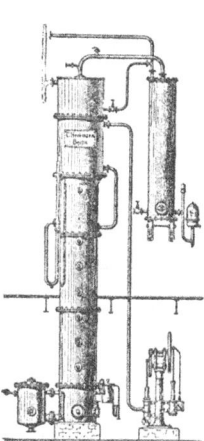
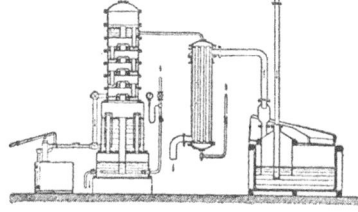

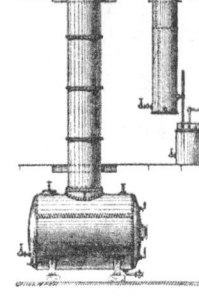
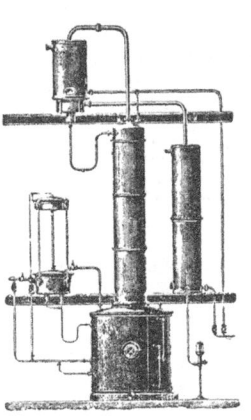
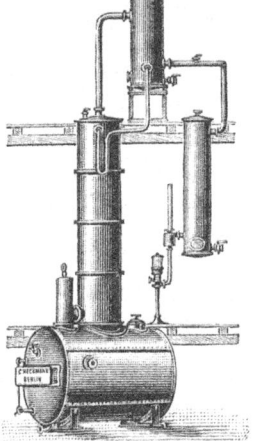